W　A R D

W
B
S E R I E
Vol. 122

石油が消える日

歴史的転換を迎えたエネルギー市場

ケネス・S・ディフェイス［著］
秋山淑子［訳］

Hubbert's Peak The Impending World Oil Shortage
by Kenneth S. Deffeyes

Pan Rolling

日本語版への献辞

トレーダーは目先の結果ばかりを考える。数日間、数週間のチャートを見て相場がどこにあるか解明しようとする。長期的な観点を持つ人はほとんどいない。しかし、大きな視野をもつことは相場での優位性をもたらす。たとえ、あなたが短期トレーダーでも、長期的観測に基づいてトレードを調整すれば、今よりもっとうまくいく可能性がある。だからこそ本書『石油が消える日』を開き、石油の未来がエネルギー価格に与える影響を学ぶことは、あなたのトレードにとって非常に有益だ。

私は数年前、友人からのプレゼントではじめて本書に触れた。友人はかつて石油のエンジニアで、業界を引退してからは株式取引で数百万ドルを稼いだ。彼はプロの立場から、本書の内容が理にかなっていると私に言った。私は大いに興味をもって本書を読んだ。そして本書の概念を何百人にも勧めている。

ディフェイス博士は元プリンストン大学の地質学教授である。本書はもう一人の著名な地質学者、M・キング・ハバートの先鋭的な分析に基づいている。ハバート博士は長年シェル石油社で勤務し、後に米国政府の地質調査所に所属していた。

ディフェイス博士は明確に「なぜ世界の原油供給が限界にあるのか」を説明する。石油は、炭化水素が熱と圧力で「調理」されることで、数千万年以上の時を経て作られる。この熱と圧力の組み合わせは、地球の奥深くにある非常に細長い空間にのみ存在する。地表に近づくほど石油の生成に必要な熱は十分でなくなり、逆に奥深くなりすぎてしまうと、石油はガスになってしまう。この知識は、なぜ主要な油田がすでに発見されているのかを説明するために役立つ。

大規模な探索が行われているにもかかわらず、ここ数十年間、大きな油田は発見されていない。石油をくみ上げるためには、まず発見しなければならない。ハバートは石油発見量のグラフに表れた曲線に基づいて、アメリカの石油生産を予想可能にする公式を考案した。発見量が低下すれば、当然生産も同じ結果をたどる。ハバートは実際に発生する何年も前に、アメリカの原油不足を予測できたのだ。

ディフェイス博士は世界の石油探査と生産の分析に、ハバート博士と同じ手法を使っている。本書を読めば、読者は「現在の石油不足と価格高騰はこのまま定着する」と気が付くだろう。1バレル当たり15ドル、35ドルという時代でさえ、私たちはもう取り戻せない。石油の価格が1バレル100ドルになるのは遠い先の話ではない。

本書でディフェイス博士は「パニックになる必要はない」と力強く語る。世界は石油を使い果たしてはいない。私たちの光が消えてしまうことはないだろう。私たちの孫の世代まで、間に合うだけの石油が地中には存在する。

しかし、石油が安価で豊富だった時代は終わった。エネルギー需要の増加によって、石油価格に手渡されたのは「上昇」の片道切符かもしれない。

人類の創造力は、かつてすべてのエネルギー危機を解決してきた。たとえば100年以上前のアメリカでは、灯りに使われていた鯨油不足によるエネルギー危機があった。電灯の発明はその「危機」を確実に解決したのだ。

環境保全の努力、風力、海洋、原子力エネルギーは、エネルギー問題の解決にとってかなりの潜在能力を秘めている。しかしこれらが実を結ぶのは、まだ何年もの時間を必要とする。その間は、増加する需要が石油価格を押し上げることになるだろう。

すべての社会的問題は、ある人々に被害を与える一方で、別の人々に対してはチャンスをもたらす。

トレーダーあるいは投資家として本書を読み終え、ディフェイスのメッセージを理解したときに私たちはどう変わるだろうか？　たとえばトレーダーなら買いサイドでの石油トレードに、より大きな自信を持つことができるだろう。投資家ならエネルギー、環境保護、代替エネルギーの解決をビジネスとしている企業の株に、より興味を持つようになるだろう。

あなたは本書を「海岸の灯台からの強力なサーチライト」として気に入ってくれるに違いない。本書はトレードという危険な海と、安全な港の両方を照らしてくれる。

ハバート博士が最初に設計した灯台に登って、ディフェイス教授がともしてくれた新しい光に私たちは感謝するはずだ。

アレキサンダー・エルダー
ニューヨーク
２００７年６月

エマへ

国際石油産業のような複雑な産業の全体像を、１人の著者が論じるのは困難なことである。この産業の未来の予測を誠実に行うように心がけているものの、情勢はどう変わるか分からない。

著者もまた、のちの時代に重要性が明らかになるような要素を見過ごしているかもしれない。経済上の戦略を立てようと、誰もがプロの投資アドバイザーに相談したことがあると思う。しかし「ドットコム企業は黒字を出さなくてもよい」と請け合ったのはその「プロ」のアドバイザーだったはずだ。

目次

ペーパーバック版の序文

２００１年秋の初版出版以降、世界の石油生産に関して新たな情報が入手できた。今回の改訂ではそれらを反映させた。改訂箇所は次のとおりである。

●２７５、２７６、２７９ページのグラフとその解説は、２００１年と２００２年の年末生産量および埋蔵量のデータを最新のものにした。新たなデータは予想どおりのものであり、グラフの傾向線はいかなる変更も不要だった。

●３０４～３０７ページに記載した、天然ガスを動力源とする自動車については、今もなお重要性が失われていない。しかし、天然ガスを使用する新たな発電所が、現存の天然ガス生産能力のほとんどすべてを占めている。天然ガスを動力源とする自動車の活用の拡大のためには、発電の一部を石炭による発電か、原子力発電に移し変えることが必要となってくるだろう。

●本書において、いずれ根本的な修正が必要かもしれない唯一の箇所は「世界の石油生産のピークの年をどこに置くか」をめぐる議論だろう。ヒューストンにあるコンサルティング会社、グロップ・ロング・リトル社のヘンリー・グロップは「２０００年が石油生産のピーク年となるのではないか」と述べた最初の１人だ。２００１年と２００２年の生産量は２０００年の生産量に及ばなかったし、２００３年の出だしも不調である。

２００４年以降、サウジアラビアの生産能力の余剰分をもってしても、他の諸地域の生産量の漸減を埋め合わせることはできないだろう。未来の歴史家は「２００１年の本書の初版が、２０００年がピークであるとの後追いの予言もできずにいた」と揶揄するかもしれない。

もちろん大事なのは因果関係である。

世界の石油生産量の減少が経済を停滞させているのか？

あるいは経済の行き詰まりのせいで石油生産が切り詰められているのか？

世界経済は安価で豊富な石油の時代の終焉を感じ取っているかのようだ。

「ポスト・ハバート時代」へようこそ。

２００３年２月

謝辞

本書は何度も原稿を書き直した末に上がったものである。その過程で原稿に目を通してくださった方々に謝意を表したい。モリス・エーデルマン、ロバート・ディフェイス、ロバート・カウフマン、クレイグ・ヴァン・カーク、ジェイソン・フィップス・モーガン、ロバート・ソローは文書でコメントしてくれた。彼らの批評はかなり詳しいものだった。原稿をチェックして返してくれたスティーヴン・ディフェイス、サラ・ドミンゴ、イマニュエル・リヒテンシュタイン、Ｗ・ジェイソン・モーガンにはとくに感謝したい。第八章は、モーガンの指摘を元に完全に書き換えた。

プリンストン大学の地質学部図書館の司書たちは――蔵書が次第にバラバラになろうとしているときでも――いつも懸命に働いてくれた。ジョー・ウィスノフスキーには、極めて貴重な編集上のアドバイスをいただいた。有能で経験豊富な編集者からの恩恵は計り知れない。本書の目的からセミコロンの打ち方まで、すべてにわたりジョーはてきぱきと判断を下してくれた。遺漏と過失の責任は著者１人にある。なお、当研究はＴＩＡＡ／ＣＲＥＦ（全米教職員退職年金基金）に資金援助を仰いでいる。

第1章 概観

Overview

世界の石油生産は、おそらく今後10年間のどこかでピークを迎えるだろう（※本書のオリジナルが出版されたのは2001年である）。ピークを過ぎたのち、世界の原油生産は減少し、再び増加することはないだろう。世界のエネルギーがまったくなくなってしまうわけではない。しかし代替エネルギー源の大規模な開発には、最低でも10年かかる。石油生産の減少傾向はすでに始まっているのかもしれない。最近の原油および天然ガスの価格変動は、重大な危機の前兆とも言える。

1956年、地質学者M・キング・ハバート（写真1・1）は「アメリカの石油生産が1970年代初期にピークに達する」と予言した(1) ※原注を参照。石油産業関係者に限らず、ほぼすべての人がハバートの分析を否定した。激しい議論が1970年まで続いたが、この年アメリカの原油生産は減少に転じた。ハバートは正しかったのだ。

1995年ごろ数人の分析者が、ハバートの分析方法を世界の石油生産に適用し始めた。彼らのほとんどが、世界の石油のピークは2004年から2008年の間に訪れる、という予測を立てた。この分析は、最も広く流通している情報源である『ネイチャー』『サイエンス』『サイエンティフィック・アメリカン』各誌で報告された(2)。

しかしアメリカの政治的指導者たちの中には、これらの報告を気に留めている者

写真1・1
M・キング・ハバート(1903-89)は液体の流れおよび、岩体の強度と性質の理解に重要な貢献があったアメリカの地球物理学者である。石油生産の未来に関する最初の予測を行ったとき、彼はヒューストンのシェル研究所にいた。その後、米国地質調査所に移って研究を続けた。

が1人もいないようだ。予言が的中すれば、世界経済に甚大な影響を及ぼすことになるだろう。最貧国でも灌漑用ポンプを動かすためには、燃料が必要だ。

先進工業国は次第に減少していく石油供給をめぐって競り合うことになるだろう。大気中への二酸化炭素排出量が減少するのは確かによいことだ。だが、私のピックアップトラックが25ガロンタンクを備えているのは困ったことだ。

専門家たちはハバートの先駆的研究を土台として「世界の石油生産のピークが2004年から2008年の間にくる」という予測を立てている。

ハバートは1956年の予言を、サンアントニオにおける米国石油協会の会議で行った。彼は、アメリカの石油生産が１９７０年代初期にピークに達すると述べた。

　後で本人から聞いたのだが、発表のぎりぎり5分前にシェルオイル社本部から「予言を差し控えてくれ」という電話がはいったという。しかし彼はきわめて闘争的な性格であるため、あえて発表を行った。

　１９５８年、私はヒューストンにあるシェル社の研究所に勤務することになった。研究所内では、ハバートは大スターだった。石油に関する予言の他にも、彼には幅広い学問的業績があった。「ハバートは異端児さ。でも少なくともうちの異端児だ」専門的議論における彼の好戦的性質から、研究所内ではそのように言われていた。幸いなことに、私とハバートとの関係は良好なスタートを切り、彼はその後の生涯を通じて私にとってよき友であり続けた。

　批判者たちがハバートの石油に関する予言を退けた理由はさまざまだった。その中には単なる感情的な反応もある。石油産業は利益が大きく、人はたいがい「祭りが終わる」などとは聞きたくないものだからだ。

　否定の理由には、他にもっと大きなものがあった。それまでにも数多くの偽預言者たちが現れていたのである。１９００年以来、一部の者はアメリカの既知の石油埋蔵量を、年間生産量で割るという計算を行っていた（埋蔵量を年間生産量で割ると年数

図1・1　ハバートのオリジナルの1956年のグラフ。グラフ右方の下の破線はアメリカの石油の発見可能な最大量（破線から下の面積で表わされる）を1,500億バレルとした場合の、ハバートの予測による石油生産量である。上の破線は発見可能な最大量を2,000億バレルとした場合だ。こちらがアメリカの石油生産量は1970年代初期にピークを迎えるとする、有名なハバートの予言を表している。1956年から2000年までのアメリカの実際の生産量を点で示してある。1985年以降のアメリカの石油生産量はハバートの予言をわずかに上回っている。主としてこれはアラスカおよびメキシコ湾岸沖合における成果によるものだ。

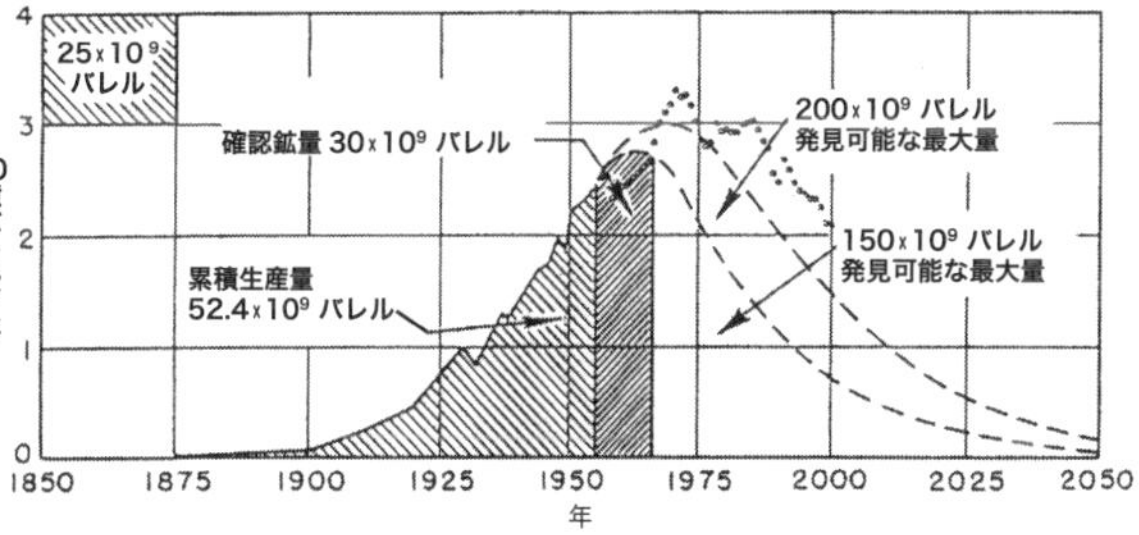

が得られる）。この計算の標準的な答えは10年だった。預言者たちは、口々にアメリカの石油産業はあと10年で終わると叫び始めた。

しかし彼らはオオカミ少年だった。なぜならいずれの場合もその後の10年間に石油埋蔵量は加算され、石油産業は衰退するどころか実際には成長したからだ。1956年には多くの批判者がハバートも偽預言者の1人であると考えていた。

1970年を迎えるまでは、ハバート支持派とハバート反対派に分かれていた。支持者の1人は『今度こそ本当にオオカミが来た』という傑作なタイトルの本を書いた(3)。

ハバートの1956年の分析（**図1・1**）は、従来の方法で最終的に発見・生産されると考えられる、アメリカの石油量を元に求められた二通りの経験的推測値――1500億バレルと2000億バレル――を使って試算されている。

彼は2つの推測値に対して、将来の石油生産量の予測を立てた。甘い方の数字（2000億バレル）を使っても、アメリカの石油生産のピークは1970年代初期であるとの予言が導かれた。実際、ピークの年は1970年だった。

現在、我々は、同様の推測を世界の石油生産に対して行うことができる。世界の石油の究極的可採量に関するひとつの経験的推測値――1兆8000億バレル――は、フリーの石油産業コンサルタント、コリン・J・キャンベルが1997年に行った国別評価に基づくものだ(4)。1982年、ハバートの最後の論文では、推定値が2兆1000億バレルとなっていた(5)。

ハバートの1956年の分析方法によると、ピーク年は推定値1兆8000億バレルの場合で2001年、推定値2兆1000億バレルの場合で2003年、もしくは2004年となる（**図1・2**）。最近10年の、世界の石油生産の実状に合致しているのは、1兆8000億バレルに基づく予言のほうである。

1962年、私は「アメリカの石油産業は、自分が退職する時期までもたないの

図1・2　太い点は2000年までの世界の石油生産量を示す。第7章では将来の生産量が最もありそうな値の予測について、ハバートの方法がどのように使われたかを説明する。右方の破線は、石油の発見可能な最大量を1兆8000億バレルとした場合（下の線より下方の面積）あるいは2兆1000億バレルとした場合（上の線より下方の面積）の推定生産量を示している。

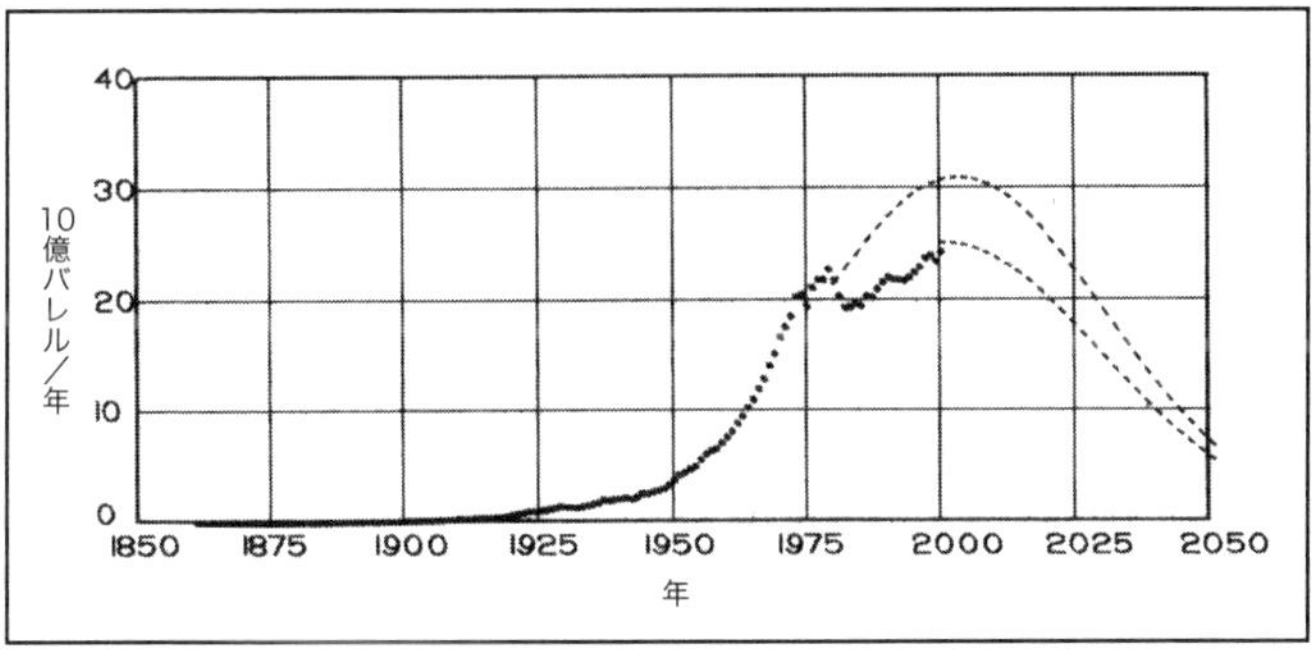

ではないか」と心配になった。といってリビアに行く気もせず、私のとった行動は、ハバートの生のデータのコピーをとることだった。

私は別の計算方法を使って分析を行った。私の分析では――そしてハバートの分析でも――国内の石油産業は１９９８年までに最大時の半分の規模にまで縮小していると予測された。幸いポスト・スプートニク時代とあって、大学が急速に拡大していたため、私はさしたる困難もなく学究生活に入ることができた。

１９７１年春、ハバートの予言的中が確実となった。その告知は公になされたが、ほとんど暗号のようなメッセージだった。サンフランシスコ・クロニクル紙に「テキサス州鉄道委員会、来月の許容産油量を100%と発表」という一行記事が載ったのだ。「ハバートの言うとおりだったよ」私は帰宅して妻に言った。

新聞記事を理解するためには、テキサス州鉄道委員会が何年も前から、石油生産を需要に合わせていたことを知っていなければならない。この事実に対して、私は今でも奇異の念を禁じ得ない。つまりそれは政府認可のカルテルだった。

テキサス州の石油生産は産業界を支配していた。個々の油井の産出量をそれぞれの生産能力に合わせて統制するだけで、テキサス州は石油価格を維持することができた。石油輸出国機構（OPEC）はこのテキサス州鉄道委員会を見本にした(6)。テキサスをサウジアラビアに置き換えただけのことである。

テキサス州では――他のどの州でも――1971年以降、生産能力ぎりぎりまで生産しているので、アメリカには緊急時に生産を増やす方法がない。1967年の第一次中東石油危機の際には、テキサス州西部の「ワード・アンド・ウィンクラー・カウンティーズ（見張りと地上げ屋の郡）」のバルブを開けて、輸入量の不足を部分的に埋め合わせることができた。1971年以降、アメリカはOPEC頼みの状態なのだ。

予言の的中でハバートは自然保護論者たちの英雄的存在となった。世界の石油資源の集積が数億年かかったのに対し、石油生産のほとんどはこの100年間で行われて

図1・3　世界の石油のほとんどを生産することになるであろう100年間は、「ハバートのピーク」として知られる。石油資源の形成に要した地質学的時間を同じ縮尺で示すには、直線部分を左方に約5マイル延長しなければならない。

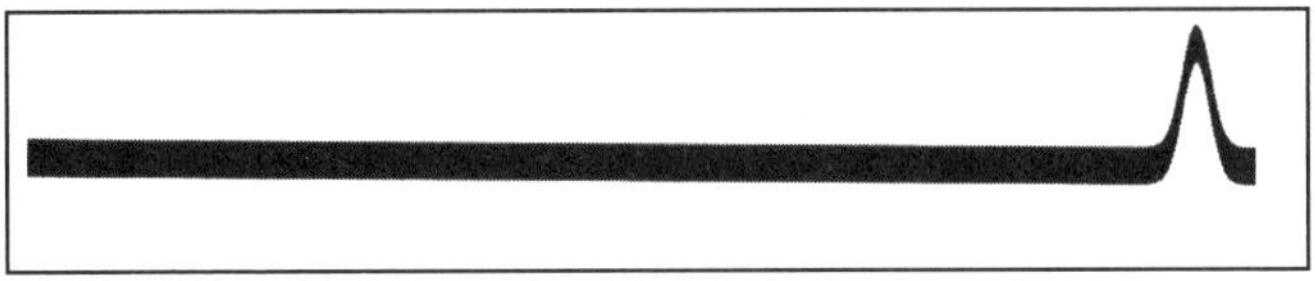

いる。地質学的時間軸上の石油開発の短期的突出は「ハバートのピーク（**図1・3**）」として知られるようになった。
　第七章で私は、ハバートが石油生産量と石油埋蔵量をどのように使って未来を予言したのかについて説明する。あまり認めたくないことであるが、我々科学者はしばしば、答えを思いついたあとで、思いつきを支持するデータ収集を行う、ということをする。もちろんある程度の誠実さは必要だが。たとえばデータが私の推測を裏切るような場合、私はデータの改ざんは行わない。何か別の推論を立てるだろう。そしてハバートの石油に関する予言は、かろうじて科学的方法と言ってよい範囲に入っていた。彼の予言は直観による推測と、純然たる科学が半々だった。
　ここで次のような注記が必要である。1980年代後半に、OPEC数カ国の公式石油埋蔵量は、急に大幅な増大を見せた（7）。ハバートの分析では、石油埋蔵量は決定的に重要な要素である。それ以前、OPEC諸国は、それぞれの年間生産能力に応じて石油市場におけるシェアを割り当てられていた。

1980年代、OPECはそのルールを、各国の石油埋蔵量も考慮に入れる形に変更した。OPEC諸国の大半は、ただちに埋蔵量の推定値を増大させた。こうした増大を絶対に間違いだとは決めつけられないし、必ずしも不正とはいえない。「埋蔵量」とは観察者の主観の問題だからである。

石油埋蔵量（oil reserve）は、「現在の技術を使って既存の油井から得られる将来の生産量」と定義される（これをアメリカの「戦略的石油備蓄＝strategic petroleum reserve」と混同してはいけない。後者はすでに生産された石油の貯蔵の問題である）。

よくあることだが、若い石油技術者は無意識に石油埋蔵量を少なく見積もる傾向がある。報告を行った翌年、上司のオフィスに行って「石油は昨年の推定値より若干多く存在します」と報告する方が、その逆よりもはるかに気分がよいからだ。前年の推定埋蔵量を下方修正しなければならない技術者は、次の人員削減で真っ先に首を切られることになる。

1980年代後半におけるOPEC諸国の公式埋蔵量の急増は、おそらく、旧来の過小評価に対する修正と、多少の希望的観測の両方に理由があった。

ハバート式の予言を行うには、計算に使用する埋蔵量の数値が、ある程度厳密で客観的なものでなければならない。ＯＰＥＣによる漠然とした大雑把な数値からは、将来の石油生産について、過度に楽観的な見通しが導かれてしまうことだろう。では、だれが正しい数値を知っているというのだろう？

スイスのジュネーヴにあるペトロコンサルタント社は、石油に関する独自の膨大なデータベースを保有していた。「アメリカ中央情報局（ＣＩＡ）がペトロコンサルタント社の最大の依頼主である」との噂は、かなり前からあった。

私は、ＣＩＡとペトロコンサルタント社がＯＰＥＣ諸国の実際の埋蔵量について、内部情報を握っていると思いたい。わかっているのは、世界の石油生産のピークの予想に関して最も激しく警鐘を鳴らしたのは、ペトロコンサルタント社だったということだけだ(8)。彼らは我々の入手できないデータを使用していたと私は考える。

世界の石油生産が永久に後戻りできない減少には、経済的効果と心理的効果がある。では、だれがこれに注意を払っているというのか？　マスコミは、最近のエネルギー価格の上昇は、規制、課税、流通といった複数の問題が原因であると報じている。２０００年の大統領選挙で「もうじき天が落ちてくる」と言った大統領候補者は１人もいなかった。石油不足の予言に対する一般社会の注目は皆無である。

おそらくＯＰＥＣ諸国の石油相は個人的に「サイエンス」「ネイチャー」「サイエン

ティフィック・アメリカン」各誌の諸論文について知っているだろう。オイル・ガス・ジャーナル誌には、見解の異なる詳細な論文がたびたび掲載されている（9）。

原油価格は過去1年で2倍になった。私は「ＯＰＥＣ諸国は、世界の石油不足が数年先に迫っていることを知っているのではないか」と思う。ＯＰＥＣ諸国は、石油の生産量を世界経済が回転するぎりぎりの線に抑えておくことで、残りの石油を信じがたい価格で売ることができる、栄光の日を迎えられるだろう。

メジャー系石油会社が問題を認識しているかどうかは疑問である。石油会社の大半は通常営業の看板を掲げている。私が探りを入れたくらいでは、たいした情報は得られなかった。２００４～２００８年説を深刻に受けとめている会社なら、既存の油田に対しては支出を惜しまないだろう。だが、埋蔵されている石油の獲得競争が進行しているようには見受けられない。

精神的に言って、石油産業には尋常ではない心理が存在する。石油探査は本質的に落胆を伴う仕事である。試掘井のほとんどは空井戸で、１００本の試掘井のうち、重要な油田の発見につながるのはたったの1本だ。そのためダーウィンの言う「淘汰」が働く。救いようもないくらい楽観的な者だけが生き残るのだ。

彼らが互いに話し合うとすれば、最初の30本は何も出なかったが、次の１本が大当たりとなったというテキサスのある郡の物語である。「がっかりさせるような話は、ひとことだって聞かれない」。しかし、この10年に始まった世界の石油生産の恒久的な減少が「がっかりさせるような話」であることは間違いない。

はたして、この状況の打開策はあるのだろうか？　危機を回避する方法はあるのか？　今まで試みられてきた対策は、以下のようなものだ。

新技術

1980年代に出された答えのひとつは、新技術開発をフル稼働させることだ。しかし、問題点がひとつある。1995年以前の（つまりインターネット時代到来以前の）石油産業は、投下資本に対する収益率が他のいかなる産業よりも高かった。石油会社は多角経営のために収益の一部を投じてみたが、あらゆるものが石油ほど儲けにならなかった。

彼らの投資対象の選択肢は、石油の探査および生産作業の収益性を高めるための研究開発しかなかった。何十億ドルもの大金が石油関連技術の開発に費やされ、その試みの多くが成功を収めた。そのため現在、これからさらに新しい技術が開発されるの

写真１・２　この1940年代の掘削装置は、オイルウィンドウの底部に達する掘削が可能だった。こうした油井やぐらは1950年以降はめったに使われなくなったが、今でも石油産業の視覚的象徴である。©Bettmann/CORBIS

は難しいだろう。やるべきことは、ほぼやりつくしたのだ。

より深い掘削

第二章では、地表下の温度によって「オイルウィンドウ」というものが存在することを説明する。地表から７５００フィートの深さになると、有機物に富む堆積物が、高温によって石油の分子に分解（クラック）するのだ。

しかし地下15000フィートを超えると、岩石がさらに高温になり、石油の分子は分解して天然ガスになってしまう。7000フィートから15000フィートまでの範囲を「オイルウィンドウ」と呼ぶ。15000フィート以上深く掘削した場合、天然ガスは得られるが、石油はほとんど得られない。15000フィートの深さを掘削できるリグが整備されたのは、1938年である（**写真1・2**）。

新たな場所の掘削

地質学者たちは石油を求めて地球の果てまで赴いている。

ジャングルでは鉱床の露出部は河川の岸に限られる。地質学者は脚に吸いつくヒルをつまんで取りながら川の中を歩きまわってきた。過酷な野外調査に慣れている地質学者のジャングル、砂漠、ツンドラについての標準的な評は「そこそこ手ごわい土地だ」というものである。

たとえば1923年、アラスカ最北端のバロー岬にアメリカの海軍石油保留地第4号が建設された(10)。1923年にすでに、アラスカの北極海側の斜面が主要な石油生産地になるだろうと予測した者がいたのだ。

現在、石油の存在が見込まれていながら探査が行われていない唯一の地域は、南シナ海の一部である。政治的問題が探査を遅らせているのだ。

国際法は海洋における石油の所有権を、隣接する海岸線の中間点を結ぶ線に沿って分割している。海洋中の島に対して所有権を正当に主張できれば、境界線をその島と対岸の海岸との中間点にまで押しやることができる。

その島が3回に1回は波に呑まれてしまう、突出した岩にすぎないかどうかは問題ではない。その岩を所有していることが、何十億バレルもの石油に対する権利をもたらすのである。南シナ海の中央にはいくつかの島が頭をのぞかせており、やはり6カ国が掘削権を主張している。南シナ海は油田候補地として魅力的だが、第二の中東地域となる可能性はほとんどない。

探査期間の短縮

新しい場所で白紙の状態から始めて、最初に石油を出荷するまでには、最低でも10年かかる。伝説的石油発見者の1人、ホリス・ヘッドバーグは、それを「物語＝ストーリー」という言い方で説明した。

新しい地域で掘削を始めるときは、石油が褶曲部にあるのか、礁（リーフ）にあるのか、レンズ状の砂丘（sand lenses）の中か、あるいは断層部に沿ってあるのか、これをつきとめなければならない。また貯留岩としてよいのはどれか、帽岩としてよいのはどれかを知る必要があるだろう。これらの問いに答えるのが「物語」である。探査作業と試掘に数年を費やしたのち、「物語」がつむぎ出される。

たとえば、石油が化石のパッチリーフ（離礁）中に存在するとしよう。続いて、パッチリーフの中にドカドカと発見に次ぐ発見が訪れる。しかしそうだとしても、開発井の掘削やパイプラインの設置を行わなければならない。うまくはいくだろうが、それには10年かかる。我々が今始めたところで、２００４～２００８年に始まる石油不足までに、それなりの石油生産に漕ぎつけることのできるものはないだろう。

要するにこういうことだ。かつて例を見ない危機が、水平線のかなたに迫っているようなものである。石油産業、政治、国家経済は大混乱するだろう。たとえ政治や産業が問題を認識したところで、流れを逆行させるのにはもう遅いのだ。

石油生産は縮小するだろう。かつての政治的に公正でない時代なら「中国式火災訓練＝Chinese fire drill（**訳注　赤信号で停止中の車から全員が飛び出し、大騒ぎしたのち再び乗り込む1960年代に流行した悪ふざけ。語源的には船舶での火災訓練に由来する。ここでは「大混乱」という意**

味で使っている）」とでも表現しただろう状況だ。

我々はどうなるのだろう。ある意味、1970年代と1980年代の石油危機は実験室内の実験で、我々は実験用のラットだったといえる。ガソリンは価格やガソリンスタンドにできる長蛇の列という不便さによって、消費が制限された。ガソリンやディーゼル燃料の価格の上昇は、食料品店への食品の運送費を上昇させた。

あるアイオワ州のトウモロコシ生産者の話では、経費の90％が、直接、間接を問わず、化石燃料の費用だったそうだ。価格の上昇は経済全体に波紋のように広がった。好ましくない混乱が数多く生じ、すべての人に影響が及んだ。

さて、みなさんはアイビーリーグ大学の教授たちは、ごたごたした世の中からすっかり隔絶された世界に住んでいると思うかもしれない。私は1967年から1997年までプリンストン大学で教えていた。1980年ごろは教員たちの士気が最も低下していた時期である。インフレのため、給与の増加をはるかに上回る速度で生活費が上昇していった。

我々の多くは大学所有の宿舎に住んでいた。大学は、外界の架空の「市場」価格に合わせて家賃を上げていった。しかし我々の実際の生活水準は、数年の間にどんどん下がっていった。保護された（しかも終身的在職権付きの）象牙の塔の内側でも、こうだった。外界では、これ以上に大変だったのである。

我々はどうすべきなのだろう。何もしないでいることは、本質的にはハバートの「負け」に賭けるのと同じだ。問題を無視することは、世界の石油生産が永久に増加し続ける方に賭けるのと同じだ。私のお奨めは「予言は大筋では正しい」に賭けることだ。危機が現実のものとなる前の、この数年間を最大限に生かして、今こそ増大したエネルギー消費への対策を立て、代替エネルギー源の構想を始めるべきである。

「我々は地球を破壊して資源を強奪しており、大気を汚染しているのだから、自然食品のみを食べ、自転車を利用するべきである」というのもひとつの考え方である。しかしこれは私の立場ではない。罪の意識が、我々を脅かす混沌を止めることはないだろう。私は自転車を使い、よく歩きはするが、正直なところ、その動機のいくぶんかは、プリンストンの悲しい駐車場事情にある。

有機農法では、世界人口の一部しか養えない。世界の牛糞の供給には限界があるのだ。自然に対するやましい気持ちをいくら積み上げても、そこからよりよい文明が、ひとりでに生まれてくるとは思えない。我々は問題に元気よく立ち向かい、今後の問題を最小限に食い止めるようなやり方で対処しなければならない。

本書では石油の起源、探査、生産、流通について解説する。こういった石油産業の背景は重要である。というのも、それが我々の将来の選択肢に、地質学上の制約を課しているからだ。私はハバートの予言の方法のもつ長所および短所を挙げ、最後に不可避の事態への対処法を示して締めくくろうと思う。

私の意図は読者に、この問題を評価することができるような専門的知識を授けることにある。専門家の書く２００４～２００８年のシナリオは、ホラー映画の序章のようだ。恐ろしいシナリオを受け容れるかどうかは、あなた自身が決断することなのだ。

私自身は、世界の石油生産のピークが２００４年より前に訪れる可能性もあると思う。私が間違っていたらどうなるのだろう。間違いであれば、それは喜ばしいことだ。我々は原油消費の削減のために、さらに数年間の猶予を与えられるだろう。

だが、ピークを２０１０年まで遅らせるのは、思いがけない吉報が数多くもたらされないかぎり難しい。どちらにしろ、私の主張はほとんど変わらないだろう。原油は燃料として燃やすにはあまりに貴重である。

スティーヴン・ジェイ・グールドの得意の言い方によれば、だれもみな、自らの文化的偏見を克服するのは困難なものである（この「みな」にはグールド自身も含まれている）。ここで私が、自分の偏見のルーツを明らかにしておくのは有益だろう。以下は私の告白である――。

私はオクラホマシティーの油田の真ん中で生まれ、油田地帯で育った。父、J・A・ディー（ディフェイス）は、石油技師のさきがけだった。当時会社は従業員を必要な場所に随時異動させていた。そのため私は小学校の8年生を終えるまで9つの学校に通った。ハイスクールおよびカレッジ時代の夏休みは石油業界の中で毎年違ったアルバイトをした。研究所の助手やパイプ置き場の作業員、油田の雑用係、地震探査の作業員などである。

私はコロラド鉱業学校（Colorado School of Mines）を卒業し、シェルオイル社の探査部に勤めた。その当時は朝鮮戦争も末期で、私の年ごろの者はみな徴兵されていた。我々は少子世代で、大恐慌の最悪の時代に生まれた数少ない者たちの1人だった。私は復員兵援護法を利用して、できるだけ学費の高い学校の学資を得ることで、軍に仕返しすることにした。プリンストン大学の地質学部が目的にはぴったりだった。

卒業後、シェル社からヒューストンの研究所へ復帰を請われたのはうれしかった。シェル研究所における科学的進歩はめざましいものがあり、カリフォルニア工科大学のジェリー・ワッサーバーグは「現在のシェル研究所は、地球科学の研究機関として世界随一である」と述べていた。彼は決してお世辞屋だったわけではない。

すでに述べた通り、私が石油産業から足を洗うきっかけとなったのは、ハバートの予言だ。私はミネソタ州とオレゴン州で短期間教鞭を執り、1967年にプリンストン大学の教員となった。教育活動のかたわら、私はジョン・マクフィーの地質学の書物の執筆に協力することができた(11)。1970年代および80年代初期の「石油ブーム」で、私は再び石油産業にかかわる機会を得たのだ。

私はコンサルタントとして、ニューヨーク州西部およびペンシルバニア州北部の、天然ガスの掘削計画に対する助言を行った。私の立てた計画で、1本の空井戸を出すことなく100本ものガス井掘削に成功した。そのうちの1本はニューヨーク州史上最大のガス井だった(12)。また、石油訴訟において専門家としての証人も務めた。

人のルーツは隠せないものだ。ニュージャージー・ターンパイクでその石油臭い製油所の側を走るとき、私は窓を開けて胸一杯空気を吸い込みたくなる。長く石油産業に携わってきたものの、私は最後まで自分を経営側の人間とは思わなかった。私は働きバチなのだ。巣にいて働かない雄バチではない。

2、3年前、私はペンシルバニア州北部のある油井の改修を試みていた。36インチハンドルのパイプレンチを持って、坑口装置まわりの配管の補修を手伝ったとき、ふるさとに帰ってきた気がした。なんともうれしかった。

第2章 石油の起源

The Origin of Oil

1970年、アメリカのメジャー系石油会社数社が政府に数百万ドルを支払って、オレゴンおよびワシントン両州沖合の石油掘削権を得た(1)。3本の井戸を掘ったあと、彼らは夕日の中に走り去って二度と戻らなかった。数百万ドルにキスしてさよならしたのだ。一体何が起こったのだろうか。

①彼らは「石油を産出するまでにわずか30本の空井戸を掘るだけで済んだ」というテキサス州の物語を忘れてしまった。
②彼らは「石油の発見量は調査にかけた費用に応じて増える」とする経済学者の意見に耳を貸さなかった。
③オレゴン州およびワシントン州では、他のどこよりも環境保護活動家の足並みがそろっていた。
④3本の井戸から、実に悪い知らせが届いた。
⑤その他。

⑤を選ぶのもよいかもしれない。しかし私の選択は④だと思われたことだろう。「探査の続行が資金と努力のむだ」と、ほぼ断言できる地質学的理由というものが存在す

るからだ。では、メジャーな石油会社が投資をふいにして、永遠にさよならするほどの「悪い知らせ」とは一体どのようなものだろうか。これは石油の起源、つまり岩石とその温度の歴史と関係がある。

初期の石油地質学者はほとんどの岩石が少量の有機物を含んでいること、そうした有機物のうちに石油に似たものがあることを知っていた。彼らは何らかの過程で堆積物の大きな塊から有機物がかき集められて、地中に石油の貯留層（油層）が形成されるのだろうと考えていた。

この説はシェル研究所のジョージ・フィリッピが1957年に短い論評を――そして1965年に長い論文を――発表したとき以来、様子を変え始めた(2)。フィリッピが結論を出すのに使った手段は、今から見れば素朴なものだった。

彼は石油の分子をばらばらにし、かけらを分析し、その上でもとの分子を再構成したのである。言わばコンピュータの働きを理解するために、機械をハンマーで粉砕して破片を調べたようなものだ。フィリッピの発表後、しばらくして文明の利器が登場した。気液クロマトグラフ（gas-liquid chromatograph）、略してGLCである。GLCを使うと、分子全体を短時間で容易に分析できた。現在GLCは机の上に乗るほどの大きさで、価格も7000ドル程度である。

GLCは1枚の紙にグラフを描き出す。グラフどうしは「指紋」のように照合することが可能だ。重いものを持ち上げる必要もなく、ややこしい科学も必要ない。描き出された絵を見るだけでよい。GLCのグラフが似ていれば化学的性質も似ているということだ。

ワイオミング中を巡って、各油井からスプーン1杯ずつの原油を集めてみよう。スプーン1杯という量はGLCにとっては巨大なサンプルである。各サンプルを机上のGLCにかけてみると、サンプル全体が2つのグループにきれいに分かれる。犯行現場に残された指紋はたった2種類、ということだ。ワイオミング州には2つの異なるタイプの石油があることがこれでわかった。

次の疑問は「それらの指紋がだれのものなのか」ということだ。これをつきとめるためには、岩石を調べてみなければならない。

井戸の掘削によって得られた岩石の削り屑は保存してある場合が多い。有機物を多く含む岩石はこげ茶か黒色をしている。溶媒を数滴加え、乳鉢と乳棒で削り屑をすりつぶす。もちろん使う有機溶媒は石油に含まれていないもので、アセトンが適当だ。

固体の岩石の部分が沈殿してから溶媒、そして削り屑から溶け出た物質を、あなたの忠実なGLCにかける。十分な量の削り屑を調べていくと、2人の容疑者が割り出される。２人の容疑者とは、ＧＬＣの指紋が先の２タイプの石油に一致する２種類の岩石だ。

驚くのはその２種類の岩石の層が比較的薄いことだ。ワイオミング州の堆積岩の層の厚さは全体で約２０００フィートほどである。ところが石油と一致する２つの層は、それぞれ30フィートほどの厚さしかない。では、これらの容疑者はだれなのか。

そのひとつは２億８０００万年前の堆積岩である。厚いフォスフォリア層の一部を構成する薄い層だ(3)（フォスフォリア＝Phosphoria）層という名称は、その層から肥料となるリン酸鉱物を含む堆積岩（phosphate rock）が大量に採掘されたことに由来している。

アメリカでは、累層の命名は地理的位置のみに基づいて行われる。しかしフォスフォリア層の場合、米国地質調査所（ＵＳＧＳ）は少々倫理的ではない手段を使った。先に無名の小峡谷をフォスフォリア峡谷と名づけ、それを累層の名前にしたのだ。現在フォスフォリア層の上下の岩石の中に閉じ込められている石油は、フォスフォリア層に由来する指紋をもっている。

もう一方の層は９０００万年前と比較的新しい。モーリー層の中の堆積層である(4)（今回の命名にごまかしはない。モーリー・クリークはワイオミング州の中北部に

写真2・1　パラドックス・ベイスン（ユタ州南東部）の井戸から採取したこのコア (core) は、石油のソースロックとして典型的な黒色をしている。パラドックス・ベイスンはソースロックが豊富だ。非公式の推算では、このベイスンの地下にある孔隙の空間の半分に石油が溜まっているとされる。

存在する）。容疑者の指紋をもつ層（ゾーン）は厚さが50フィートしかない。数千フィートの厚さの、黒色のきめの細かい岩石の堆積層の中にある。

色が黒色あるいは濃いチョコレート色だというだけでは不十分で、石油を出すのは限られた特定の層だ。

通常、油層（oil source zone）は単なる1枚の厚い層ではない。有機物の比較的少ない堆積岩の間に挟まった、有機物を大量に含む1ダース以上の薄い層（horizon）の集まり、というのが標準的な姿である。

GLCパターンという指紋を調べることで、フォスフォリア層とモーリー層内にある「ソースロック（根源岩）」（**写真2・1**）の層がつきとめられる。それぞれ特定のタイプの石油と一致する層だ。

テキサス州西部に行って同様の調査を行ってみると、3層のソースロックが見つかる。中東の巨大油田にはソースロックは2層しかなく、厚いほうの層でも100フィートに満たない(5)。「大量の岩石から少量の石油が濃縮されてできる」という説を支持する者は、もはやいない。石油があるのはごく限られたソースロックの層のみである。「ソースロックなくしてオイルなし」なのだ。

さて、我々は原油の起源を求めて2つ3つばかりのソースロックにたどりついた。2万フィート以上もある堆積岩の層中に含まれる、厚さわずか数十フィートほどの薄い層だ。さて、この層の特徴は何だろうか。

ワイオミング州の場合のように、有機物によって黒色となった数千フィートの堆積層が隣接して存在していながら、厚い層の「指紋」が原油の中に見つからないことがある。ここで重要なのは、有機物の量である。

死んだ藻類の細胞を1％含んで沈殿した堆積物を考えてみよう。堆積物が地下7500フィート以下の場所に埋まると、死んだ藻類が分解を始め石油が形成される。しかし我々が手にするのは、粘土と水と散在する少量の石油の粒から構成される岩石にすぎない。初期の石油地質学者も、この点が問題であることに気づいていた。

散在する石油の粒は動くことなく同じ場所にとどまっている。「流動化(mobilization)」および「膠質化(micellurization)」に関するいくつもの論文が発表されたが、それは当て推量の類だった。

一方、大量の有機物を含むソースロックが分解して石油になる場合、石油の粒は岩石の中でまとまり、ひとつながりの石油の筋、または小塊を形成する。岩石がオイルウィンドウに入り、分子の分解が続いていくと、石油が周囲の岩石に搾り出されるようになる。石油は上側にも下側にも搾り出されていく。台所のスポンジを絞ったとき、水が両面から出るのと同じである。

1954年の短い発表の中でフィリッピはもうひとつ思いがけない示唆をした。「ソースロックは最初から石油を含んでいるわけではない」というのだ。

石油の中の分子は、ソースロック中にある有機物の大きな分子が分解してできた小さな分子だ。石油精製所は同じ仕組みを利用している(6)。石油精製所では自然の石油分子を小さなかけらにして、良質のガソリンをつくっている。

石油精製所で一番背の高い設備は「キャット・クラッカー」と呼ばれる。猫(キャット)を粉砕する(クラック)わけではない。「キャット(cat)」とは「触媒の(catalytic)」

写真2・2
パラフィン族の最初の5個には炭素原子が1個から5個含まれている。一番上の分子――1個の炭素原子（黒）と4個の水素原子（白）から構成される――は「メタン」である。メタンは天然ガスの主成分だ。炭素原子が3個および4個の分子は、それぞれ「プロパン」および「ブタン」である。これらは裏庭のグリルやキャンピングトレーラーで使うボンベ用ガスだ。

の略だ。接触分解装置（キャット・クラッカー）は、反応を促進するために、熱に加えて触媒を使う。

原油の中で最も単純な分子は両側面と両端に水素原子のついた、炭素原子の鎖だ。水素（ハイドロジェン）と炭素（カーボン）からなる分子を（読んで字の如く）炭化水素（ハイドロカーボン）という。我々オクラホマの田舎者は最も単純な鎖を「パラフィン族（**写真2・2**）」と呼び、有機化学の先生方は「ノーマル・アルカン（normal alkanes）」と呼ぶ。

これらは家庭に普通にあるものだ。最も短いものはメタン（炭素原子が1個）で、天然ガスの主成分である。炭素原子が3個および4個の鎖はそれぞれプロパ

写真2・3
パラフィン族には単純な直鎖(straight chains)の他に枝分かれのある有枝鎖(chains with side branches)がある。枝分かれのない単純な鎖はノッキング(pinging) ──車のエンジン内の制御不能のデトネーション──を起こしやすい。写真の2つの分子はガソリンスタンドのポンプに貼ってある、オクタン価の基準となるものだ。左の炭素数が7で直鎖の分子はオクタン価が0である。右の有枝鎖のパラフィン族炭化水素はオクタン価100を示す。実際のガソリンはこれらの2つの分子の混合比に応じて等級づけされている。直鎖はバクテリアによって容易に分解される。生物分解性洗剤は枝分かれのないパラフィン族炭化水素から製造される。

ンおよびブタンだ。プロパン、ブタンは裏庭のグリルや、キャンピングトレーラーで使うボンベ用のガスとして知られる。

炭素原子8個の鎖はガソリンの格付けでおなじみのオクタンである（**写真2・3**）。潤滑油は鎖の中に15個程度の炭素原子を含む。

炭素原子が30個のパラフィン族は、自家製ジャムのびんに封をしたり、パラフィン紙をつくったりするのに使用される。パラフィン族という名称は、このジャムのびんのパラフィン蝋にちなんでいる。

自然界には何千個もの炭素原子から構成される長い鎖は存在しないが、石油精製所では極端に長い鎖をつなぎ合わせて、おなじみのプラスチック・ポリエチレンをつくっている。食料品店でくれる薄いビニール袋を思い出してほしい。あれはポリエチレン製である。

ふつう坑井から産出される炭化水素は「石油」と「天然ガス」だが、中間的物質も存在する（これは高価で売れる）。

炭素原子が3個から5個の炭化水素は、ガス・コンデンセート、液体天然ガス、ドリップガス（drip gas）、「ホワイトゴールド（white gold）」などの名称で、ひとくくりにされている。油田労働者の中にはこれらを直接、自分のピックアップトラックのガソリンタンクに入れる者もいる。

しかし、そうした行為は危険であるばかりか、違法でもある（1931年、私の父は米国陸軍予備役将校の毎年恒例の任務として、車でオクラホマシティーからエルパソまでの往復旅行を行う際に、55ガロン缶入りガス・コンデンセートを使った。父は浮いたガソリン手当てを、私の出産費用にあてた）。

自然界では、炭化水素の鎖は各種の動植物によってつくられる。汚い話だが、身近な例には耳垢がある。炭化水素は水を嫌って混ざろうとしない。炭化水素は水をはじくのだ。

化学者たちが「疎水性の（ハイドロフォビック）」と言うとき、それは「恐水病の（ハイドロフォビック）」という意味ではない。人間も含めて、生物は基本的に水の袋である。水を豊富に含むシステムを構成する最もよい方法は、「水を嫌う」つまり「疎水性の（hydrophobic）」要素と「水を好む」つまり「親水性の（hydrophilic）」の物質との対立関係を利用することだ。

海水生の単細胞藻類は炭化水素の分子を使って強固な細胞壁をつくっている。これが無数にある炭化水素の系列の一方の端を構成するなら、もう一方の端には、人間の脳の神経細胞を包んで絶縁体の働きをしている「髄鞘」がある。これもまた、炭化水素の鎖なのだ（7）。

藻類から人間まで、生物に由来する炭化水素は共通の奇癖（オディティー）をもっている。これは文字通りの「オディティー（奇数性）」で、ほとんどが奇数の炭素原子を含んでいるのだ（理由は聞かないでほしい。最寄りの生化学者にお問い合わせください）。

ＧＬＣ装置の描くパターンは紙の一方の端にある最も短い鎖から、もう一方の端の最も長い鎖まで、パラフィン族分子全体をカバーしている。大抵どのような有機物質を入れても、炭素数が奇数である多量の炭化水素と、炭素数が偶数であるずっと少量の炭化水素が交互に現れるパターンになる。石油業界ではこれを「奇偶優位性（"odd-even" predominance）」と呼んでいる。

フィリッピの第2の発見は「原油が奇偶優位性を完全に欠く」ということだった。原油には炭素数が偶数の炭化水素も、奇数のものと同じように多く存在するのだ。生物に由来するものはすべて潜在的に、炭素数が奇数の鎖から構成されると言ってよい。しかし、このもともとの鎖の任意の箇所で、炭素原子と炭素原子が切り離されたなら、もとからあった奇偶優位性は消滅するだろう。

フィリッピが見解を長い論文にまとめた後も、皆がその見解に注意を払ったわけではなかった。私がプリンストンの新人教師だったころ「各時代の有機物質」と題する、大規模な公開講演に出席したことがある。講演者は光合成の仕組みを発見してノーベル賞を受賞した、カリフォルニア大学バークレー校の教授だった。彼は時代ごとの「自然界における有機物質の違い」を説明するために、スライド（ほとんどがGLCのデータだった）を見せた。

スライドの最後はメキシコのプエブロ・デ・アジェンデに落ちてきたばかりの、隕石のGLC出力データだった。そのGLCパターンは奇数の炭素鎖が偶数の炭素鎖に対して極端な優位性を示していたのだ！　講演の終了時、私の脈拍数は150ほどに上がっていたはずだ。真っ先に私は「最後のスライドをもう一度見せていただけないでしょうか」と聞こうとした。「お気づきですか。その隕石のサンプルはロバの糞で汚れているのではありませんか」と私が言うより早く――幸いなことに――講演者を紹介した人物が立ち上がって「すばらしい講演をありがとうございました。それではみなさん、さようなら」と言った。

その講演から数カ月後、私はある会合で先日の講演者が所属する、研究所の同僚という人に偶然会った。私はアジェンデ隕石の示した奇偶優位性のパターンについて尋ねてみた。彼は「研究所では、それが汚れによるものであることを認識している」と答えた。しかし、かの御仁は研究所内をすっ飛ばしてやって来て「この前の資料を出してくれ。プリンストンの講演に使わなきゃならん」と言ったのだそうだ。

もともとの炭化水素をばらばらにするのには、どのくらいの時間と温度がかかるのだろうか。化学反応は温度が高いと速く進む。地中でも実験でも、必要な時間と温度は決まっている（実験の場合については、この章の後ろでもう一度取り上げる）。

有機物を豊富に含む堆積層は、分解のプロセスが進行するために十分なほど高温になっていないうちは、もともとの優位性――炭素数が奇数である炭化水素が、偶数のものより多い――を示す。この状態の岩石を「未熟成の」ソースロックという。それに対し、有機物の豊富な堆積岩が、長い歴史の過程で1回でも分解温度より高い温度になったことがあれば、その堆積岩は、奇数の炭素鎖と偶数の炭素鎖が同数であるような石油を含んでいることだろう。これが「熟成した」ソースロックである(8)。

ドリル坑(drill hole)を掘っていくと、通常1000フィートにつき華氏で約14度(1キロメートルあたり摂氏で25度)の温度上昇がみられる。「未熟成の」ソースロックと「熟成した」ソースロックの境目は、地下約7500フィートのところに見つかる。その地点の温度は華氏180度(摂氏82度)程度である。ジョン・マクフィーは、これをたとえて「コーヒーをいれる温度」と言っていた(9)。コーヒーポットの温度が100万年続くと、炭化水素の鎖が切れるのだ。

深いドリル坑からの第二の所見は「1万5000フィートより深い場所には石油は見つからない」ということである。その地点の温度は華氏295度(摂氏145度)、つまり七面鳥を焼く温度である。地質学的な時間がたてば、1万5000フィート地点における温度ではすべての炭素原子間の結合が切れてしまうだろう。

しかし、わずかながら例外がある。かなり急速に埋没した場合、1万7000フィートまで石油が存在することがあるのだ(10)。結合が切れた後にできるのは炭素原子が1個の分子、メタンである。天然ガスの主要成分だ。

どこでも同じだろうが、油田においてもすぐれた経験則は大事にされる。7500フィートから1万5000フィートまでの範囲は「オイルウィンドウ」と呼ばれるようになった。石油を生産するには、ソースロックが7500フィートより深い場所に埋まっていなければならない。しかし1万5000フィートより深いところにあると、石油は分解してすべて天然ガスになってしまう。

だが、ちょっとお待ちを！　アメリカで最初の油井――1859年発見のドレーク井――は、わずか75フィートの深さにあった。これにはふた通りの説明が可能だ。

ひとつ目の理由としては、ソースロックが7500フィート以下の深さに埋まったのち、地表の侵食によって、再びまるごと地表近くに位置することがある。2つ目の理由としては、ソースロックから滲み出た石油が、地中を上昇し、浅い油田を形成することがある。また、油徴（オイル・シープ）となって地表に表れることもある。

さてメモしたことを読み上げてみよう。石油産出地域は、有機物の豊富なソースロックを含んでいなければならない。ソースロックは7500フィートより深く、かつ1万5000フィートより浅いところに埋まったことがなければならない。これらの要素がそろわない限り、いくら掘削したところで石油発見の見込みはない。

たとえば深海底の堆積物は、厚さが約3000フィートである。堆積層の下部付近に有機物の豊富な層があったとしても、オイルウィンドウの上端の深さの半分にさえ届いていない。この事例によって、地球の表面の60％が石油の採油候補地としては失格となった。

ひと昔前の人々は石油を求めて油徴を探した。油徴は見つけにくい場合もあり、だれの目にも明らかな場合もあった。ロサンゼルス低地（ベイスン）には、有名なラ・ブレア・タールピッツの他、数多くの油徴およびタール・プールがある(11)（私はラ・ブレア・タールピッツという名の女優の卵がいるという噂を信じたことは、断じて一度もない（**※編注　アスファルトの沼に落ちた動物の化石が展示されている博物館**）。

1932年にある石油会社がクウェートで探査を開始したとき、クウェート人は「ブルガンのアスファルト・ピットの近くを試掘するべきではないか」と言った。会社は「ノー」という意味の返答をした。我々は自ら地球物理学的調査を行って、掘削地を決定しなければならなかった。数本の試掘を行ったところ、どれも空井戸だったため、1938年、会社はアスファルト・ピット付近の掘削を承諾した。

こうしてブルガンは埋蔵量700億バレルを誇る世界第二の油田となった(12)。しかし第二次世界大戦が始まり、クウェートが石油からの実質的な収入を得たのは、1947年になってからのことだった。

地表の油徴であれ、石油を産出する井戸であれ、石油が出ればそこは「オイルカントリー」ということになった。しかし、すでにオイルカントリーとして知られている場所の中に新しい油田を発見しようとするのはなかなか困難なことだ。一方、新たな開拓地がオイルカントリーであることを証明するためには、大きなリスクと莫大な出費が伴う。

有機物の豊富なソースロックを堆積させた地質学的状況を理解することが、勝者と敗者の振り分けの鍵となる。また岩石に残された温度の変遷の記録も「オイルカントリー」の境界を見きわめるのに役立つ。

では有機物の豊富な堆積物はどこで形成されるのだろう。生物体の死後の有機物質は酸化の運命をたどる（たいていはバクテリアの働きによる）。ロバート・フロストはこれを「腐食物質の緩慢な無煙の燃焼」と呼んでいる(13)。有機物質が蓄積するのに格好の場所は、酸素の欠如した環境だ（**図2・1**）。

この場所には黒海、ノルウェーのフィヨルドのいくつか、あるいはカリブ海南部のカリアコ・トラフなどを挙げるのが標準的だ。私は地質学の教科書を書いたとき、海盆（ベイスン）中の深海水が「シル（戸口の敷居＝ドアシルになぞらえた命名である）」という浅い箇所によって区切られていることを図で説明した(14)。

しかしこの話には弱点があった。シルで区切られた現在の海盆の中には、有機物質が豊富であり、まともにソースロックとなれるような堆積層を有するものは存在しな

図2・1　この図は広く流通しているある仮説を説明するものだ。深層水に循環がないと底の水の酸素が枯渇して有機物が蓄積する。

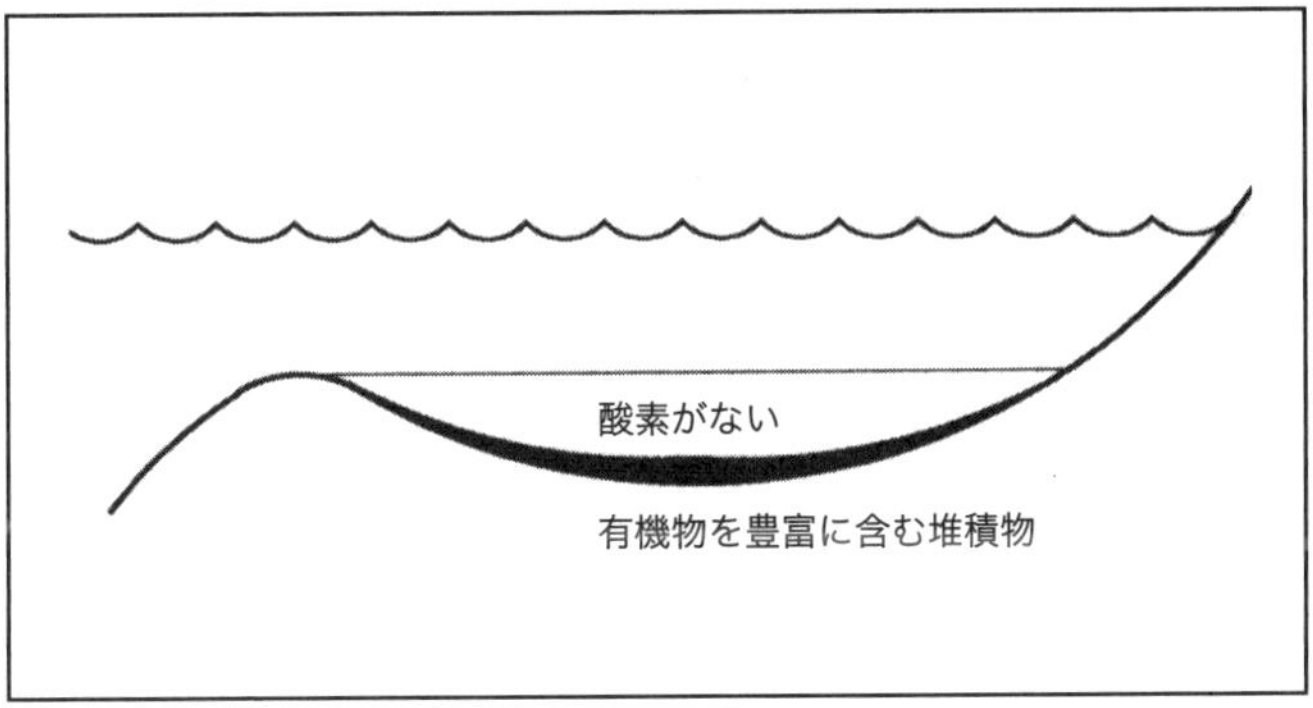

いのだ（少なくともシェル社のソースロックとしては、である。エクソンモービル社の要求水準はもっと低いだろう）。もっとも現在、形成を盛んに進めているソースロックが存在しないということは、多少なりとも予想されていた。

ソースロックは非常に厚い堆積層の中のごく薄い部分だ。地質年代のほとんどを通じて、ワイオミングは（あるいは中東も）ソースロックを形成していなかった。現在、そうしたまれな事態のひとつが進行するためには、何か幸運な巡り合わせというものが必要だろう。

石油のソースロックをつくった環境がかつて存在したことは確かだ。だが現在の堆積物を調べても何の手がかりも得られなかった。

手がかりは実に思いがけない形で訪れた。プリンストンにおける私の職務の一部に「木曜ランチタイムセッション」を準備する、というものがあった。これは学部生に対して教員が現在進行中の研究プロジェクトの話を聞かせるための場である。学部の3年生は、これをきっかけに4年時の論文の計画を立て始めるのだった。

4年ほど前のある木曜日、ホルヘ・サルミエント教授が「地中海東部における腐泥（sapropel）」と題する講演を行うことになっていた。腐泥というものが何なのか、私ははっきり覚えていなかったが、とにかくランチ付きの講演は始まった。まさかひと眠りとまではいかないが、昼食後の休憩のつもりで私はどっかりと腰をおろした。

ホルヘは「腐泥とは、きわめて有機物に富んだ堆積層である」という説明から話を始めた。現在、腐泥は形成されていないが、地中海東部の腐泥は地質学上最近の過去に形成する時期と、形成しない時期とを繰り返してきたのだという。私は片目だけ目が覚めてきた。

続けて彼は「なぜ有機物に富む腐泥が形成したりしなかったりを周期的に繰り返すか」について説明した。あらゆる海洋で常に変らない特徴は、海面近くの生物が海面近くの水に溶けている栄養分――リン酸塩、硝酸塩、二酸化珪素、鉄など――を利用して成長するということだ。生物が死ぬと、死骸や捕食者の糞粒は深海に積もる。

ホルヘは「地中海の東部がその外部と水を交換する方法には2通りある」と指摘し

た。ひとつは表層水を流入させ深層水を流出させるもの、もうひとつはその逆で、深層水を流入させ表層水を流出させるものだ。生物からはがれた栄養分は深層水に入るので、表層水の流入および深層水の流出という循環は、海洋を局所的に栄養分の乏しい状態にする。シュノーケリングやダイビングをする人は栄養分の乏しい海を好む。そういう海は水が青く澄んでいて、60フィートも下の海底まで見えるからだ。

もうひとつの方法、深層水の流入および表層水の流出では栄養分が溜まる。水に溶けた栄養分は深層水と共に流入するが、栄養分が表層水と共に流出することはほとんどない。このように栄養分が蓄積していった結果、地中海東部はきわめて肥沃な庭になった。表層水から降る死骸や糞粒の多量の雨が、海底の水の限られた酸素量を上回り、有機物の豊かな腐泥が堆積した。ここのところで私はすっかり目が覚めた。これが世界の石油の起源である。

講演の終わりのほうでサルミエントはどのようにして水の循環が変化して、栄養分の溜まった状態（ニュートリエント・トラップ）と栄養分の乏しい状態（ニュートリエント・デザート）とを交互に繰り返すのかについて説明した。表層水は深層水よりも塩分濃度が高く、そのため比重が大きいのだろうか？

地中海東部に流入する雨水や川の水は表層水の塩分濃度を低く、比重を小さくする。一方、海面からの蒸発は日射と風によって促進され、表層水の塩分濃度を増大させる。循環が起こるのはこの相反する2つの力のバランスによってである。中間状態はありえない。この野球に引き分けはないのだ。2つの大きな数の差を求めようと引き算をすると、答えはたいがい正か負のどちらかになる。

サルミエントが地中海東部から採取した有機物に富む層――腐泥――の堆積物の試料をいくつか見せたとき、私は目の玉が飛び出し椅子からずり落ちるところだった。現在、地中海東部は栄養分に乏しい状態だが、過去百万年の間には、数回の栄養分の溜まった状態があったのだ。

栄養分の溜まった状態(ニュートリエント・トラップ)と栄養分に乏しい状態(ニュートリエント・デザート)が、くるくると交互に繰り返されるという事実は、太古のソースロックが有機物に富む、単一の厚い層をほとんど構成していないことへの説明となる。真水の流入と蒸発のバランスがどのように変化するかについて、考えを巡らすのは興味深い(**図2・2**)。天候や気候は変わりやすいものである。雨と風の変化がバランスを交替させるのだ。

要因はそれだけではない。たとえば地質学的時間が経過する間に、流路を変更する河川がある。地中海の地図を見てみよう。ナイル川の水がイスマイリア運河から紅海

図2・2　死んだ生物や糞粒は生物学的栄養分となって、浅い水域から深い水域に移動する。河口付近の循環は海面からの蒸発と真水の流入とのバランスによって変化する。蒸発が雨や川の水の流入を上回ると、有機物に富む深い水域の水が流出するのだ。真水の流入が蒸発を上回ると、生物学的栄養分は海盆（ベイスン）に保持され、有機物の生産性が高まって有機物の豊富な堆積物が形成される。

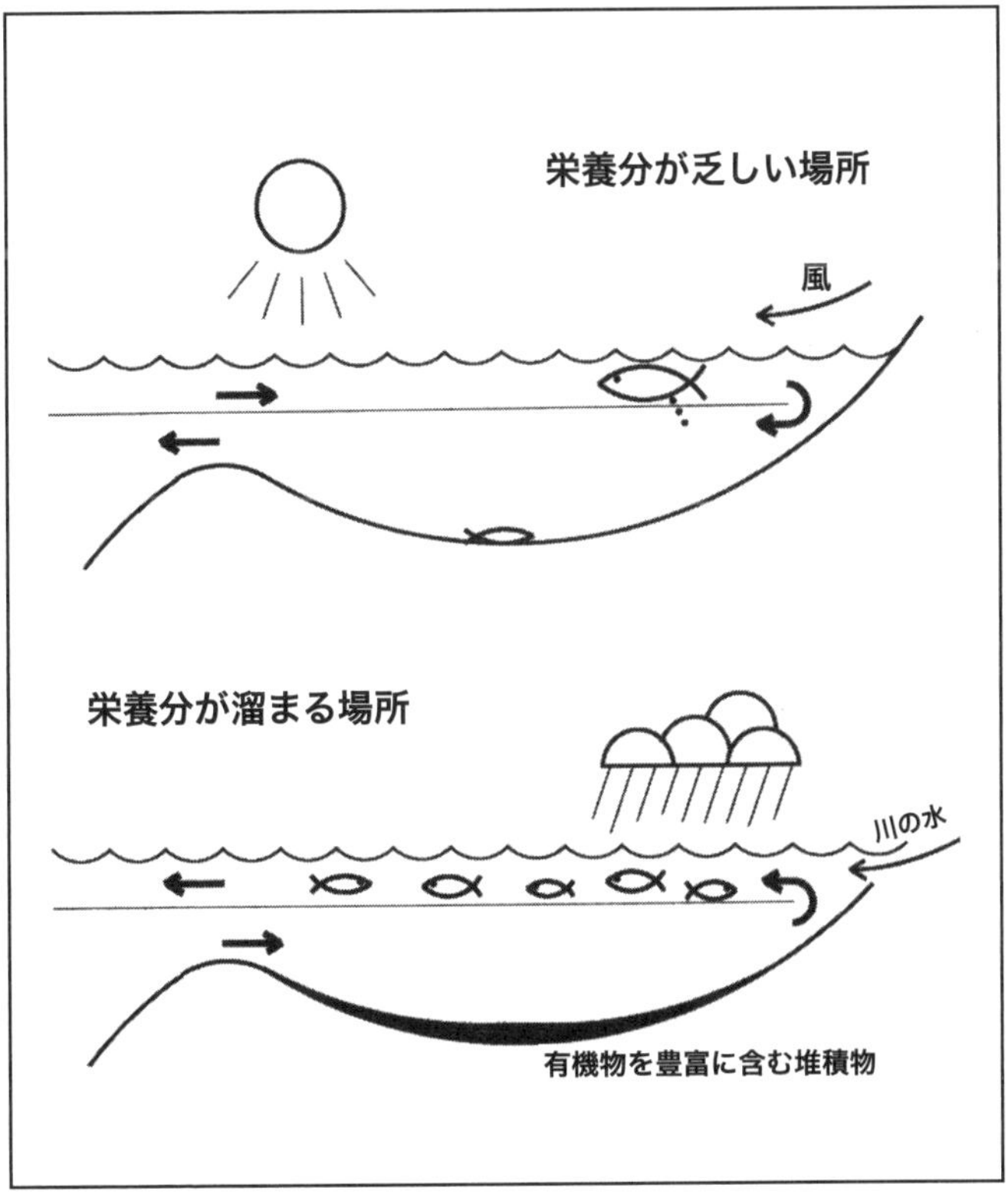

に流れ込むのを阻み、地中海だけに流すような高い土地はない。もし長めの週末休暇の間、あなたに半ダースほどのブルドーザーを貸してさしあげれば、ナイル川の流れを紅海のほうに向けることもできるだろう。しかしそれはしないでいただきたい！それよりはボルガ＝ドン運河を逆流させて、地中海東部を再びニュートリエント・トラップに戻し、大気中から二酸化炭素を取り除くほうがましというものだ。

サルミエントの講演が終わると、私は図書館に飛んで行った。ニュートリエント・トラップおよびニュートリエント・デザートの仮説には重要な利点があった。仮説に従えば、石油のソースロックが通常、単一の厚い層にはなっていないことが説明できる。私の書いた教科書の図では、なぜ太古のソースロックが地中海東部の最近の歴史のように、交互に層を構成しているのかを説明することは難しい。ソースロックの有機物の含有量が変化するたびに、私は教科書の図に例の「シル」をつけたり外したりしなければならないのだ。

実際私が図書館に向かったのは、石油地質学者の中にニュートリエント・トラップおよび、ニュートリエント・デザートの考え方を使っている人がいないかどうかを確かめたかったからである。石油のソースロック堆積についての説明はダウ・ジョーンズ株価についての説明と同じくらい、それこそ無数にあった。

何十もの掲載論文の海をかき分けつつ進むうち、私はニュートリエント・トラップおよびニュートリエント・デザートに言及のある一編を発見した(15)。

やられた！　私はサルミエントの知見を使って石油の起源に関する論文を発表しようと思っていたのだが、夢で終わってしまった。

しかし、基本的な考え方はすでに発表されていたとしても、ニュートリエント・トラップからニュートリエント・デザートへの急速な交替については、広く注目されるべきであるように思われる。

さて、有機物を大量に含むソースロックが必要だ。しかしどのくらいあれば「大量」といえるのか。石油会社の間でも意見の分かれるところだ。エクソンモービル社は岩石の中に有機物質が2％も含まれていれば、喜んで潜在的なソースロックと認定する。一方シェル社では8％に満たないものは問題外だ。

こうした意見の相違を科学性の欠落と決めつけるのではなく、自由企業制の美点と考えよう。解釈のうまい会社のほうが発見する石油の量は多くなる。我々は石油を必要としているのだ。

有機物の豊富なソースロックがあるというだけでは不十分だ。ひとまとまりの岩石が、温度に関してしかるべき――石油を形成するのに十分なほど高温だが、すべての石油が天然ガスに分解してしまうほど高温ではないという——歴史を経ていなければならない。つまりその岩石が「オイルウィンドウ」に入ったことがなければならないのである。

実際岩石に聞いてみたいものだ。「あなたは今7500フィート以下の場所にいますか。あるいはいたことがありますか。また、15000フィート以下の場所にいたことがありますか」。第一の質問に「はい」第二の質問には「いいえ」と答える岩石だけが石油探査対象の候補となる。

1970年以前、天然ガスはさして価値の高くない副産物だった。つまりトウモロコシの穂軸や麦わらのようなものだったのだ。1980年代初期の石油危機の間に、天然ガスの価格は1000立方フィートあたり5セントから3ドルに跳ね上がった。オイルウィンドウより深いという理由で敬遠されていたあらゆる場所が、にわかに収益の上がる場所に変貌した。1980年代の「石油ブーム」は主として天然ガス・ブームだった。

岩石に埋没時の最高温度を答えさせるやり方はいくつかある。

1915年、オイルウィンドウが知られるようになるずっと前、デヴィッド・ホワイトは炭層に温度の記録が残っていることを指摘した(16)。炭層はぐずぐずの泥炭か

写真2・4
高温になると原油の中のほとんどの分子は分解してより安定した形になる。極度の高温状態において安定した形は、炭素のみから成る結晶構造をもつ鉱物、つまり石墨とダイヤモンドである。石油中では石墨やダイヤモンドは形成されないが、安定した物質のほとんどが石墨およびダイヤモンドの構造の一部分を思わせるものになっている。炭素数6の芳香環は石墨に見られるのと同じく、平面状の六方晶系の配列で結合していることが写真下から分かる。写真上の分子は、ダイヤモンドの結晶構造の一部とまったく同じ配列の炭素原子10個から構成されるコアをもっている。

ら始まって柔らかい褐炭となり、種々の瀝青炭を経て、硬く光沢のある無煙炭になる（**写真2・4**）。ホワイトは、石油が瀝青炭の種々相と関係があることを示した。褐炭では不十分だが、無煙炭ではいきすぎである。

ホワイトは、石炭と石油が同じ源泉から採れると言っているのではない。彼は石油を含むひとかたまりの岩石の中に石炭がある場合、それは瀝青炭だろうと言っているのだ。この確認のために石炭の鉱床をまるごとひとつ、見つける必要はないことがわかった。

顕微鏡レベルに微量な埋没した植物性物質からもごく微量の石炭ができる。そのため我々は顕微鏡を使う。石炭の一種「ビトリナイト（vitrinite）」の少量から反射光を測定し、埋没時の最高温度を推定するのだ(17)。

石炭以外にも温度の指標となるものがある。堆積岩の中には花粉が含まれていることが多く、花粉の粒は温度の上昇につれて濃い茶色になっていく。私は、花粉が1億年も前の岩石の中に保存されていることを知って驚いた。

さらに驚いたのは花粉を岩石の中から取り出す方法である。まず岩石をすりつぶす。そして化学実験室に行く。実験室にあるすべての強酸、強塩基、酸化剤――ほとんどが皮膚につけば一瞬でやけどしてしまうような物質だ――をひとつずつかけていく。岩石に含まれていたあらゆる物質が破壊され、花粉だけが残る。植物ばんざい。花粉症よ永遠なれ。

ＵＳＧＳのアニタ・ハリスは「コノドント」と呼ばれる微小な歯のような謎の化石が、高温にさらされるにつれて淡い琥珀色から茶色、さらに黒色に変化するのを発見した。ちなみにその結末についてはジョン・マクフィーがピューリッツァー賞受賞作『かつての世界の年代記』の中に記している(18)。薄い茶色のコノドントはオイルウィンドウの指標なのだ。

実験室で加熱されたコノドントは温度の上昇とともに琥珀色から黒色に変化した。

しかし明らかな問題点がひとつあった。地質学的時間は実験室の時間よりもはるかに長いということである。

私が好都合と感じたのは学部の学生に、歯科大学に進みたがっているヴィヴィアン・レジェビアンという者がいたからだ。彼女は地質学を専攻することにしたのだが、私は卒業論文のテーマを見つけてやらなければならなかった。そうだ！　コノドントは歯ではないか。こうしてアニタ・ハリスが夏期研究プロジェクトでヴィヴィアンの指導を引き受けてくれた。これはなかなかハードなプロジェクトだった。

その15年前、アニタはコノドントの変色に要する時間と温度を測定したことがあった。しかし彼女は実験室の空気中で加熱を行い、水や二酸化炭素など加熱中に発生した物質はすべて失われるに任せていた。今回はコノドントを水と共に高圧ボンベ内に密封して加熱するように、実験をやり直さなければならなかった。

この実験では起こりそうな失敗はすべて実際に起こった。しかし忍耐力と頻繁な電話、そしてUSGSの優秀なスタッフの協力のおかげで、夏の終わりにはヴィヴィアンは有効なデータを手にしていた。

彼女の卒業論文は権威ある『米国地質学会紀要』に発表され、アニタ・ハリス他USGSの研究員たちは共同執筆者となっていた。執筆者の筆頭には、「ヴィヴィアン・

レジェビアン（ジョージタウン歯科大学）」とあった(19)。

ごく微量の石炭、花粉の粒、コノドント、油田、そして深いドリル孔をもとにすることで、2万フィートもの大陸深部で起こった温度変遷について概要を知ることができる。やがて石油のソースロックと貯留岩はどちらも、必ずしも油田と同じ古さではないことがわかってきた。

ワイオミング州の例では、フォスフォリア層のソースロックは約2億8000万年前のもので、その下にある石油貯留岩の砂岩は約3億年前のものだった。

しかしほんの2000万年前でも、ワイオミングの山脈と山脈の間の低地には堆積が続いていたのだ(20)。この場所の石油については当該の2億8000万年前、あるいは3億年前の岩石との関係で考えていくのが自然だ。しかしソースロックがほんの2000万年前に、オイルウィンドウに押し込まれたばかりであるという可能性もある。「ほんの2000万年」という言い方が、ばかげて聞こえることはわかっている。100万年でも短いと考えてしまうのは地質学者の職業病だ。

実際的な問題のほかに学問上の謎もある。石油のソースロックは進行的に埋没しなければならない。まっすぐオイルウィンドウに押し込まれなければならないのだ。造山活動によって大陸部の地殻が形成または大きく変形されたあと、地殻とマントルの緩慢な冷却が、岩石をゆっくりと低温で緻密にすると考えられる。しかしそのためには岩石が沈降しなければならないのだ。

造山活動後、しばらくの間は（「しばらく」とは5000万年程度である）、冷却と沈降が続く。大陸部の地殻は海面の少し下まで下がり、新たな堆積物がかつての山脈の上を覆う。そのまま冷却が続き、大陸の最も新しい部分を残してすべて堆積岩の厚い層に覆われてしまうと考えたいところだ。しかしそうはならない。少なくとも10億年の間は、大陸部の地殻は海面のごく近くにとどまる傾向がある。

地質学者の世界ではこれを「フリーボード」問題と呼ぶ。船舶でフリーボードとは、喫水線から甲板までの距離のことをいう（フリーボードを「部屋代食事代無料＝フリー・ルーム・アンド・ボード＝刑務所行きの婉曲表現」と混同しないこと）。大陸表面が長期間隆起したままだとすれば、地表面には高温高圧の岩石が露出していることになる。もし大陸がかなりの深さまで沈降するならば、非常に厚い堆積岩の層が形成されることになる。しかし実際はそのどちらにもならない。ほとんどの大陸は海抜3000フィートあたりにとどまる傾向をもつ。

大陸の長い歴史はほどほどの堆積と侵食の物語と言えるかもしれない。大陸はほぼ一定の短いフリーボードを維持しているのだ。石油産業にとってこの状態がもつ意味は何だろうか。安定した大陸の上に載った堆積物は、長い地質学的時間のあいだにオイルウィンドウを出たり入ったりするのである。

大陸のフリーボードは一定しているが短い。これについての妥当な説明はプリンストン大学教授、W・ジェイソン・モーガンの著作から得られるだろう。

彼を最近の学部生に紹介する瞬間はとても愉快だ。「こちらはモーガン教授。先生はプレートテクトニクスを発見されました」と紹介すると、学生たちはきまってジェイソンを、「まだ死んでなかったの?」とでも言わんばかりのうさん臭いまなざしで見つめる。

今の学生はプレートテクトニクスを小学校で習うため、彼らはその説が更新世後期くらい古いものだと思っているのだ。実際には、我々がプレートテクトニクスと呼んでいるものについてモーガンが初めて発表したのは、31歳のときである。

プレートテクトニクスについて発表した後アンコールに応えて、モーガンは火山岩の軌跡をたどることで過去のプレートの移動を再現する研究に着手した。火山はプレートの境界付近にあるだけではない。地球上には現在、必ずしもプレート境界部にはない約30の大きな火山源がある。たとえばイエローストーン、ハワイ、アイスランド、ガラパゴス諸島などだ。

こうした場所は一般的に「ホットスポット」と呼ばれている。モーガンはホットスポットにあった死火山の年代測定を行い、過去のプレートの動きを跡づけた。さらに彼は、ホットスポットの軌跡がプレート表面に広がる、火山をつなぐステッチのような細いものではないことを指摘した。大陸や海洋底の幅500マイル以上の帯状部分が、ホットスポットを通過する際に隆起するのだ。

その隆起が熱によるものなのか、付加された物質によるものなのかは分からない。単純に計算してどこの古い大陸表面でも、その歴史の中で少なくとも1回（場合によると数回）ホットスポットの縁をかすめることになる。これが、大陸のフリーボードが比較的安定していることについてのモーガンの説明である(21)。これは同時になぜ大陸表面近くの岩石層が、バスケットボールでドリブルしたときのようにオイルウィンドウを出たり入ったりするのか、ということの説明にもなっている。

モーガン教授の説明にはおもしろい副産物がある。

石油地質学者はしばしば石油のある地域を「ベイスン（低地）」と呼ぶ。イリノイ・ベイスン、ミシガン・ベイスン、ウィリストン・ベイスンといった具合だ。モーガンは、我々がドーナツ本体を見ないで穴のほうを見ていると言う。モーガンの説によれば、ベイスンとベイスンの間の隆起部分――フィンリー・アーチやカンカキー・アーチ――は、かつてホットスポットが通った跡なのだ。ベイスンとは最近のホットスポットの軌跡からはずれた、取り残された場所にすぎない。

表向きには石油のソースロックとオイルウィンドウはワンセットだ。しかしこの公式発表には問題がある。複数の研究所で石油のソースロックを分解、またはコノドントを加熱したところ、互いに同様の結果が得られた。実験室において温度を一定に保つことができるのは長い場合で数週間、短ければ数秒間であるのに対し、地質年代は最も短くて数百万年である。

しかし適切なグラフ――「アレニウス・プロット」と呼ばれている――を使うと、実験室の時間を地質学的時間にまで拡大することができる(22)。アレニウス・プロット上の直線の傾きは「活性化エネルギー」によって決まる(「活性化エネルギー」はふつうモルあたりキロカロリー=kcal/moleで示される)。

さて複数の実験結果を総合すると、ソースロックを石油に分解するときに計測される活性化エネルギーは、だいたい60キロカロリー/モルである。しかし私が地中に対して60キロカロリー/モルで試算したところ、得られたオイルウィンドウの厚さはわずか1500フィートだった。これは実際のオイルウィンドウに比べてかなり薄い。地中のオイルウィンドウに一致するためには、15キロカロリー/モルという値を採用しなければならない。もし実験の測定値60キロカロリー／モルが正しいのであれば、オイルウィンドウは薄すぎて石油産業は成り立たないことになってしまう。

反応速度を理解するのに有効な概念として「アレニウス時計」がある。これは高温下で速く進む時計だ。少し速く進むという程度ではなく、化学反応の活性化エネルギーに応じて速まるのである。

私が初めてアレニウス時計のことを知ったのはカラーフィルムの現像についての、イーストマンコダック社の広告の中でだったと思う。しかしコダック社も、コダック社の広告をサイエンティフィック・アメリカン誌に書いた天才も、その広告の所在を確認できなかった（いつも私は、マクドナルドのフライドポテトを揚げているフライ鍋に引き込まれたワイヤーは、アレニウス時計ではないかと思っている。そうでないのなら、ぜひそうあるべきだ）。

地中の有機物を豊富に含んだソースロックはアレニウス時計である。周囲の温度が高ければ高いほど、ソースロックが石油を生成する速度が速まる。前の段落に書いたように、私はアレニウス時計のコンピュータプログラムをつくり、活性化エネルギーの値を変えて何度も試算した。その結果、アレニウス時計とオイルウィンドウが一致する15キロカロリー／モルという値を得た。

活性化エネルギー15キロカロリー／モルの反応は、水が沸騰する温度の少し下あたりでは華氏で18度（摂氏で10度）の温度上昇に対して反応速度を2倍にする。反応の活性化エネルギーが60キロカロリー／モルの場合、同じ温度上昇に対し反応速度は10倍となる。

活性化エネルギーは化学反応を説明するだけではない。私は牛乳パックの側面に、牛乳が酸っぱくなるまでの時間が温度ごとに印刷されているのを見つけた。その数値はアレニウス・プロット上できれいな直線を描いた。また我々は冷蔵庫に入れたシロップが固まってしまったとき、温めればよいことを知っている。水でもシロップでも、粘性度はアレニウス・プロット上に直線となって現れる。もっともその二つの直線の傾きは著しく異なる。

石油精製所で化学反応の速度を速めたいときはふつう触媒を使う。「触媒」とは、それ自体は変化せずに反応の促進に役立つ物質と定義できる。

触媒はまるで離婚弁護士のような働きをする。離婚弁護士は1年中数多くの夫婦の離婚に手を貸すが、1年たっても同じ場所で働いている。また弁護士は遅かれ早かれ訪れたはずの離婚ばかりを後押しするもの、と考えられている。

触媒も同じだ。触媒が促進することができるのは自発的に生ずる反応、たとえ緩慢にでも、それ自体から起こる反応のみである。

触媒の働きを実験で証明したいなら角砂糖1個とタバコの灰を用意しよう。角砂糖にマッチで火をつけようとしてもつかない。しかし角砂糖に灰を振りかけてマッチの火にかざすと、燃えてしまう。化学はおもしろい。

さて地中の問題に戻ろう。天然の触媒が、ソースロックの分解のための活性化エネルギーを減少させる、ということはあるのだろうか。石油精製所ではこうしたことを常に行っている。

しかしその場合の標準的な触媒は合成されたミネラル・フォージャサイト（mineral faujasite）中に分散している、プラチナから構成される。天然のフォージャサイトはきわめて少なく、世界でもわずか9つの地点にごく少量存在するだけだ(23)。プラチナは控えめに言っても稀少である。

石油精製所での慣行は参考にならない。天然の触媒が存在するなら、それはどこにでも存在していなければならないからだ。天然の触媒がないためにより高い温度を必要とするような石油のソースロックは、実験室にも地中にも存在しない。

活性化エネルギーの減少が触媒の有無によって説明されないのだとしたら、活性化エネルギーが減少する理由は何だろう。

この説明に私はかなりの自信をもっている。減少の理由は、2つのまったく異なる化学反応が——ひとつは実験室に、もうひとつは地中に——存在するのではないかということだ。

実験室での反応の活性化エネルギーが地中で起こる反応の活性化エネルギーより大きいとする。その場合、それぞれの反応を表す2本の直線はアレニウス・プロット上で交わるだろう。実験室で我慢強く見守ることのできる時間の範囲内では、活性化エネルギーの大きい反応のほうが速く進む。対して地中では2つの反応のうち、活性化エネルギーの小さいもののほうが速く進むのだ。

実験室での反応において——また石油精製所で使う同様の反応において——炭化水素の鎖が切り離されて2つになることは、はっきりしている。切り離されてできたものは、ひとつ、あるいはその両方とも不安定になっているはずだ。

これは通常炭化水素の鎖の端にあるはずの水素原子が欠落しているからである。謎は地中の場合である。一体だれが？　容疑者を明かす前に、優れたミステリー作家としてはヒントを提示しておかなければなるまい。

原油にはそれが役に立つかどうかは別にして、単純な鎖以外の炭化水素分子が数多く含まれている。

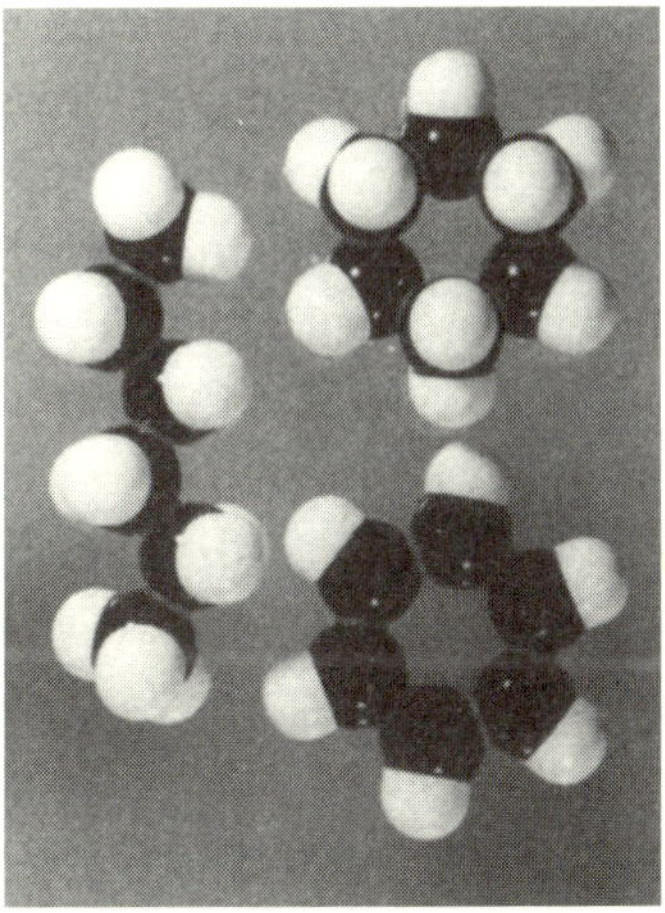

写真2・5
原油に含まれる基本的な3つの炭化水素分子。この模型では黒い球が炭素原子、白い球が水素原子である。左は「パラフィン」（または「アルカン」）と呼ばれる直鎖の分子だ。右上は「ナフテン」（または「シクロアルカン」）と呼ばれる環状の分子である。右下の環は（炭素原子の環の周囲に共有される）別種の結合を保有している。このタイプの結合をもつ分子のほとんどには顕著なにおいがあるため、これらは「芳香族」と呼ばれる。炭素原子6個、水素原子6個から構成される右下の特別な分子は「ベンゼン」である。ベンゼンはガソリンの主成分であり、発癌性があると考えられている。

米国鉱山局はオクラホマ州ポンカシティーのブレット第六井で採取された原油サンプルの中に、数千種類の炭化水素があることをつきとめた(24)。

石油には直鎖の炭化水素と化学的組成を同じとする有枝鎖の炭化水素が含まれている。炭化水素環には2種の基本型がある。ナフテン環（シクロアルカン）と芳香環（ベンゼンおよびその誘導体）だ（**写真2・5**）。

芳香族化合物はにおいがあることから、その名がついている。純粋なパラフィンおよびナフテンにはにおいがない（天然ガスやボンベのガスの漏出を知らせるにおいは、安全のために後から添加された合成分子である）。原油はパラフィン、ナフテン、芳香族化合物の分子の中でいずれが多い

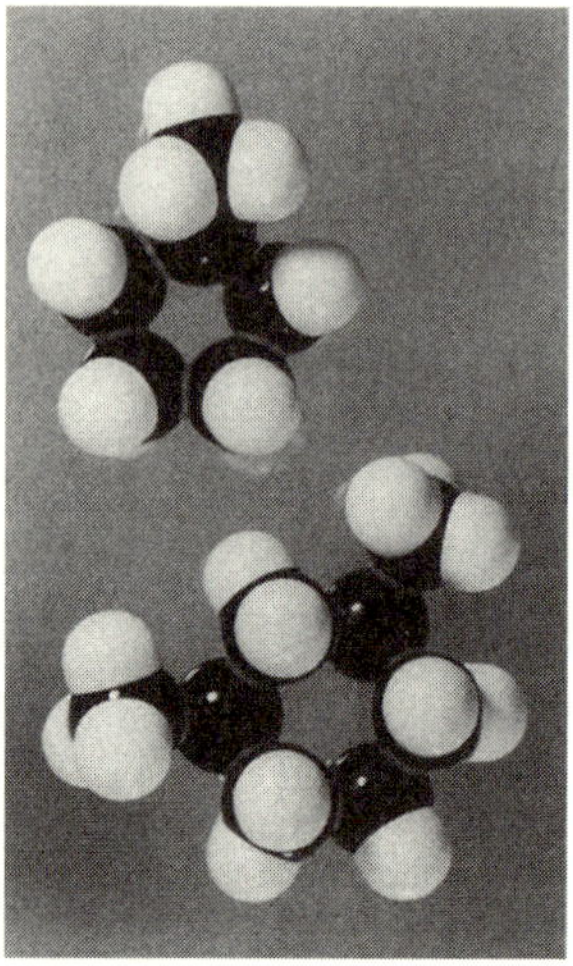

写真2・6
石油の中には枝分かれのある環のほうが単純な環よりずっと多く存在する。小さい方の分子（上）は炭素数5の環に、炭素原子1個と水素原子3個から構成される「メチル」の分枝1個がついたものだ。大きな方の分子（下）は、炭素数6の環にメチルの分枝2個がついたものである。

かに応じて基本的に3つのタイプに分かれる。パラフィンはおそらく、より大きな炭化水素が分解されてできたものだろう。

芳香族化合物の分子には、きわめて安定した天然の先駆物質がいくつか存在する。いったん芳香族化合物が形成されると、ふつうは変化しない。ではナフテンはどうだろう。

私がカンザス州グレートベンドの小学校の6年生だったとき、スペリング練習の単語のひとつに「naphtha（ナフサ）」があった。言葉の意味は知らなかったし、スペルに必然性も見いだせなかった。結局私はチアリーダーがやるように、N—A—P—H—T—H—Aと唱えてスペルを覚えた（後に私は辞書を見てなぜ「naphtha」が英語らしからぬ綴りなのかを理解した。naphthaはラテン語だったのだ。それはギリシャ語からの借用で、その前はペルシャ語だった。ペルシャ語にはアッシリア語およびバビロニア語から入ったということだった）。

シェル研究所で専門的な研究を進めていくうちに、私は環状構造をもつナフテンというものが、どうにも必然的説明を欠くものとして気になってきた。

ナフテンには明らかな天然の先駆物質がない。しかしナフテン環は大抵の石油の中にかなりの割合を占めて存在する。霊感は高エネルギー物理学から降りてきた。

ここ10年ばかりの間、「ひも理論」で重力をその他の物理現象に結びつける試みがなされている。「ひも理論」によると素粒子は多次元空間に存在する「ひも」として説明されるが、高次元は我々が簡単に調べられないような所に微妙なスケールで包み込まれているという。私は「ひも理論」については分からない。しかし図のひとつにメッセージが記されていた。おお！　ナフテン環の起源はここにあった。

１９８２年に発表した論文で私は炭化水素鎖の分解を、単に直鎖が２つに切れる――おそらくは、実験室の時間尺度で起こっている反応がこれだ――というモデルで説明した(25)。

写真2・7　ナフテン環分子は直鎖が分解してできたものとも考えられる。大体において我々は直鎖を、幾何学的に直線状のものとして考えがちだが、液体の石油において鎖は自由に形を変えることができる。左の写真では鎖の末端部がくるりと曲がっている。中央の写真では末端の水素原子が鎖の６番目の炭素原子と７番目の炭素原子の結合部に接近している。右の写真では炭素数６のナフテン環が分離し、あとには短くなった直鎖が残っている。

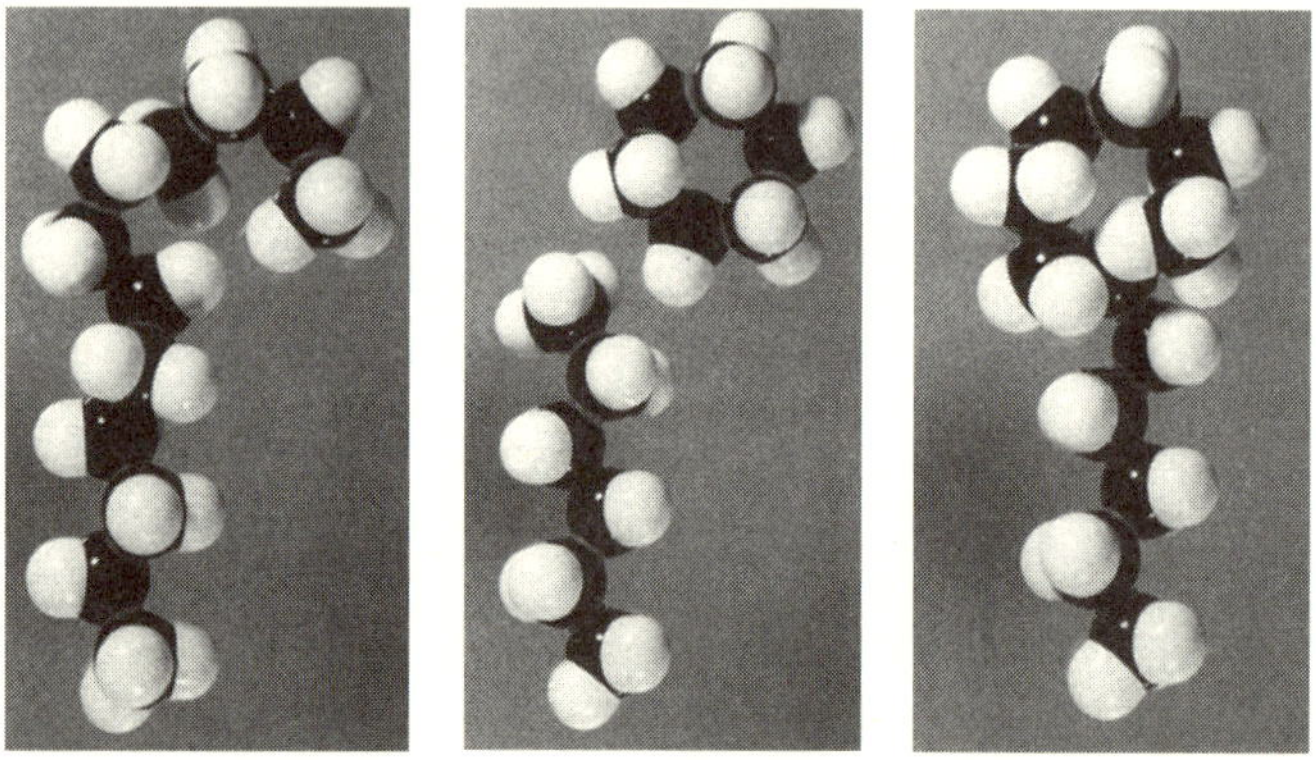

そのときの問題は、分断されたときに末端にあるべき水素原子が2つ足りないことだった。いくつかの説明は可能だったが、どれも原油の中に観察される状況にしっくりとはこなかった。

私が「ひも理論」から借りたモデル――縮尺を10億かける10億の、さらに何倍かくらいに拡大する――では、末端に水素原子を調達する必要がなかった。それ以外の反応が可能なのだ。大きな環がねじれて8の字になり、そこから2つの環が生まれることがある。そして2本の直鎖の炭化水素が交差し、それぞれ末端を交換するこ

写真2・8　炭素原子が7個を超える大型のナフテン環は、原油の中には存在しないか、あってもごくわずかである。この模型は、大型のナフテン環がどのようにして2つに分かれるかを示している。炭素数12の環（左）が折れ曲がって8の字型の配置をとる（中央）。一組の炭素原子＝炭素原子結合が位置を交換すると、炭素数6の環が2個できる。

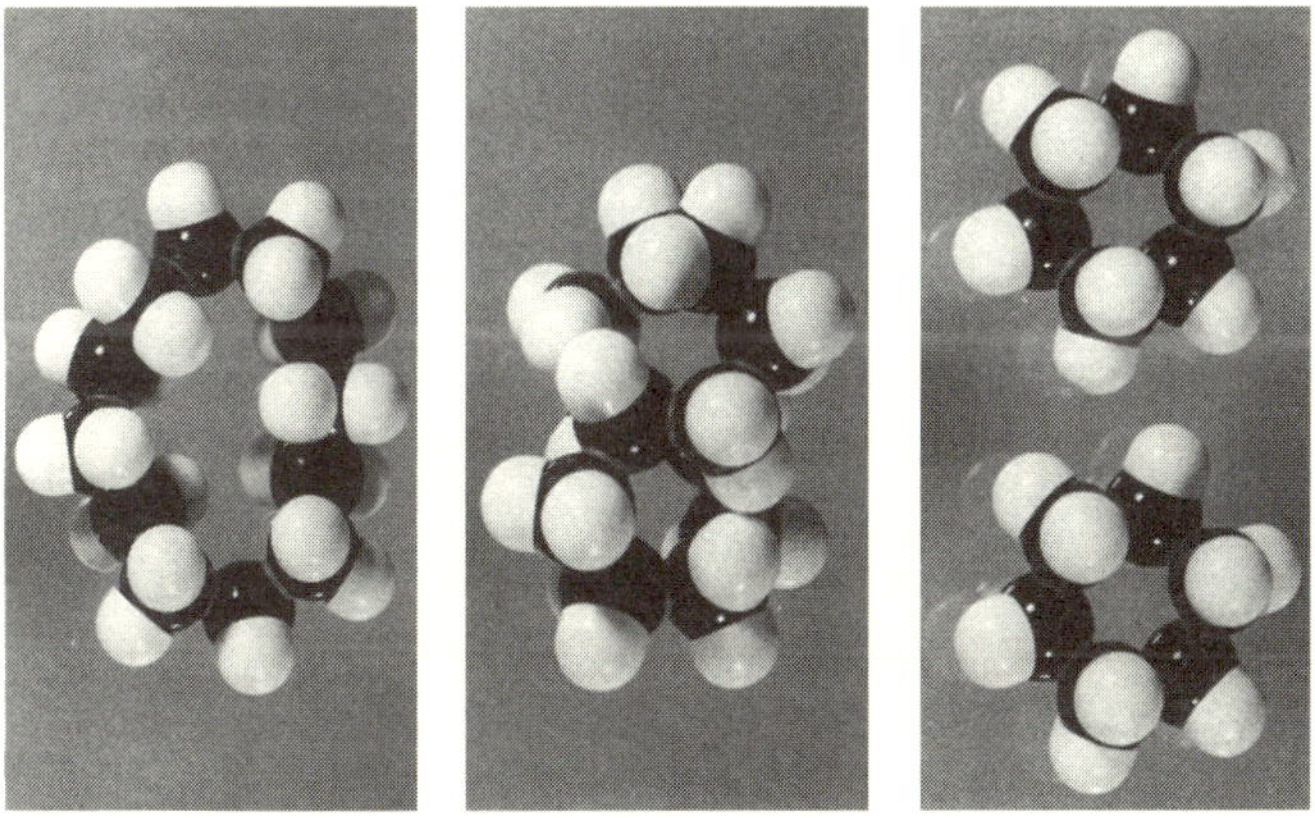

ともある。この反応によって二次的な謎が解決する。

標準的な石油の起源、たとえば海水生の藻類などの細胞壁は炭素鎖の中に15あるいは17の炭素を保持する。しかし原油に含まれている鎖はもう少し長い。直鎖の炭化水素が交差するという反応によって、もとのどちらの鎖よりも長いものができるのだろう。

私はコンピュータでいくつかのシミュレーションを行い、原油にかなり近い結果を得た。現在の石油精製所では小さな炭化水素分子の転位を日常的に行っている(26)。このプロセスは「異性化

写真２・９　原油にはソースロック中で生物学的に形成された鎖よりも長い直鎖が含まれている。左の写真では炭素原子９個から構成される２本の鎖が互いに接近している。中央の写真では一方の鎖の末端が、もう一方の鎖の３番目と４番目の炭素原子の結合部に接近している。右の写真では炭素原子が３個の鎖と 15 個の鎖でできている。

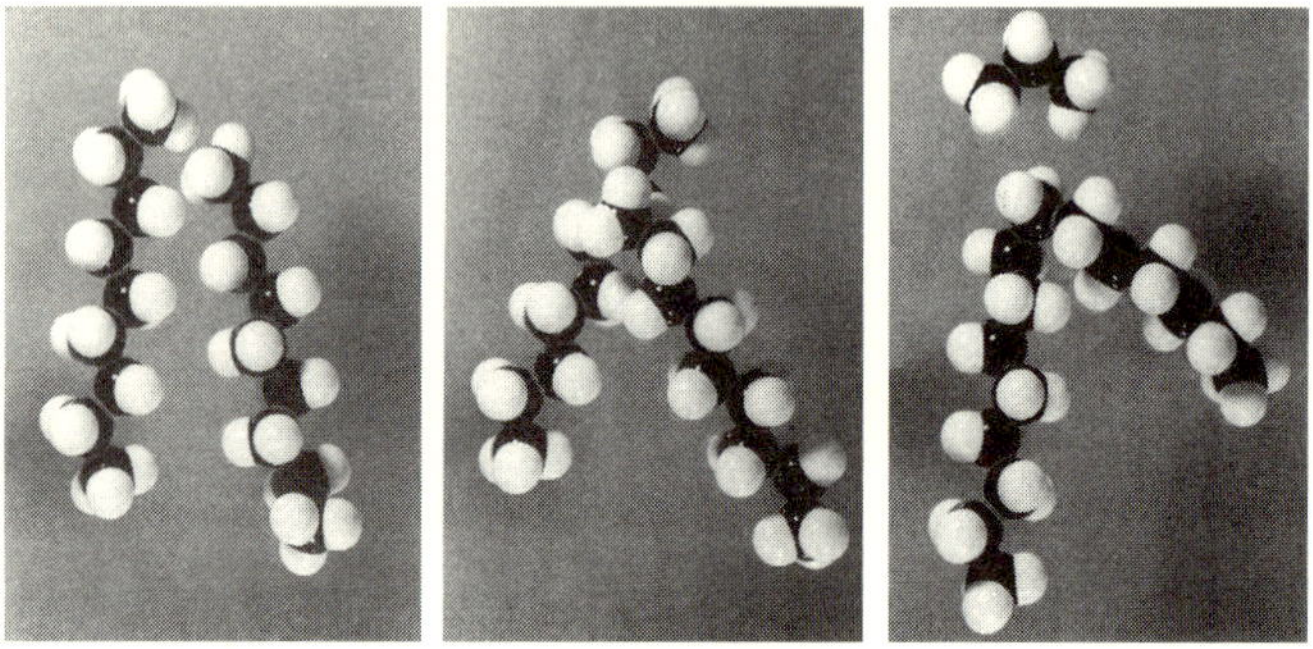

（isomerization）」として知られる。精製所としては時間とエネルギーを無駄にするわけにはいかない。そのため転位反応には慎重に選ばれた触媒が使用される。

依然として謎は解けずに残っている。オイルウィンドウを説明するのに必要となった活性化エネルギー15キロカロリー／モルの問題だ。この謎を説明するために石油精製所が使用するプロセスの、自然界での同等物を持ち出すことは発想のおもしろさの域を出るものではない。しかし少なくともミステリー解明への一歩にはなっている。

さてオレゴン州およびワシントン州の沖合の掘削の話に戻ろう。なぜメジャー系石油会社はそれぞれ数百万ドルを捨てて夕日の中に走り去ったのか。内部の事情は私には分からないが、何が起こったかを推測するのは困難なことではない。

新しい土地で問題になるのは次の2つである。ひとつは有機物の豊富なソースロックがあるか。もうひとつは、ソースロックがオイルウィンドウの中に入っていたことがあるか。確認には1本ないし2本の試掘井（test well）が必要だ。

ただしこの2つの問いに答えるために試掘井が石油を発見する必要はない。実際、しばしば石油会社は石油発見のためではなく選んだ場所で1、2本の掘削を行うことがある。共同試掘のことは「層位学的試掘（ストラティグラフィック・テスト）」と呼ぶことになっている（オフィスでの雑談では「ストラト・テスト」と呼んでいるが）。費用は数社で分担し、それぞれに井戸からのサンプルが分配される。各社は独自に分析を行い、それぞれが独自の結論を出す。

もしシェル社が立ち去ってエクソンモービル社が残ったなら、そのストラト・テストでは有機物含有率が2％以上、8％未満の潜在的ソースロックが発見された。

オレゴン＝ワシントンのケースで、各社に例の沖合の試掘場で「キスして永遠にさよなら」を演じさせた理由としては次の2つの状況が考えられる。ひとつは井戸のサンプル中にソースロックが皆無だったということだ。

オレゴン＝ワシントン大陸棚が常に太平洋の外海に接してきたとすれば、有機物の豊富なソースロックが堆積していなくて当然である。もうひとつの状況――ひとつめと同様に致命的だが――は、オイルウィンドウに押し込まれた経験をもたないソースロックがあったということだ。

もちろんこうした浅いソースロックも、いつの日か十分な深さに沈む可能性はある。しかしいくら石油会社が忍耐強いといっても、1000万年単位の忍耐力を持ち合わせてはいないだろう。

もう一度繰り返すが、私はオレゴン＝ワシントンの掘削に関して確かな情報をもっていない。しかしもしソースロックが存在しない、あるいは存在しても未熟成のものでしかないという事実が判明したのであれば、たとえ世界的石油不足だろうと石油会社をそこに連れ戻すことは不可能だ。あるテキサスの郡の「空井戸30本に続く大当たり」は、モデルとしては失格なのである。

第3章 石油貯留岩と石油トラップ

Oil Reservoirs and Oil Traps

石油探査の初期の時代、ペンシルバニア州西部でよく採られた戦術は墓地を見つけてその脇を掘ることだった。聞こえは悪いが妙な趣味の話ではない。

ペンシルバニア西部では、ふつう墓地は小高い丘の頂にあった。頂の中には、風化作用を受けにくい堆積層がドーム状に盛り上がる（「曲隆」する）ことで形成された構造がある。つまり地表の出っぱりは、地下のドーム型構造を示している可能性があったのだ。

地質構造上のドームと油田との関係の重要性がはじめて認識されたのは1880年のことである(1)。石油は水よりも密度が低い。石油は水に浮く。堆積岩内部の孔隙に石油が存在していれば石油は上に行き、水が下にくるはずだ。

もしドーム（岩石層が凹レンズを伏せた形をなしている部分）まで行き着けたとすれば、石油はそのドームの中に閉じ込められるだろう。地下のドームは円形ではなく、たいてい細長い形をしている。

この細長い構造を「背斜構造」という。「背斜」と呼ぶのは岩盤が互いに背くように傾斜しているからだ（背斜構造の反対を「向斜構造」という。これは岩盤が互いに向き合うように傾斜している凹型の湾曲である。向斜構造が石油の掘削地となることはあまりない）。

「地下の石油がドーム構造の中に水に浮く形で存在している」という考えが、石油の「背斜構造説」である。これは初めて頭を使った石油探査法だった。

乾燥地帯や砂漠では、地層の露出部（露頭）はいたるところに見られる。大西部の「サークルリッジ（直訳＝円をなす尾根）」（**写真3・1**）や「レーストラックヴァレー（直訳＝競技場の谷）」は名前からして背斜構造の存在をにおわせている。

探査の際には地質図を作るのが伝統的である。航空写真が利用可能になった1945年ごろのことだ。地質学者たちは地質図を作成する際、航空写真が有効であることに気づいた（この場を借りて訓戒をひとつ。砂漠表面を必要もないのに荒らさないことだ。使われなくなって100年以上経過する自動車道路の跡が、今でも航空写真上にはっきり残っている）。

航空写真で背斜構造の可能性の高い場所が見つかった場合、地上調査が必要になる。かつて私は航空写真にほぼまっすぐ伸びるかすかな線を見つけた。しかし何かはわからない。断層線が地表へ現れたのかと思ったが、答えは全然違っていた。

現場に行ってみるとその線の一方の端には小さな丘があり、もう一方の端には家畜小屋があった。かすかな線は、牛が小屋をめざして一直線に歩いていた姿を写したものだった。

写真3・1　ワイオミング州中央部のこの地形は、油田が発見される前に「サークルリッジ（円をなす尾根）」と呼ばれていた。黒い点が油井だ。1917年に発見されたサークルリッジ油田はこれまでに3000万バレルの石油を生産した。今日でも年間50万バレルの生産がある。

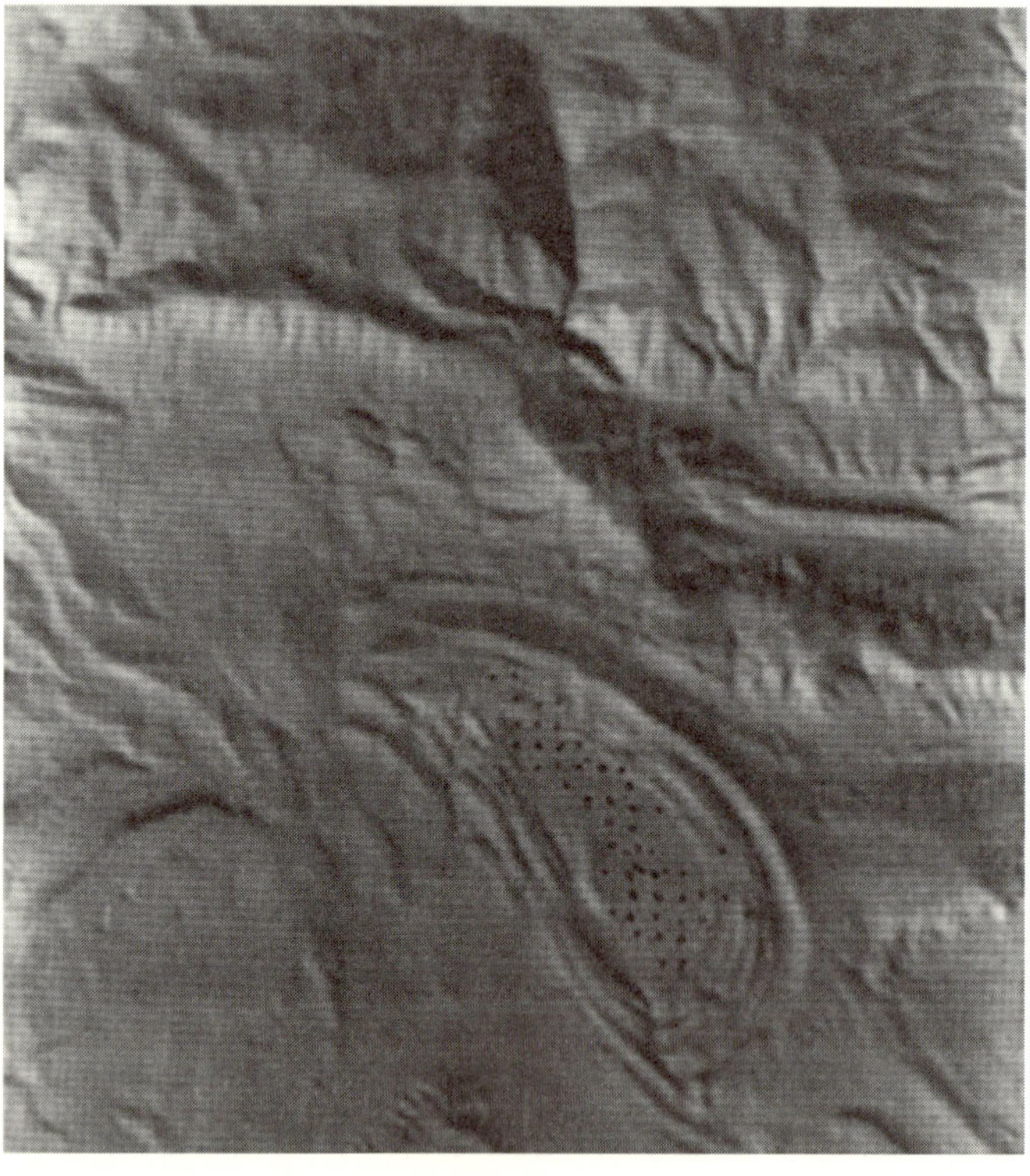

１９５０年までにアメリカでは、地表地質に明らかなすべての背斜構造の掘削が済んでしまっていた。そのためすでに地表の地質図に基づく以外の方法が普及していた。最後に行われた地表の背斜構造の掘削はニュースにもならなかった。

対照的にイランでは現在でもすべての油田が、地表面に姿を現す背斜構造である。イランやイラクは、アメリカ西部が１９５０年に到達した段階にとどまったままだ。

私は偶然地表に表れた背斜構造の掘削から、もっと見つけにくい石油トラップの探索へ移行する現場にいあわせた。ニクソン政権が中国本土と国交を開いてまもなく、中国の科学代表団が大学視察のためにわが国を訪れたときのことだ。

代表団の中には石油地質学者もいた。彼らはまずホワイトハウスに向かい、地理的な理由から次の訪問先はプリンストンということになった。

私は石油地質学者たちのホスト役を仰せつかった。訪問先大学リストの最初だったため、もてなしの秘訣はひとつしか与えられなかった。「中国の設備について質問しないこと」当局から言われたのはそれだけだった。当時の中国の科学的設備は恐ろしく遅れていたのだ。

設備に関する話題を避けるために、我々は石油探査の理論的背景について話すことにした。私は学内の地質学部の教授のうち、油田での実地経験のある者４人を集めた

（残念なことに、現在ではその条件に該当する者はわずか1人に減っている）。中国の科学者たちは最新の理論に明るく、またそれを実践に生かしてもいた。

代表団のリーダーは「ひと昔前の中国の科学者は、中国西部の大規模な背斜構造にしか石油を発見できなかった」と苦々しげに語った。このときすでに彼らの調査対象は、中国東部の難しい石油トラップに移行していたのである。

2日間というもの私は中国人の接待に明け暮れた。彼らが帰った翌朝、湯船につかりながら突然私は「中国の石油生産はイランやイラクより早くピークに達するだろう」ということを考えた。

中国の探査段階はかなり進んでいる。ふーむ……CIAはこの事実に関心を示すかもしれないな。私は服を着て出勤し、オフィスに着くと電話が鳴った。CIAからだった。中国代表団が帰るのを待って私に連絡してくるとは、まことに抜け目のない奴らだ。前もって頼まれたのだったら私はスパイのまねなど断っていただろう。

CIAとのやりとりは私をうんざりさせた。私は質問に答える代わりに所見を文書にすることにした（面と向かって話すのをやめたのは、四川省の出身でタバスコがお気に入りという代表団リーダーに、CIAが毒入りタバスコを送りつけたりすることのないようにとの配慮からでもあった）。

図3・1　重い水と軽い石油の接触面はふつう水平である。水が盛んに流れていると油水接触面は傾斜する。水が動いている場合、通常では石油を保持しない構造が石油トラップとなることがある。

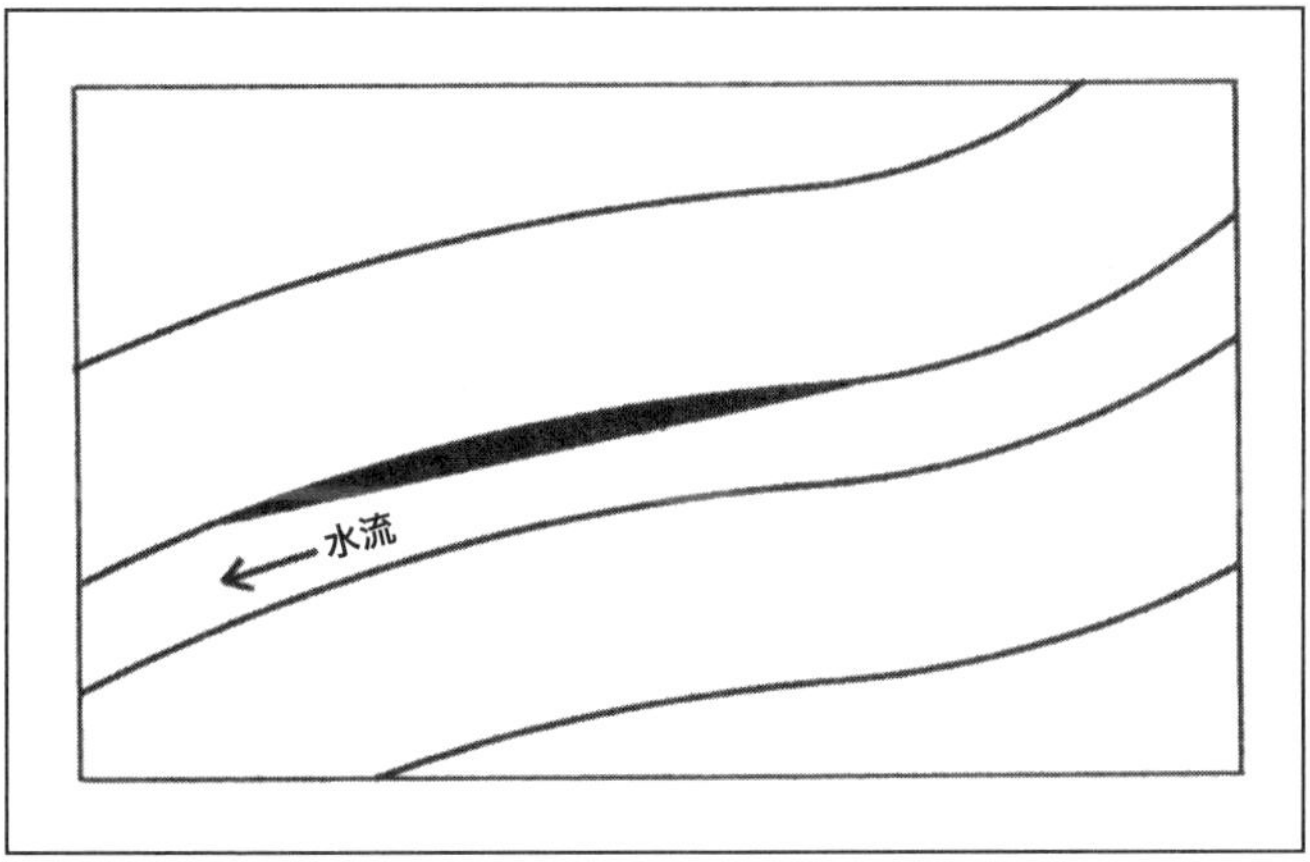

中国の代表団は石油に関するデータ処理のため、高速コンピュータの輸入を希望していた。高速コンピュータは防空プログラムの実行や、核兵器の設計に利用できる。

今の中国にコンピュータデータを使って石油探査を行うだけの技術があるのか？　ここが防衛戦略上の疑問点だった。疑問に対して我がプリンストンの地質学者はみな「イエス！」と即答した。実際、4人とも中国の代表団よりもずっとお粗末な、アメリカにある石油会社の探査部長のもとで働いた経験があったのだ。

1953年「石油が水の上に浮かんだ形で存在している」という説はM・

キング・ハバートによって修正を受けた。ハバートは水が動いている場合には、石油と水の接触面が傾斜（**図3・1**）することを示した（2）。

ロッキー山脈地方では、水はふつう地下の岩石層の中を山脈から低地に向かって流れている。ロッキー山脈のドーム構造には完全な「円蓋《ドーム》」になっていないものがある。背斜構造の一方の端がトラップを形成するほど下がっていないのだ。流れる水が油水接触面を適切な方向に傾斜させていれば、油水接触面が完全に水平である場合には形成されないようなトラップが形成されているかもしれない。

ハバートが研究員だったおかげで、シェル研究所はロッキー山脈地方の再評価に関して一歩先を行くことができた。

当時私はシェル社に勤め始めたばかりだったが、通常の研修プログラムを中止してワイオミング州に行き、いくつかの背斜構造の正確な地質図を作成するよう命じられた。測量に使うのは平板と呼ばれる19世紀以来の道具だった。私から上の世代の地質学者なら、平板と格闘した時代の武勇伝をひとつや2つ語れるものだ（また、実際よく語っている）。

全体として見ればシェルの努力はまずまずの成果を収めたが、大成功とは言えなかった。そこには意外な理由があった。山脈から堆積層に流れてくる真水の中には標準的な量の酸素が溶けていた。真水が石油に接すると、バクテリアが石油を酸化させて生活の資としてしまう。地下に真水が激しく流れ込むその地帯では、バクテリアによる酸化作用によって石油が徐々に失われていたのである。

しかし私は大学の卒業証書を手にしたわずか2週間後に、こんなに知的で斬新な探査のアイデアを実地に応用していることに興奮を覚えた。私こそがメジャー系の会社で、平板を使用した最後の石油地質学者だったことをここに明かそう。

現場で活動する石油地質学者は時間の95％を石油トラップの発見に費やす。ソースロックや温度の履歴についての議論はコーヒーブレイクにあたる程度で、仕事の中心はトラップの発見作業だ。トラップは背斜構造であることが多い。しかし最近のトラップはあまり褶曲していない岩石層の下に深く埋まった背斜構造である。中には背斜構造ですらないものもある。

1930年に発見されたイーストテキサス油田は万人の注目を集めた（**図3・2**）。地質学とは無関係の勘に基づいて「ダッド」ジョイナー**（訳注　コロンバス・マリオン・ジョイナー）**が掘削した1本の井戸から、アメリカ本土48州中最大の油田が生まれた（3）。

イーストテキサス油田は標準的な背斜トラップではなかった。「傾斜不整合」だったのだ。傾斜不整合は近代地質学誕生の当初から知られている概念である。18世紀後

図3・2　本土48州最大のイーストテキサス油田があるのは、傾斜したあと一部を侵食され、その上を新しい堆積層に覆われたウッドバイン砂岩である。1930年にこの油田が偶然発見されたとき、この種のトラップは石油地質学者の閻魔帳には載っていなかった。この図はイーストテキサス油田の東西方向の断面図である。

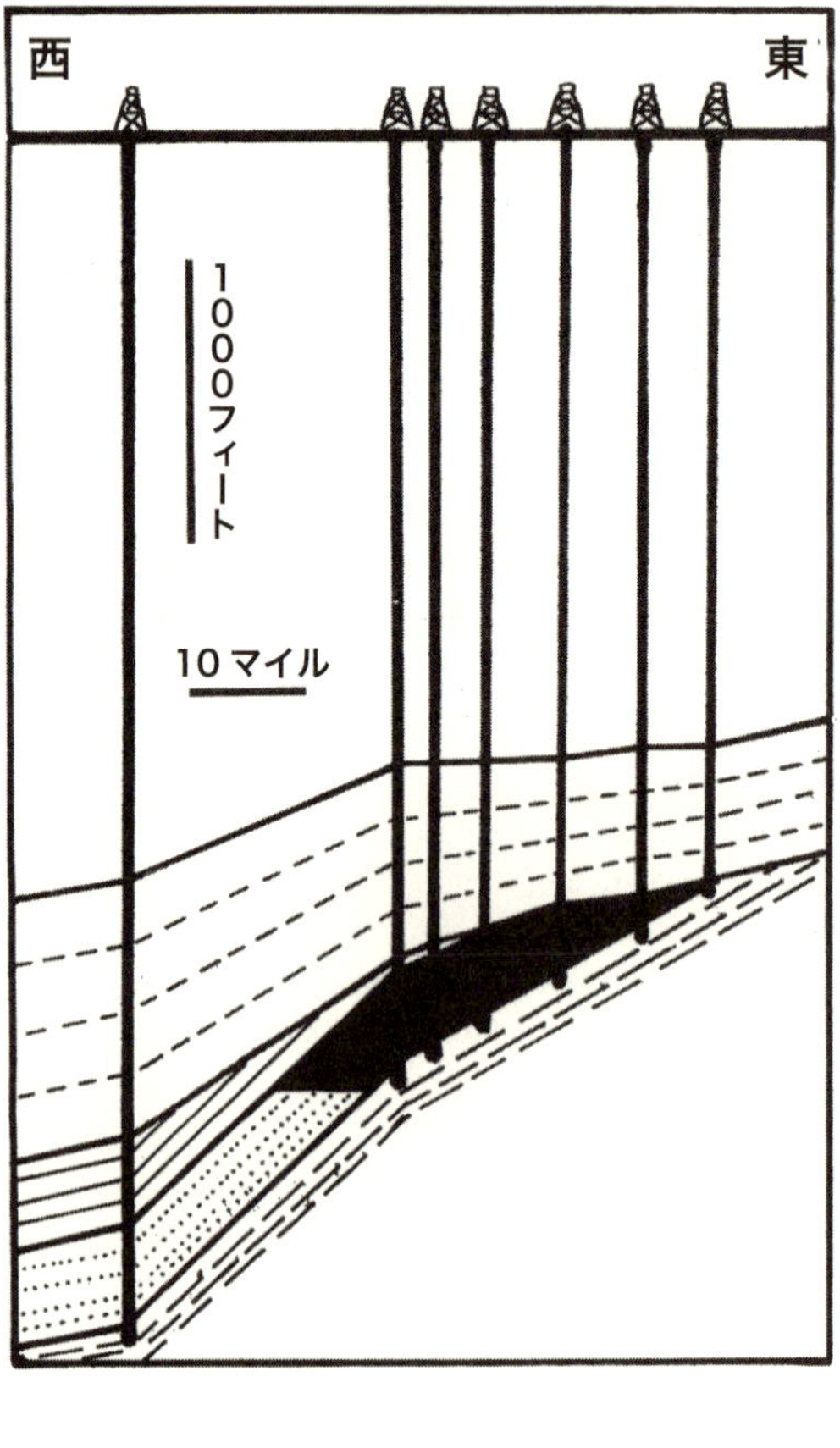

期、ジェームズ・ハットンがスコットランドにある3つの傾斜不整合に関して、記述を行った⑷。ハットンは次のように説明する（これは現在の地質学でも妥当な解釈だ）。

まず古い堆積層が造山運動によって傾斜する。次に上側になった端が完全に侵食され、海水面の高さになる。最後に新たな堆積層がその上を覆う。ハットンの洞察の優れた点は、（数億年という地質学的時間があれば）現在でも進行している普通のプロセスによって、傾斜不整合が説明できるところにあった。

ハットンによるスコットランドの事例は3つともフットボール場より狭いものだった。もし彼が「テキサスではひとつの傾斜不整合が4つの郡にまたがるほど広がっていて、50億バレルの石油を産出する」と知ったら、仰天しつつも喜んだに違いない。

断層とは地層のずれだ。断層が見つかることには吉報と凶報、両方の意味がある。断層が堆積層の上端を断ち切ることでトラップ構造を形成していれば吉報だ。しかし断層帯から石油やガスを漏出させてしまうことがある。これは凶報だ⑸。

1970年代から1980年代初期にかけての石油不足の時期には、断層からの石油・ガス漏出の有無が大きな問題となった。国内の新規の石油開発を促進すると同時に、従来からの生産に関しては報酬の巨額化を防ぐため、連邦政府は石油価格を二段階にした。すでにある油田から採れる石油には規制価格を適用し、新たに見つかった石油に対してははるかに高額の国際価格で取引できるようにしたのである。

法規の初期の文言には大きな不備があった。法規の定義によれば、「新しい石油」とは「新しい地層（formation）から出たもの」である。残念なことに、お役所の「地層」の定義は地質学者の定義とは違っていた。エネルギー省の言う「地層」は「イエローストーンに行ったら地層が見られました」と言ったときの「地層」と同じだった。

一方、内務省管轄の米国地質調査所の規定によれば「地層とは、堆積岩から成る1個の単位で、命名されたものであり、かつまた地図上に位置づけることが可能なもの」である⑹。たとえばモーリー層、フォスフォリア層がこれにあたる。

石油会社は地質調査所のほうの定義に飛びつき、新たな産出のある層――たとえそれが既存の油田内にあろうと――から出たすべての石油を「新しい石油」として勇んで報告した。その結果最初の法規が修正された後も議論は続いた。エネルギー省はついに訴訟に踏み切った。「メジャー系石油会社数社が既存の石油を、新たに産出されたものであると偽った」というのがその訴状の内容である。

大学時代の友人を通じて、私は専門家として連邦政府側の証人になるよう依頼された。私のルーツは石油業界にあったので、私はあまり気が進まなかった。しかしメジャー系石油会社に不利な証言をすることについて、大学教授としての私を押しとどめるものは法的にも倫理的にも何もなかった。

被告がテキサコだと聞いて私の気が変わった。それまでの私の生涯はほとんどテキサコと対立していた。今になって引き下がる理由はなかった。

「新しい石油」を主張するテキサコ側の証言は、メキシコ湾岸にある単一の岩塩ドーム付近に溜まった石油を、100以上の別々の油田に分割するというものだった。

メキシコ湾岸でもどこでも、岩塩ドームとは地中深くにある塩化ナトリウム——ふつうの食卓塩と同じもの——の層（bed）が高温のために軟らかくなり、地表に向かって上昇することで発生したものだ（最も有名な岩塩ドームはルイジアナ州エイヴリー・アイランドである。油田でもあれば岩塩坑でもあり、沼沢地内に盛り上がった高さ数フィートの島で、かつトウガラシの一大産地でもあるこの土地については、ご自宅のタバスコのびんのラベルを参照のこと）。

地表に向かって上昇してきた岩塩は周囲の堆積層に亀裂を生じさせる（**図3・3**）。亀裂は窓ガラスに撃ち込まれた銃弾の痕のような形をしている。テキサコ側の主張は「亀裂によって分かれていれば独立の油田と見なす」というものだった。テキサコの立場に対しては次の2つの点を問わなければならなかった。ひとつは単一の岩塩ドー

図3・3
岩塩ドームが上昇すると周囲の堆積層に断層が生じる。ドームによって溜まった石油は断層と断層の間の各区画に分離して存在しなければならない。これはアナワク岩塩ドームを図解したものである。

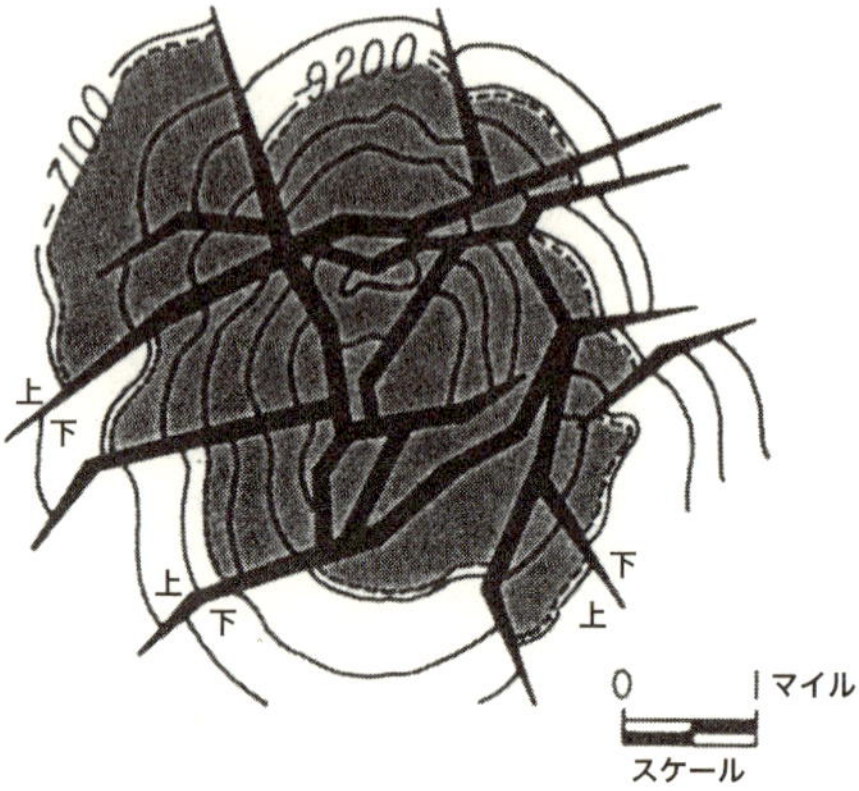

ムは弾痕のように単一の実体であるのかどうか、もうひとつは亀裂からの石油漏出の有無である。

テキサコが法廷に提出した証拠は2つに分かれていた。まず米国石油地質家協会の前会長の署名入りの宣誓供述書があった。供述書にはテキサコの岩塩ドームのそれぞれに対し、100以上の独立の油田がリストアップされていた。

後半には個々の油層に関する記述の欄が、ルイジアナ州の規制機関に提出された番号順に並べられていた。岩塩ドームは5つあり、それぞれに100以上の油田の存在が主張されていた。書類に索引をつけるだけの作業が、2人がかりでまる2日かかった。

連邦政府の弁護士団が原告として第二の訴答を行ったあと、テキサコの弁護士団が双方の専門家の「資格認定書」の比較を要求してきた。彼らは、私が「堆積岩学者」にすぎないのに対し、テキサコ側の専門家はれっきとした石油地質学者であると主張した。以来私は、堆積学を教えるときは学生に「私は裁判所お墨付きの堆積岩学者です」と言うことにしている。

私はテキサコの書類につけた自作の索引を使って、隣接する「独立の」油田の地図どうしを繋げてひとつにまとめることができた。ほとんどの地図に油水接触面の高さがほぼ1フィート単位の精度で記載されていた。

石油を含む砂岩が断層によって2つに分かれているところでは、油水接触面の高さが分断する断層の両側で等しくなっているものがあった。つまりフィート単位で一致しているのだ。これは隣接する油層が連続していることを意味する。

1インチ平方あたり1ポンドの断層両側の圧力差は、油水接触面に20フィートのずれを生じさせることがあるが、1フィートに満たなかった（海水面における気圧は1平方インチあたり14・7ポンドである）。また油水接触面の高さが等しい上下の油層の組も存在していた。一部の断層には明らかに漏出が認められた。

このような油水接触面の同一性から「独立した」油田が、実際には物理的に連続していることが分かると私は宣誓供述書に書いた。連邦政府側のもう1人の地質学者は私のものよりも長い「連続した油層のリスト」を作り上げた。

テキサコ側の弁護士はさらに専門家を呼んで対応し「自分たちの地図は、我々に都合がよい目的で作成されたものでは断じてない」と主張した。

私は、テキサコの対応はかなりうまいものだと思ったが、連邦政府側の弁護士の1人が私に「自分たちの専門家が意見の基礎としている証拠を取り下げなければならないのだとしたら、彼らももう終わりでしょう」との見方を示した。なるほど、土俵をかたづけられてしまっては、専門家もがんばりようがない。裁判はお決まりの上訴まで行ったが、その後どうなったのか私には何の連絡もなかった。

ある朝、ニューヨークタイムズ紙の第一面の折り目のすぐ上あたりに「テキサコに10億ドルを超える罰金」を報じる記事が載っていた(7)。私は謝礼金で一番安いボルボを買った。

最も珍しい油層は隕石の衝突跡だ。ノースダコタ州に1例、オクラホマ州に1例ある。他にもあるかもしれない。当初なぜ衝突跡が油層になったのか謎だった。しかし分析が進むにつれて、油層は隕石の衝突時にできた跡が、新たな堆積物で覆われたものであることがわかった。

隕石の衝突の衝撃によって岩石におびただしい数の亀裂ができ、そこに石油が溜まったのである。

背斜構造、傾斜不整合、岩塩ドーム、断層トラップはいずれも地質構造上の特徴だ（**図3・4**）。しかし地質構造に関係ない油田もある。切通しで堆積層を発見したとき、我々はその地層がどこまでも続いていると考えがちだが、それは幻想だ。堆積は川、海流、生物の成長によって発生する。

堆積層は必ずどこかで始まりどこかで終わっている。堆積層の始まりと終わりの部分には石油が溜まることがある。地層のパターンのことを「層位（層序）」という。地層によって形成された石油トラップを「層位トラップ（stratigraphic trap）」という（英語ではふつう略してstrat trapと呼ぶ）。

最も目をひく層位トラップは「リーフ（礁）」だ。ここでいう「リーフ」には現今のサンゴ礁が含まれる。もっとも現在のサンゴ礁を覆っているサンゴは、ほんのこの2000万年の間に生じたものにすぎない。現在の礁に似た岩石のパターンとしては古くて5億年前にまでさかのぼる。

しかしこれらのすべてが、生物が緻密な構造体を成長させて礁となったものという意味での「リーフ」であるかどうかについては、依然として議論が続いている。私のシェ

図3・4　石油の構造トラップはさまざまな形態をとる。左上から時計回りに背斜構造、断層トラップ、傾斜不整合、岩塩ドーム。黒く塗ってある部分が石油の溜まる場所である。

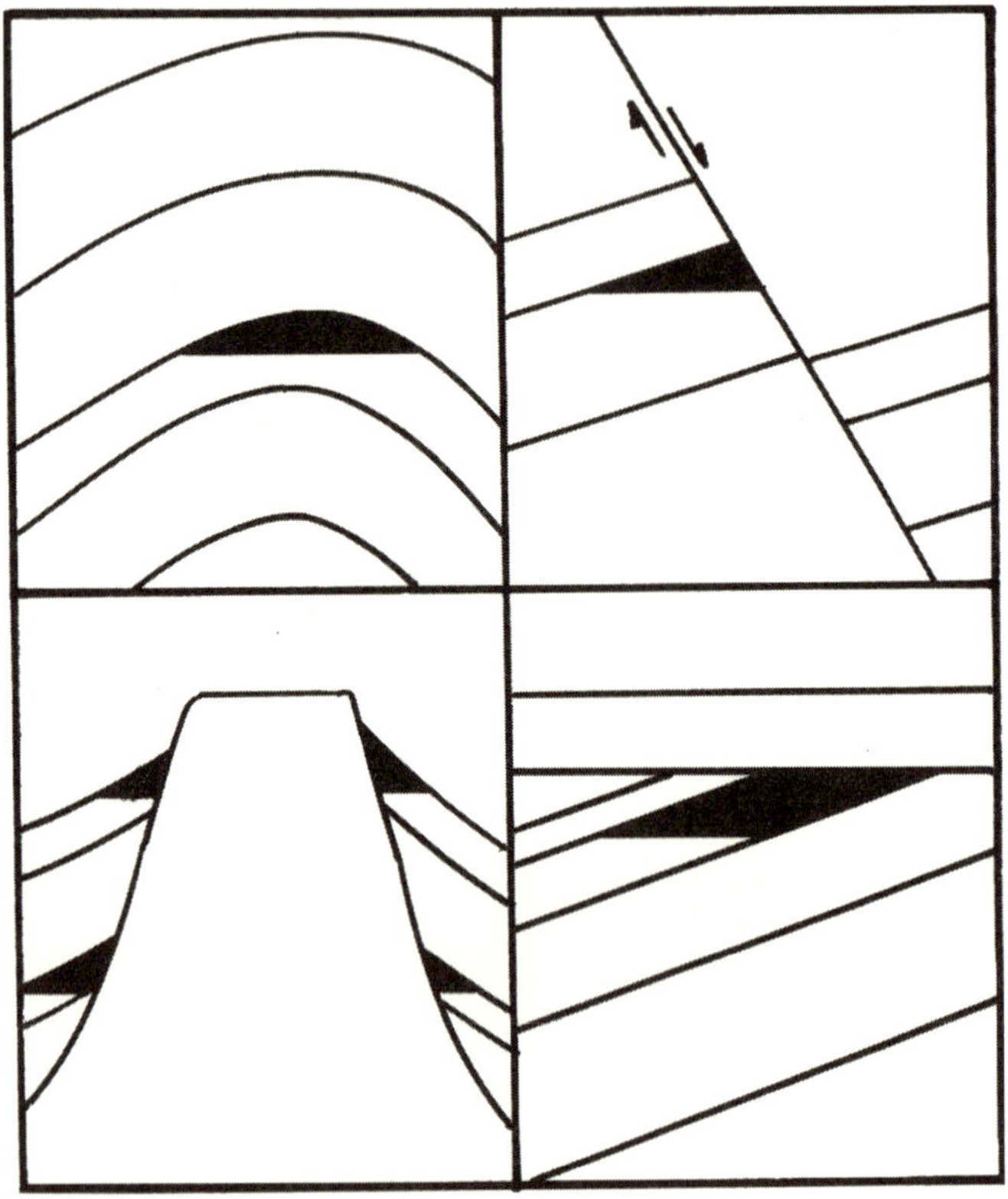

ル研究所時代の同僚に言わせれば、テキサス州の西方の大キャピタン・リーフ（カールズバッド・キャバーン。鍾乳洞で知られる国立公園がここにある）は、本当は「大キャピタン泥塚」なのだそうだ（8）。

「生物がつくる構造体」という定義に当てはまると思われる太古のリーフは確かに存在する。それらのいくつかは油田だが、リーフの岩体からの石油生産高は、ときに膨大なものになる。

伝統的に史上最大規模のものとされてきた油井（1日あたり10万バレル以上の産出を誇る）は、メキシコのゴールデン・レーンと呼ばれる埋没リーフ中にある（ここにふさわしい注記をひとつ。その大油井の位置を決めたのは、当時まだオクラホマ大学の学部生だったエヴェレット・リー・デゴリヤーである。すばらしいスタートを切ったデゴリヤーは、その後も長く卓越した業績を上げていくことになる）。

リーフにはあらゆる規模のものがある。たとえばアルバータ州の平野の下にあるルドゥークとレッドウォーターは巨大な油田だ（**写真3・2**）。テキサス州スカーリー郡には生産性の高い中規模のリーフが発見されている。ミシガン州には石油の産出のある小規模のパッチリーフがある（9）。

層位トラップは砂岩の中にも存在する。最も重要なものはオクラホマ州北東部お

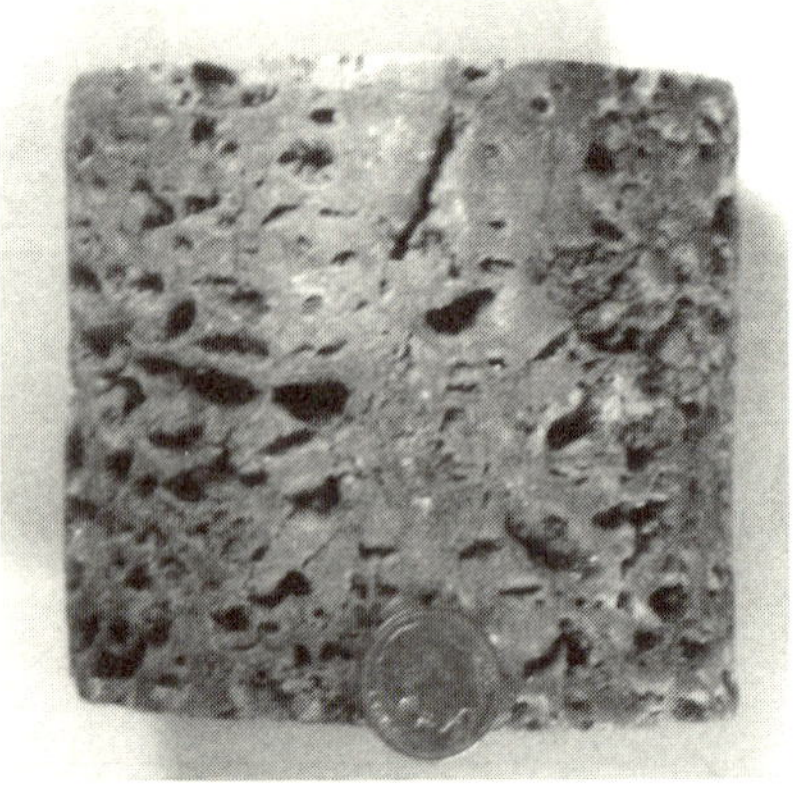

写真3・2
アルバータ州のルドゥーク・リーフの油井から採取されたこのコアには見事な孔隙が見られる。石油地質学者にとって最も嬉しいタイプの岩だ。石灰岩であったものが苦灰岩に変わったため、もともとの組織 (texture) のほとんどが失われている。

よびカンザス州南東部の地下にある細長い「靴ひも状砂トラップ（shoestring sands）」である（**図3・5**）。

１９２０年代、地質学者の何人かは靴ひも状砂トラップと、テキサス州沿岸および大西洋岸――たとえばガルヴェストンやアトランティックシティーなど――の沿岸砂洲（offshore bar）との類似性に気づいていた(10)。

砂の地形には別のタイプがある。こちらのタイプは川の蛇行部の内側に堆積した「固定砂洲（point bar）」と結びつけられることになった(11)。

層位トラップを発見するのは難しい。ごくまれに地下のリーフあるいは砂岩の岩体の上の堆積物がわずかに波打ってい

図3・5　地図にして描くとカンザス州およびオクラホマ州の西部にある3億年前の砂岩の「靴ひも状砂トラップ」と今日の大西洋岸およびメキシコ湾岸の「沿岸砂洲」との間には著しい類似が見られる。

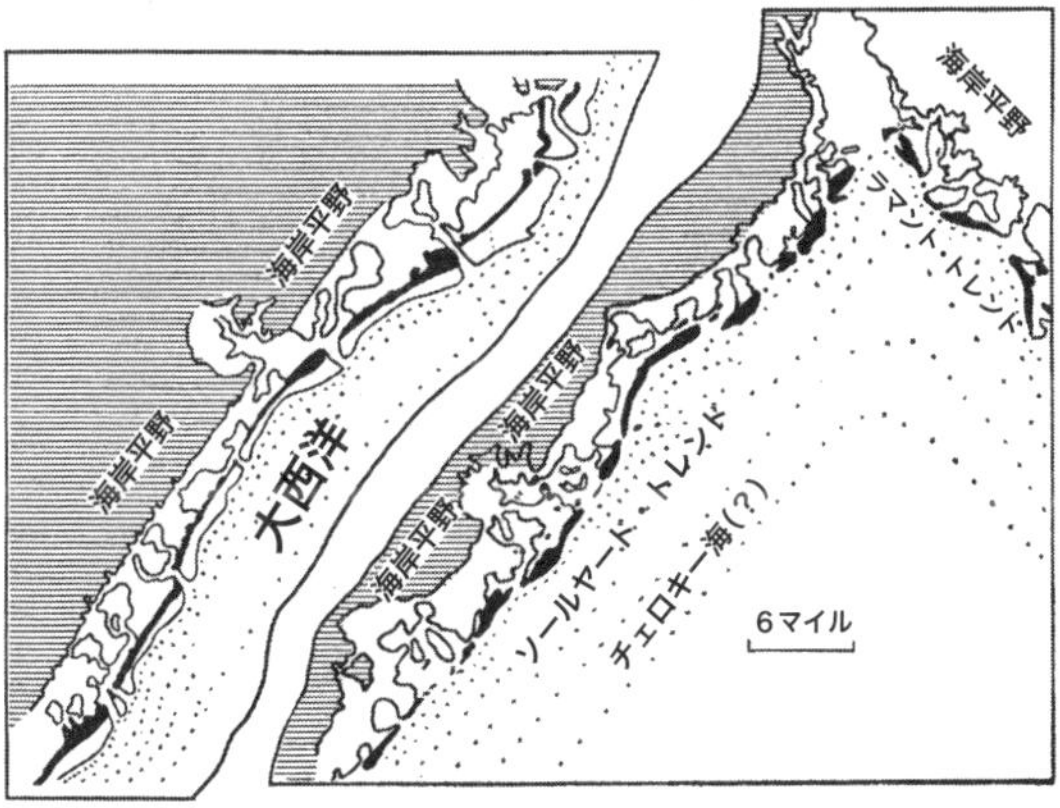

ることがあり、地表に表れた手がかりとなる。20枚の羽毛マットレスの下の豆粒にも気づくお姫様の気持ちである（これは私たちの仲間うちの冗談）。

層位トラップの場所を特定するその他の方法については、後の章で取り上げる。ここでは「世界最後の石油は層位トラップで発見されるだろう」と言うにとどめておこう。

石油を溜めることのできる構造トラップ、または層位トラップを見つけてドリルで掘ってみたら、岩石が硬く強固で、しっかり締まっていて孔隙がまったくなかったということがある。この岩石は役立たずだ。昔の人はこれを「スーツケースロック」と呼んだ。この岩石に当たったら「スーツケースに荷物をまとめて家に帰ろう」というわけだ。

現在の地質学者ならヒューストンの高層オフィスビルの20階で、人工衛星からのデータを見ているかもしれない。それでも凶報は依然として凶報だ。石油は地下の大きな洞窟から出るのではない。石油は岩石から出る。そして貯留岩は石油を内に「含み」、石油を「通す」のでなければならない。

「含む」と「通す」は、貯留岩が持つ2つの主な性質をよく表している。「含む」は「孔隙率」――岩石中の孔隙の割合――と関係がある。「通す」は孔隙どうしの繋がりの程度によって決まる。たとえてみれば、賞金が20年分割払いの1000万円宝くじに当たったようなものだ。「1000万円」が孔隙率であり「20年」かどうかは浸透率で決まる。

孔隙率と浸透率は常に両方そろっているわけではない。火山の溶岩流が冷えて固まってできた岩の中には気泡がある。しかしこの場合孔隙率はあっても浸透率はゼロだ。気泡が互いに繋がっていないからである。

ネヴァダ州の最初の油井は火山岩から石油を取り出すものだった。しかしその岩石はよくある溶岩流ではなかった(12)。

火山を流れ下る赤熱溶岩流(glowing avalanche)は非常に高温だ。そのため岩石の粒子を溶かして互いに固く結合させ、「溶結凝灰岩（welded tuff）」を形成することがある。

１９０６年、赤熱溶岩流がカリブ海のマルティニク島にあるサンピエールの町を襲い、死者3万人、生存者4人という被害を出した。しかしサンピエールの赤熱溶岩流は溶結を起こすのに十分なほど高温ではなかった。もし溶結凝灰岩を形成していたら、死者は3万4人になっていただろう。

溶結凝灰岩が石油産業と何の関係があるのかと思うかもしれない。この岩石の孔隙は互いに連結しているのである。関係があるのは石油産業ばかりではない。ネヴァダ州のラウンドマウンテン金山は発見当初、１６００万オンスの金を埋蔵していた。溶結凝灰岩の中を流れる高温の水によって堆積したものだった(13)。

浸透率の概念は流体の法則とともに、１８５０年にディジョンのアンリ・ダルシーが開発した。流体の法則は「ダルシーの法則」として知られている。また浸透率の単位はダルシー（darcy）である（科学上の不朽の名声は小文字化によって得られる。ワット＝wattしかり、オーム＝ohmしかり、アンペア＝ampereしかり。1アインシュタイン＝einsteinは1モルの光子である）。

ダルシーという単位は少し大きすぎることがわかってきた。ふつう油田ではダルシーの1000分の1の単位であるミリダルシー（millidarcy）が使われる。ちなみに、1ミリヘレン（millihelen）は船1隻を進水させることができる美貌だ**（訳注　ギリシャ神話でヘレネー＝Helenはトロイ戦争の原因となった美貌の持ち主）**。油田ではこんな言いかたをする。「飽和80フィートに浸透率200ミリダルシー。こいつぁ大トロだね」。

かつて家族とともにディジョンを訪ねたことがある。家族は友人や親類へのおみやげにマスタードの小びんを買い求めた。私は、市の広場が「ダルシー広場」であることに感動した。そこにはアンリ・ダルシーを記念する2階建てのモニュメントまでもがあった。

しかしモニュメントにはダルシーの法則への言及はなかった。石油地質学者たちがミリダルシーを称えるプレートをはめこんだ形跡もない。無理もない。ダルシーはディジョンの水道技師である。1850年当時、ディジョンは世界の料理の都だった。だがディジョンの汚い水がアスピック**（訳注　肉や魚のブイヨンをゼラチンで固めた料理）**を濁らせたため、料理人たちは泣く泣くコック帽を脱ぎ捨てなければならなかった。

ダルシーはディジョンのために砂濾過器を設計したのだが、その前にまず小規模の実験を行った。砂濾過器の成功によって彼は市の広場の2階建てモニュメントを獲得し、実験から得られた方程式によって「小文字の不朽の名声」を獲得したのだ(14)。

石油の貯留岩は主に2タイプに分類できる。砂岩と炭酸塩岩である。「炭酸塩岩(carbonate)」という名前はそれが「炭酸カルシウム（calcium carbonate）＝石灰岩」もしくは「マグネシウム・カルシウム炭酸塩（calcium-magnesium carbonate）＝苦灰岩」でできているからである。

シェルの石油地質学者は休憩時間がくるたびに「石油を多く含むのは砂岩か炭酸塩岩か」という議論を戦わせていた。勝負をつけるため1人のアルバイト学生が起用された。彼は夏休みいっぱいシェル研究所のファイルを調べるよういわれた。その結果北米では砂岩が勝利を収めたが、中東を含めると炭酸塩岩が優位だった。

砂の堆積物は身近な存在だ。ほとんどの人は川を見たことや、砂浜に行ったことがあるだろう。

河川で堆積した砂岩は興味深い内部構造をもっている。砂のほとんどは河川の洪水の減衰期に堆積する。高水位のとき河川の水は大量の堆積物を運ぶ。洪水の流れが遅くなるにつれ、大きい粒子から先に沈殿していく。石があれば最下層になる。粗い砂粒はその次に堆積し、スクープ状のパターンを構成する。より細かい砂が続き、波打つ層あるいは平行する層を構成する（**図3・6**）。泥が最上層である。

これがワンセットになって河川の湾曲部の内側に堆積する。このひと連なりを「ポイントバー（固定砂洲）」と呼ぶ(15)。「地点《ポイント》の浅瀬《バー》」という名称の由来は、かつてのミシシッピ川の船長たちによるやりとりからきている。「この川の浅瀬はひとつ残らず頭に入ってるさ」。ごっつん。「ほれきた。今のがひとつだ」。

浜にある「沿岸砂洲（offshore bar）」は砂浜の砂、風で吹き寄せられた砂丘の砂、そして水中で堆積した砂の混成物である。沿岸砂洲の場合、石が最下層にくる河川の固定砂洲とは対照的に、いちばん大きな砂の粒子が最上層にくる。

油田地帯では沿岸砂洲と固定砂洲の違いが実地に応用されている。沿岸砂洲は太古の海岸線と平行に走っている。固定砂洲を堆積させる河川は、化石の海岸線に対してほぼ垂直に流れている。流れ《トレンド》を追うのは格好の気晴らしだが――「トレンドロジー」などと称している――その流れの方向は、今追っているのが固定砂洲なのか沿岸砂洲なのかによって違ってくる。

太古の砂岩の中には砂洲状の形態におさまらず、あらゆる方向に数百マイルも広がっているものがある。このべた一面の砂岩は太古の砂丘に由来するのではないかとすぐに思いつくが、この推理は正しいと言っていいだろう。

昔の映画と違ってほとんどの砂漠は砂丘からできるものではない。風が砂や塵を吹き飛ばし、あとに残るのは礫や裸の岩、みすぼらしい植生である。もちろん砂も結局

図3・6　大きな洪水で水位が最大のとき、川は大量の堆積物を含んでいる。洪水が衰えると、ひとセットの特徴的な堆積が形成される。石がいちばん先に脱落して堆積の最下層となる。その上にスクープ状の砂の層、次に波状の砂の層、平行する砂の層と続き、最後に泥がくる。ひとセットの堆積を上方にたどっていくと堆積物の粒子は次第に小さくなっていく。

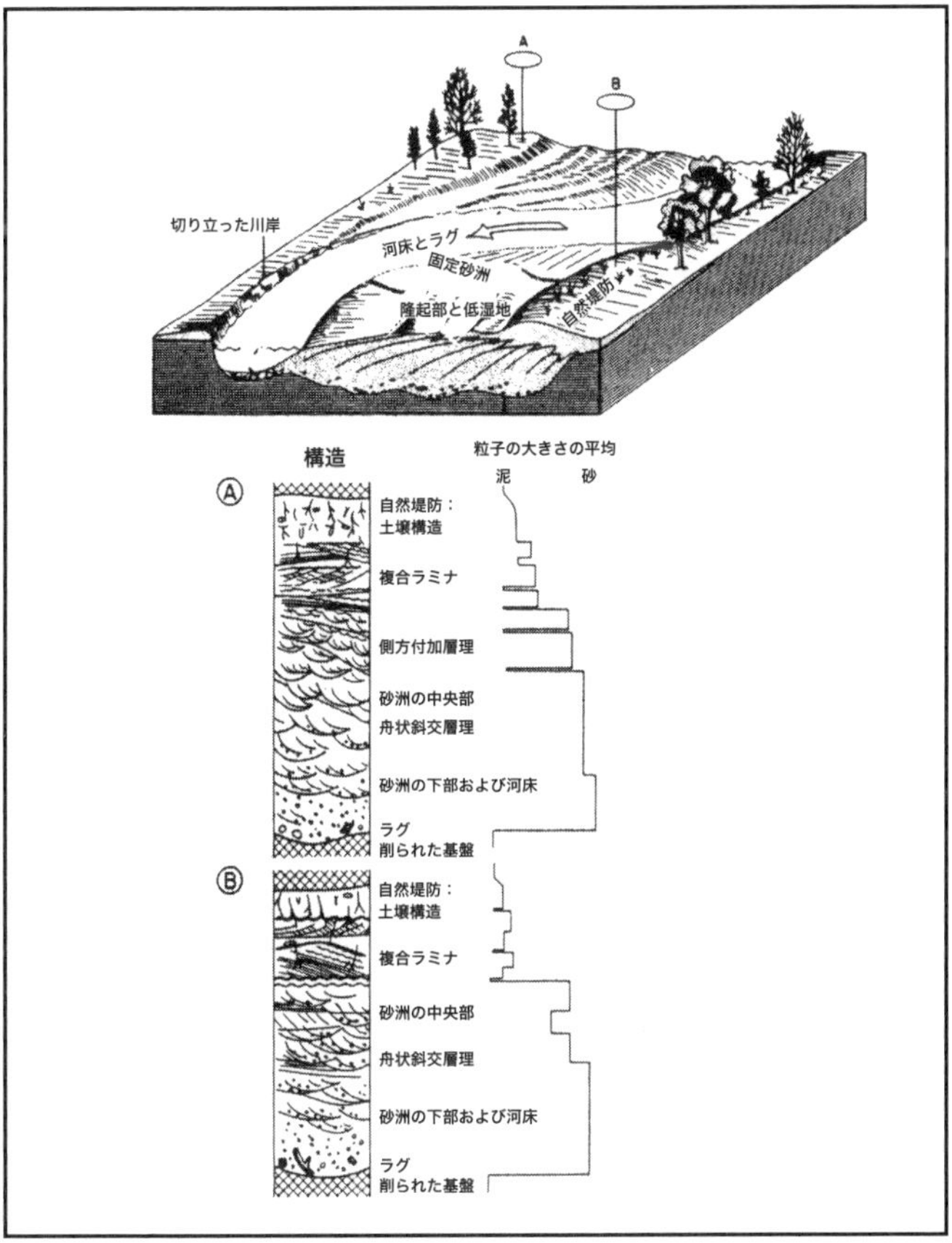

はどこかに落ち着かなければならない。アラビア半島の「空白地帯《エンプティー・クオーター》」ルブ・アル・ハーリー砂漠はべた一面の、砂が堆積した典型といえる砂の海だ(16)。

太古の砂丘に由来する砂岩はほとんどが砂丘の風下側(砂の溜まる)にある急斜面で堆積したものだ。この傾斜した砂の層は隣接する水平な層理(bed)に対して、斜めに傾いているため「斜層理」と呼ばれている。

私はスコットランドのラン島北岸にある斜層理を見たことがある。そのときは心底興奮した。層理は2億7000万年前のもの——地質年代で言えばペルム紀のもの——だった。

ガイドブックによれば、ペルム紀にアラン島は北緯約10度の位置にあったという(17)。そこから貿易風がどちらの方向に吹いていたかがわかった。そして斜層理は、まさしく太古の風下側に傾いていたのだ。ぱらつく冷たい雨をものともせず、私は背中にペルム紀の暖かな貿易風を感じながら太古の砂丘を歩いた。

1950年以前にはほとんどの地質学者が、砂は深海には溜まらないと考えていた。しかし1950年から1965年の間に、混濁流によって運ばれた砂が発見された。地質学者たちは考えを変えなければいけなかった。(18)。

混濁流は水面下を下に向かって流れ、泥と砂と水で構成される。泥や砂が掻き立てられて水に混ざると濃度が増す。高濃度になった浮流は次第に速度を増しながら水中を下に向かって流れていく。海底付近の急斜面では時速40マイルに達する。浮流が平坦な海底に達すると速度が落ち、まず砂が、次に泥が堆積する。

細かい粒子が上層にくるという配列は河川におけるポイントバーの砂と同じだ。しかしポイントバーの堆積物と混濁流の堆積物を区別しようとするなら、細かな項目の長大なリストができるだろう。

ふつう混濁流は浅い水域の堆積物に原因があるとされている。堆積物が地滑りや地震によってかきたてられるのだろうと考えられているのだ。しかし未解決の問題がひとつある。「大きな河川の水位の上昇や、小さな河川の鉄砲水によって運ばれた堆積物が直接海底に注ぎ込むことはあり得るか」という問題である。

混濁流によって堆積した砂岩――これはタービダイトと呼ばれる――はきれいなものではない。ふつうは泥が砂に混じることで浸透率が低くなっている。混濁流の流れ自体は障害物の周囲を流れるが、含まれる砂は流れに乗っていくことができない。それにもかかわらず、ロサンゼルスのすぐ北のヴェントゥーラ・ベイスンの産出する石油は、半分以上が混濁流による砂岩からのものである(19)。

砂は堆積物としてふつうに存在するが、炭酸塩の堆積は熱帯あるいは亜熱帯地方においてのみ形成される。これに関してはうれしい副産物がある。

私が堆積作用について教えたとき研究上の必要から学生たちを、春休みにバハマ諸島あるいはフロリダキーズ諸島に連れていくことになった。私が初めて行った1週間の野外調査旅行は、炭酸塩の堆積を観察することが目的だった。しかし私はその1週間に生涯のどの時期よりも多くを学んだ。

ボブ・ギンズバーグが我々シェルの地質学者の一行を、炭酸塩の堆積が盛んに進行している――その堆積物はやがて石灰岩になるはずである――地点まで案内してくれた。最終日、我々はギンズバーグに連れられてサンゴ礁のシュノーケリングを楽しんだ。サンゴ礁はすばらしかった。さまざまな種類のサンゴやウニ、実に美しい魚たちが見られた。

そのとき啓示がゆっくりと降りてきた。「太古の環境についての教科書の図や博物館の模型は、礁のような環境にかたよりすぎてはいないだろうか」。

石灰岩のほとんどはフロリダ湾ほど華麗ではない場所に堆積していた。ギンズバーグはシカゴ大学一流の（ある意味でソクラテス流の教授法）によって、自分のかわりに堆積物が自ら真理を語るよう調査旅行を設定したのだ。その後あつかましくも、私は私の学生たちにボブの授業内容をすっかりそのまま伝授した。

炭酸塩堆積物として現在主要なのは炭酸カルシウムだ。細粒の炭酸カルシウムの泥はふつう固まって均質な石灰岩になっている。その場合孔隙はないか、あってもわずかである。いわゆる「スーツケースロック」なのだ。グランドキャニオンの巨大な崖の大部分は、下半分くらいがもともと炭酸カルシウム泥として堆積したレッドウォール石灰岩から成り立っている。

太古の石灰岩の約10％には孔隙がある。炭酸塩の砂は通常貝殻のかけらか、砂粒程度の大きさで魚の卵のように見える粒子である（**写真3・3**）。魚の卵ではない。現在で言えばバハマ・バンクスの潮汐作用がある場所に形成されているような、砂粒大の粒子である。外見が魚の卵に似ていることから、この堆積物は「魚卵岩（oolite）」と呼ばれている（ooliteは、「卵」という意味のギリシャ語に由来する）。ちなみに、英語の「oolite」は、2つのO＝オーを分けて2拍に読む。辞書をご覧あれ（**訳注「ウーライト」ではなく「オゥオライト」と読む**）。

均質で孔隙のない石灰岩のほとんどは堆積物を摂取して糞粒を排泄する、無脊椎動物によってつくられた組織を含んでいる。ふつう糞はつぶれて泥になる。しかしまれに糞粒それ自体が有孔の堆積岩を形成することがある。

1970年代に石油地質学では初めての、サウジアラビア出身の博士号請求者が

写真3・3　魚の卵のように見えるが、魚卵岩は浅瀬の縁で潮流が堆積物を動かす場所で形成されたものである。魚卵岩は、孔隙が保たれれば生産性の高い石油貯留岩となり得る。

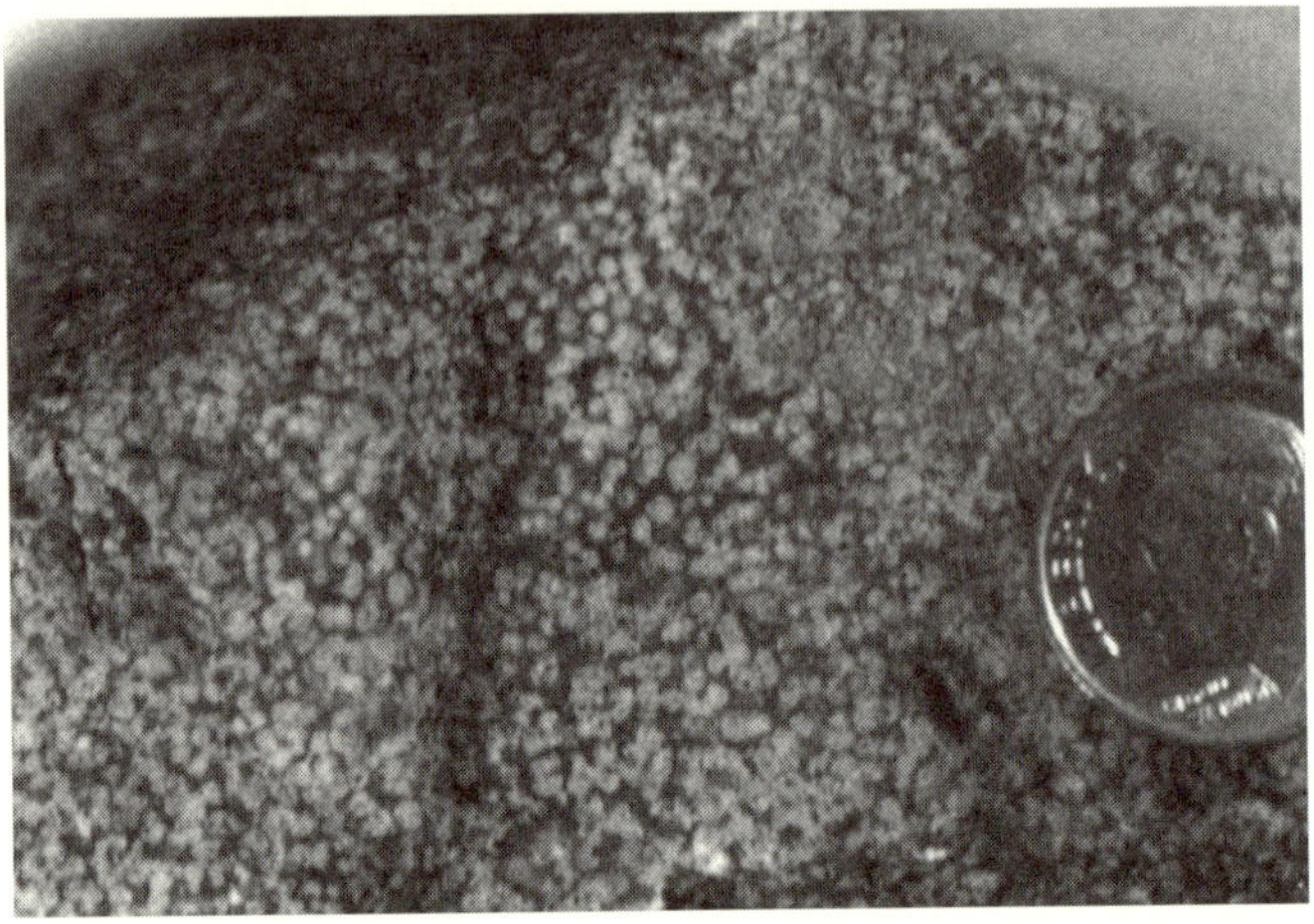

1年間の研究のためプリンストンを訪れた。私はこの機会を利用してアラムコ社に圧力をかけ、超巨大なガワール油田の試料を入手した。

試料の準備が整うと、私はサウジアラビアの客人に時間をつくってもらい、一緒に岩石顕微鏡で試料を分析することにした。その日の朝、私は本当に興奮した。私にとって世界最大油田の貯留岩を分析することは、エベレスト山に登るよりも心躍る事件だったのだ。

貯留岩は一部が苦灰岩だったが、大半は糞粒由来の石灰岩だった[20]。私はその晩帰宅して家族に「世界最大の油田の貯留岩はうんこでできていた」と説明しないではいられなかった。

炭酸塩の貯留岩として主要なのは炭酸カルシウムではなく、「苦灰岩《ドロマイト》」と呼ばれるマグネシウム・カルシウム炭酸塩（calcium-magnesium carbonate）である。「ドロマイト」は、かの壮麗なるドロマイト（ドロミーティ）アルプスからとった名前ではない。逆に山のほうが鉱物から名前をもらったのだ。ドロマイトは1801年にイタリアで獄死したフランス人、デオダ・ド・ドロミュー伯**（訳注　火成岩の研究で知られる地質学者）**にちなんで名づけられた。

苦灰岩は長い間地質学者の悩みの種になっていた。私が大学に入ったばかりのころ、教科書には「現在苦灰岩は形成されていない」と書かれていた(21)。地質学に関してはそのほとんどすべてが、現在進行しているプロセスを地質学的過去まで拡大することで理解が可能だ。現在形成されていないと思われる岩石のリストは非常に短いものになる。リストに含まれるのは石油貯留岩、溶結凝灰岩の形成に十分な温度に達した赤熱の火山灰流、そして苦灰岩だ。

3億5000万年前より古い岩石の中で、炭酸塩岩の半分以上が石灰岩ではなく苦灰岩である。まるで誰かが一瞬のうちに石灰岩を苦灰岩に変えたような印象を受ける。岩石が古ければ古いほど「苦灰岩虫」にかまれた可能性が高くなる。

1958年にシェル研究所で働き始めたとき、私は苦灰岩の研究をしたらどうかとすすめられた。研究所の幹部は1916年のF・M・ヴァン・トゥイルの著作以来、ほとんど進展がないのだと言った。世間は狭い。コロラド鉱業学校で私は地質学の手ほどきをヴァン・トゥイル教授から受けたのだ。

1916年の時点で教授は「苦灰岩には2つのタイプがある」としていた(22)。ひとつは粒子が細かく化石を含まない。他の堆積層に平行な層の中に見つかるものだ。もうひとつは粒子が粗く化石を含む（通常、もと貝殻があったはずのところが中空の型となっている）。そして堆積層を断ち切るかたちで不規則な塊となっているものである。現在の堆積物に関して研究する方法がなく、苦灰岩は40年の間放置されたままだった。

セントラル・ベイスン・プラットフォームはテキサス州西部およびニューメキシコ州の平原の下にある、広さ4000平方マイル、厚さ6000フィートの苦灰岩の塊である(23)。掘削作業員たちは「苦灰岩のマイル」と呼んでいた。掘削するには硬い岩だったので掘削作業主任は敬遠していたが、地質学者のお気に入りだった。

セントラル・ベイスン・プラットフォームの周縁部付近は、アメリカでも最も豊かな油田がいくつか存在する「リトル中東」とも言うべき場所だ（**図3・7**）。苦灰岩一般について、そしてセントラル・ベイスン・プラットフォームについて理解することが私の重要な研究テーマとなった。

同僚のF・ジェリー・ルシアが突破口を開いた。彼はセントラル・ベイスン・プラットフォームから採取した地下の苦灰岩の中に、原因不明の微量の自然放射能を発するものがあることに気づいた。ジェリーは岩石の薄片を写真感光用の乳剤で覆って、1カ月間暗い場所に寝かしてから現像してみた。

岩石中にある放射性物質の崩壊の飛跡は、ふつうジルコンなどの特定の粒子が発するものである。顕微鏡で覗くと感光乳剤中に生じる放射性崩壊の飛跡のため、微小のジルコン粒子が小さなヤマアラシ形になっている。ルシアが見たものは全く違っていた。崩壊の飛跡が1本ずつ苦灰岩から出ていたのだ。

彼は苦灰岩に微量のウランが含まれていたのではないかと推理した。それから彼は、ウランの鉛への崩壊が苦灰岩の堆積時期を知るための時計となるかどうかを確かめようと考えた。

当時アメリカにはウラン―鉛の年代を測定する装置を備えた研究室が3、4カ所しかなかったが、シェル研究所にはそのうちのひとつがあった。

苦灰岩のウランの年代は2億7500万年であることがわかった。セントラル・ベ

図３・７　テキサス州西部およびニューメキシコ州南東部のセントラル・ベイスン・プラットフォームは、現在のバハマ・バンクスから２億５千万年前の類似物である。主要な油田はセントラル・ベイスン・プラットフォームの周縁部付近にあることが多い。イェーツ油田にはすばらしく生産性の高い井戸が多数ある。

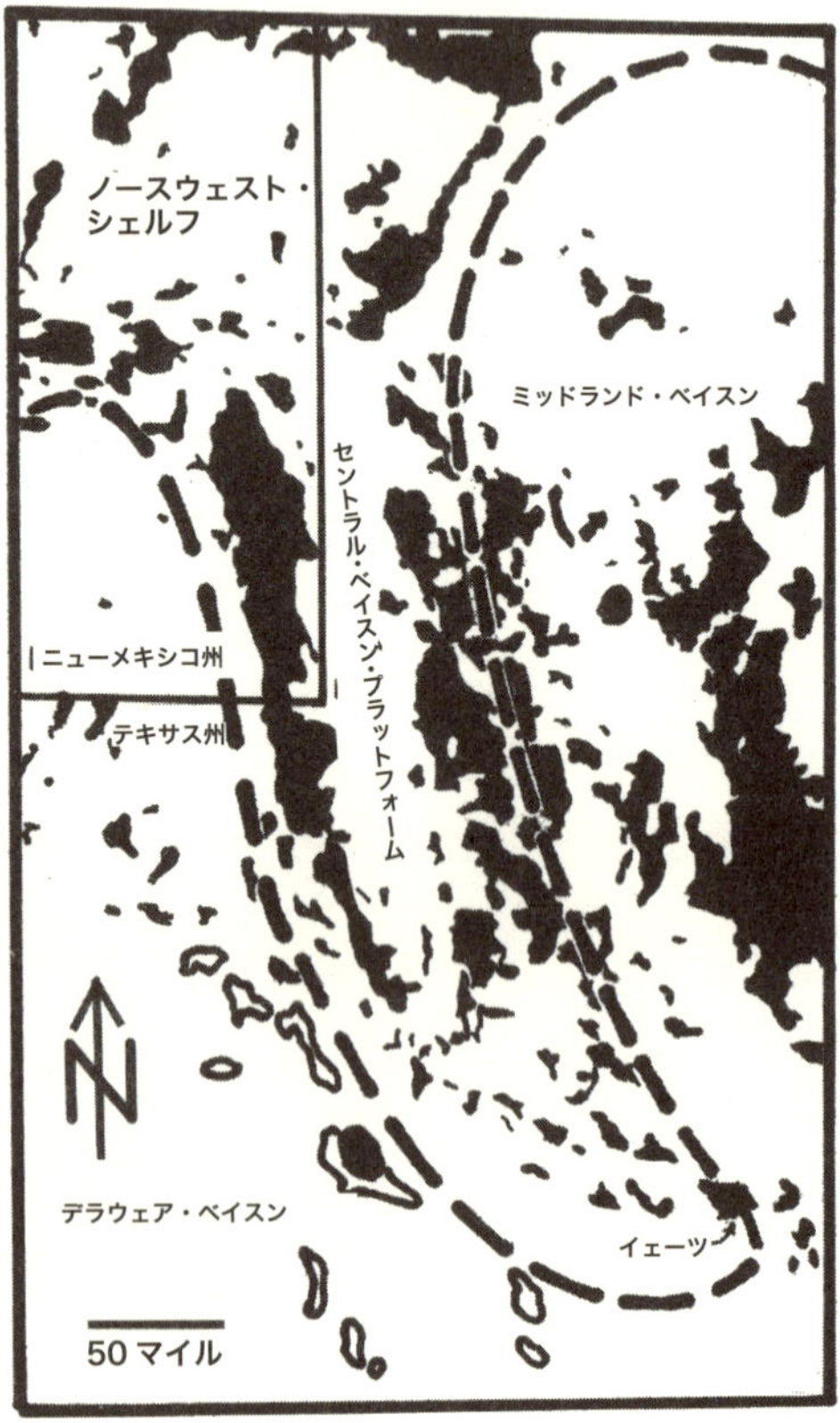

イスン・プラットフォームの堆積層が形成された時期も基本的に同じだった。

この苦灰岩は堆積層ができた直後に――100万年から200万年以内に――形成されたものでなければならない。古い石灰岩が「一瞬のうちに」苦灰岩に変わったケースではなかった。

私はいくつか試算を行った。炭酸カルシウム（石灰岩）をマグネシウム・カルシウム炭酸塩（苦灰岩）に変えるには、マグネシウムに豊富に含む水がなければならない。最もマグネシウムを含む水として知られるのは死海の塩水だ。

私はダルシーの法則を利用して計算を行った。死海の塩水がセントラル・ベイスン・プラットフォームを石灰岩から苦灰岩に変えるのに必要な時間は？　答えは1500万年だった。ルシアが行った年代の推算から見ると1500万年は長すぎた。セントラル・ベイスン・プラットフォームの苦灰岩への変換は、堆積層ができるとすぐに苦灰岩が形成されるといったように「即金払い」の早わざでなければならなかった。

ここでちょっとした幸運が訪れた。シェル研究所研究員のレイ・マレーが求人活動の一環としてプリンストンで講演を行ったのだ。彼は特別講演の中で「すべての苦灰岩は初めに最低12％の孔隙率がなければならない」という1916年のヴァン・トゥイルの予測にふれた。

プリンストンの教授アルフレッド・フィッシャーは「キュラソー島から採取した孔隙率12％未満の、非常に新しい苦灰岩標本をもっている」と異を唱えた。数週間後、私はプリストンを訪れ、フィッシャー教授に頼んでキュラソー島の標本を半分分けてもらった。彼は「キュラソー島の隣のボネール島でも興味深いものを見たことがある」と言った。

我々はヒューストンに戻って4枚の顕微鏡写真を撮った。2枚はキュラソー島の新しい苦灰岩のもの、残りの2枚はセントラル・ベイスン・プラットフォームの古い苦灰岩のものだった。みんなで写真を回覧し、どれがどこのものか相手に当てさせたりした。顕微鏡写真はどれも基本的に同じに見えた。区別がついたのはマレーだけだった（新しい苦灰岩は、結晶の稜がわずかに鋭利だった）。顕微鏡写真とウランの年代の測定結果によって、シェル社の幹部はジェリー・ルシア、ピーター・ワイル、そして私をキュラソー島およびボネール島に3週間派遣することを同意した。

キュラソー島とボネール島はオランダの海外領である。現在ハワイがアメリカの一部であるようなものだ。熱帯の島であるにもかかわらず、オランダの村のように整然として清潔だった。

1961年当時シェル社はキュラソー島に世界第二の規模の石油精製所を所有し、べネズエラの原油精製を行っていた。ルシアと私がキュラソー島で調査を始め、1週間後にワイルが合流してボネール島に移動した。研究所でワイルは「自分は化学の領域で地質学を研究する物理学者だ」と称していた。彼はナチスドイツからの亡命者で、第二次世界大戦後の「黄金時代」にあったシカゴ大学で教育を受けた。私は一緒に仕事をした科学者たちのだれよりも彼から多くを学んだ。

ボネール島は地質学者の理想郷だった。島の南端には塩湖と塩沢があった。これは海水の蒸発によって塩分濃度が増してできたものだ。島の南部から採取した白色の白亜質の地殻は苦灰岩であることがわかった。ヒューストンに戻り、研究所で苦灰岩の炭酸塩の炭素について炭素14法（carbon-14）による年代測定を行った。得られた結果は1400年と2000年だった。私は海水に由来する現代の苦灰岩を発見した！母校の教科書は間違っていた。

塩類湖底に生息できる生物はほとんどない。塩分濃度が海水の10倍にもなる一方、数分間の降雨でゼロにもなるからだ。

ボネール島にある苦灰岩の地殻は塩類湖底の平原と平行になっていて、微生物だけが生息できた。また地殻に含まれる苦灰岩の結晶は非常に小さいものだった。ボネール島南部はヴァン・トゥイルの言う、第一のタイプの苦灰岩を生成しつつあったのである。
ボネール島の北端は比較的古い岩石で構成されていた。しかし100万年よりは新しく、地質年代の尺度で見れば新しいほうだ。ボネール島の北部では粗い粒子の苦灰岩が、化石の跡の中空部分を含み周囲の石灰岩の層を断ち切るかたちで大きな塊を構成していた。ヴァン・トゥイルの言う第二のタイプの苦灰岩である。

わずかばかり地質学的想像力を働かせれば、ボネール島北部の苦灰岩を形成したのと同じプロセスが現在、島の南部の地下でも進行しているだろうという推測がついた。南部の地表の塩水は海水よりも濃度が高い。おそらくその塩水が下に向かって流れ出し、地下にある石灰岩の一部を苦灰岩の巨大な塊に変化させるのだろう。言い換えれば近い過去にボネール島南部と同じような塩水の流れが、現在のボネール島北部の上にあったのだ(24)(**図3・8**)。

ボネール島にはもうひとつ驚くべきことがあった。ヴァン・トゥイルは、新しく形成された苦灰岩は少なくとも12%の孔隙率をもつはずであると推測し、その結論に対してアル・フィッシャーが反論したのだ。我々はボネール島北部で、新しいと考えられる苦灰岩ではあるが石油貯留岩となるには孔隙率の低いものを発見した。

最も孔隙率の低い標本を採取したときのことを私は忘れないだろう。硬い露頭だっ

図3・8　概念的な模式図はしばしば隠語で「カートゥーン (cartoon)」と呼ばれる。このカートゥーンは現在のボネール島南部の先行ヴァージョンが、現在ボネール島北端部に露出している岩石の上に存在したことを示している。『サイエンス』143:679 より許可を得て転載。©1963 AAAS

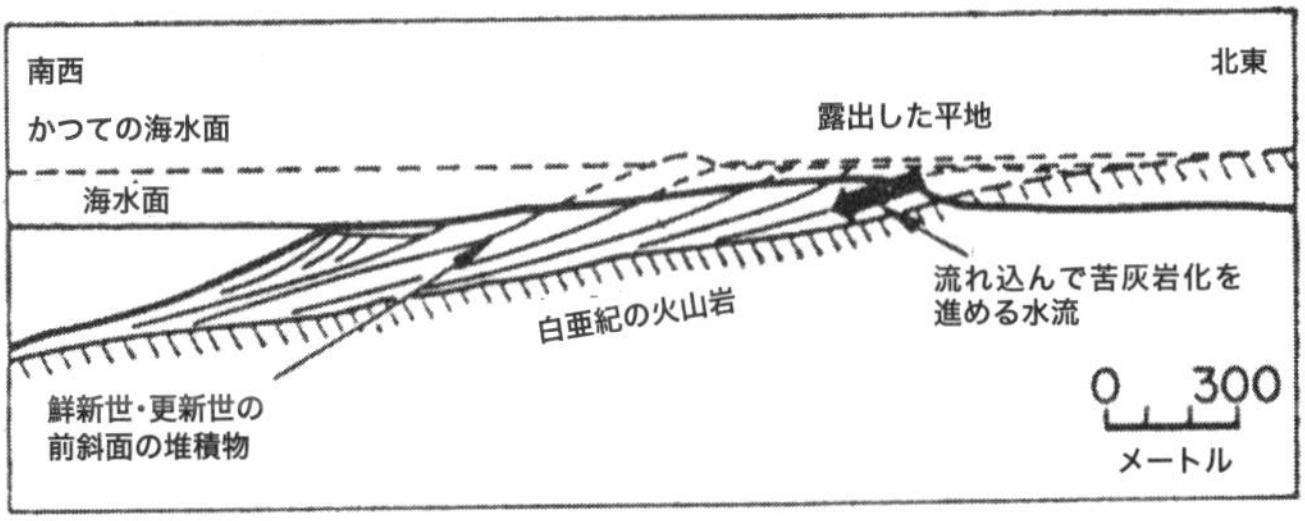

たので渾身の力を込めてロックハンマーを振り上げたのだが、そこで地質学の学生がよく注意するように言われる失敗を犯してしまった。

ロックハンマーの頭は、一方が岩石を砕くために丸く、もう一方がてこに使うために尖っている。私は頭の上の枝にハンマーを引っかけてしまい、とがったほうの頭が脳天を直撃したのだ。ここに私は、即死の憂き目に遭わなかったことを報告する次第である。しかし頭の傷からは大量の出血があった。

3年後、シェル研究所の要請で我々は「ボネール島にある苦灰岩の主要な2つのタイプ」に関する論文を発表した。我々が公表しなかったのは孔隙率の低さに関する事情だった。これはシェル社にとって最も有用なことがらだったのだ。ヴァン・トゥイルによる孔隙率の計算では、マグネシウムがカルシウムに置き換わってはいるが、岩石への炭酸塩の出入りはないものと前提されていた。

血で染まった標本バッグから取り出した孔隙率の低い岩石は、塩水によって少量の炭酸塩がもたらされるため、塩類湖底直下にある岩石の孔隙率が低下する（孔隙率は石油貯留岩になれないほど低い）ことを示唆していた。この分析によって「なぜ最上の油田がセントラル・ベイスン・プラットフォームの縁にあるのか」が説明できた。中央部にあるほとんどの苦灰岩は孔隙率が低すぎたのである。

ここで有益な経験則が得られた。「孔隙率の低い苦灰岩を見つけたら、炭酸塩台地の縁に行き当たるまで内から外へと移動すること。石灰岩を見つけたら、炭酸塩台地の縁に行き当たるまで外から内へと移動すること」というものだ。

3週間の調査旅行のあと私は一度もボネール島に行かなかった。島の南端部にある伝説的な自然の実験室は、ブルドーザーが入って商業的な塩田に変わった。豪華なホテルが立ち並び、地質学者たちの楽園ボネール島は今やスキューバダイバーたちの楽園となった。

上等な油田となるためには、孔隙も浸透性もある貯留岩がなければならない。しかし、もうひとつ対照的な性質をもつ岩石――石油やガスが地表に向かって上に移動するのを妨げる岩石——が必要である。「油層の上を覆うふた」の役割をする層を、業界では「帽岩」と呼んでいる。貯留岩のすぐ上の層を帽岩と考えるのはありがちな間違いである。

商業的貯留岩の直上の岩は単に非商業的貯留岩——経済的に成り立つ速度での産出はないが、地質学的時間のあいだには石油およびガスを漏出するだろう岩石——であることが多い。本当の帽岩は円柱（column）のずっと上のほうにある。

岩石が帽岩となるには２つの形がある。岩石中の穴が非常に小さい場合は石油と水の界面張力のため、石油は孔隙に出ていくことができない(25)。

泥岩——頁《けつ》岩ともいう——中の穴はふつう、直径が１ミクロン（１０００分の１ミリメートル、つまり１００万分の40インチ）だ。簡単な計算によって直径１ミクロンの穴の周囲における油水界面張力を、石油の円柱の圧力で表わすことができる。この計算によれば、頁岩には最大で高さ２００フィートの円柱に匹敵する浮力があることになる。

もし石油の円柱の高さが２００フィートを超えているなら、泥岩以外の何物かが、石油の保持に役立っているという想定が可能になる。

シェル社が北海で発見したものの中には石油が飽和する、２００フィートを超える

写真3・4　ある油井で採取されたこのコアの断片は鉱物性の硬石膏、すなわち硫酸カルシウムから構成される。この堆積物はもともと石膏（2個の水分子をもつ硫酸カルシウム）として形成された。約1000フィートの深さで水分子が失われて石膏は硬石膏となり、孔隙率が0になった。中東の大油田では、硬石膏の層が下方にある孔隙の多い岩石中の石油やガスを封印している。

岩石が含まれていた（石油会社には経営上の秘密があるものと期待するならお聞かせしよう。ある日発見地点の隣接区域で入札が迫っていた。シェル社は発見した井戸に栓をして放棄し空井戸だったと偽った。入札以前にそれが大発見であることを知っていたのは会社全体で3人だけだった）。

北海や中東でのこうした巨大な石油の円柱は、同じように巨大な規模の帽岩を必要とする。帽岩の世界一は2つのタイプの、互いに関係のある岩石——硬石膏と岩塩——である。どちらも海水の蒸発によって形成される岩石だ。両者とも始めは孔隙を有するが、地中のオイルウィンドウの上端に達するまでに孔隙率がほぼゼロ、浸透率がゼロに変わるのである。

硬石膏のスタートは鉱物性の石膏だ。石膏は硫酸カルシウムから構成されており、硫酸カルシウム分子1個に対して水分子2個を含んでいる（**写真3・4**）。蒸発によって海水が濃縮されてできた石膏の層は、地下1000フィートの地点で水分子2個を失い、密度の高い硬石膏の層に変わる（硬石膏＝anhydriteは水を含まない、つまり無水＝anhydrousである。すべての鉱物の名前がこんなふうに覚えやすければいいのにと思う）。

石膏ができたあと、さらに海水の蒸発が進むと「食卓塩」つまり塩化ナトリウムの沈殿が起こる。現代の製塩用の海水蒸発池と太古の岩塩の堆積とが、現在我々に塩を供給しているのだ（言うまでもなく、製塩業の起源は古代に遡る。英語のsalary＝給料は「塩＝saltを得る資格のある者」という意味の語に由来している。また、モーツァルトの生地ザルツブルク＝Salzburgの名前と富は岩塩坑によるものだ）。

世界で一番深い岩塩坑でも深さは地下3000フィートでしかない（一番深い金属鉱床は地下12000フィートに達する）。これには興味深い理由がある。3000フィートより深くなると岩塩は流れ始めるのだ。

ある鉱山技師からマニトバの地下3000フィート級の岩塩坑を歩いていたときの話を聞いた。鉱山の中は採鉱機械が停止していて静かだった。彼は岩塩が「キーキー、ギシギシ」と音をたてているような気がした。岩壁が狭くなろうとしていたのだ。間違いなく閉所恐怖症の発作である。

硬石膏と同様に岩塩も、地下のオイルウィンドウの上端より浅い地点では本来あった孔隙の空間に閉塞が発生する。つまり石油が分解してソースロックからしみ出てくる一方で、硬石膏と岩塩の層が緻密になってそのふたとなるのだ。もうお分かりかと思うが、中東の油田は岩塩および硬石膏が帽岩となっている。

石油を十分保持できる帽岩に対して行う漏出試験がある。ヘリウムガスを使用するものだ。ヘリウムの貯留岩は広く存在するがヘリウムガス田はきわめて数が少ない。

通常、堆積岩にはウランが約1PPM含まれている。ウラニウム原子は鉛への緩慢な崩壊の過程で、6個から8個のアルファ粒子を放出する。物理学でいうアルファ粒子は化学でいうヘリウム原子核である。

パーティーで風船に入れるヘリウムガスはアルファ粒子を単純利用した例である。ご存知の通りパーティーのゴム風船は1日か2日で宙に浮かばなくなる。ヘリウムがゴムから漏出するのだ。

ヘリウムは漏出しやすい物質である。ヘリウムは通常の化学結合をしない。しかもヘリウム原子はとても小さい。先端機器における微量の漏出を探るには、標準的試験としてヘリウムを使う。

ウランの崩壊によって放出されたヘリウムは、天然ガスと同じトラップに閉じ込められている(26)。商業的ヘリウムはすべて天然ガス生産の副産物である。ヘリウムは究極の再生不可能資源だ。パーティーの風船から漏れ出たヘリウムは、最後には大気圏を離れ宇宙空間へと去っていく。

回収可能なヘリウムを伴う天然ガス田には、ほぼ例外なく硬石膏あるいは岩塩の帽岩がある。石油会社時代の同僚の1人は「かなりの量のヘリウムを有するガス井のうち、硬石膏か岩塩でできた帽岩がないものはひとつしか知らない」と言っていた。

では、みなさん、放射性廃棄物の集積場所としてはどこが適しているでしょうか？

そのとおり！　軍の放射性廃棄物処理施設（ＷＩＰＰ）は岩塩床にある。地質学的時間の長きにわたり、ヘリウム漏出試験に合格した場所である(27)。しかしユッカ・マウンテンの処理施設建設予定地には硬石膏も岩塩もない。

便利だがそれほど徹底的でない種類の漏出試験がある。ガス田が枯渇するときのシナリオは2つだ。ひとつは井戸が水の産出に転じるというもの、もうひとつはガス圧が下がってガスの産出がなくなる、というものだ。後者の場合、空になった貯留岩が地下に孤立して残る。

ガスのパイプライン会社は小規模の枯渇したガス田を地下の貯蔵タンクとして利用することがある。長年私は「枯渇したガス田を、液体化学物質用の地下廃棄物処理施設に転用する事業計画を立ててはどうか」と学生たちにすすめている。廃棄物処理事業は儲かる公算が高い。化学物質の廃棄物処理施設として許可された井戸は非常に少ない。

ソースロック、オイルウィンドウ、石油トラップ、貯留岩、帽岩についての理解は進んだものの、試掘井の10のうち9は空《から》井戸（dry hole）――dusterとも言う――である。実際にはほとんどの空井戸は文字通りの「空《から》」ではなく、塩水を溜め込んでいる。「濡れ井戸（wet hole）」もまた凶報であることに変わりない。私たちが聡明であるなら、なぜ儲からないのだろうか？

もし当該地点から20マイル離れた全方向に既存の油田が点在しているなら、ソースロックとオイルウィンドウをめぐる問題はすでにクリアできている。しかし試掘井の成功は、保証済みのオイルカントリーにおいてもままならないものだ。

「うまくいかない可能性のあるものはうまくいかない（マーフィーの法則）」。「うまくいかないことがひとつでもあれば、それは空井戸である（ディフェイスの法則）」。

失敗にはさまざまなパターンがある。試掘井の掘削を提案する際には、常に次のようなシナリオが書けなければならない。

1、既知の事実すべてに対して矛盾がない。
2、経済的に意味がある量の石油あるいは天然ガスがあると思われる。

こうしたシナリオを書いたり評価したりするのは、ジョージ・バランシンの振付けるバレエのように複雑な作業である。悲観的過ぎると試掘井など掘削できない。楽観的過ぎれば批評家に笑われるだけだ。

　私は若いころ、尊敬すべき幹部の1人が若手の地質学者の1人に「最近発見された地点の周辺域にある、生産量100万バレルの油田地図を作成せよ」と命じるのを耳にして驚いた。唯一の条件は地図上の既知のデータに改ざんがないことだった。私はその地質学者が知的詐欺を働くことを命じられたのだと思った。

　あとになって納得がいった。同じ課題を数人のスタッフに与えたところ、だれひとり説得力のある100万バレルのシナリオを書き上げた者がいなかったのだ。そのため幹部は例の油田を売りに出した。

　コンセプトの間違いからちょっとした細部におけるミスまで、失敗にはさまざまなものがある。そしてどれもが致命的だ。

　コンセプトの間違いとしては時間的順序を見誤る例が挙げられる。構造トラップが存在するのは過去のある特定の時期に、褶曲や断層の形成があったからだ。そして別の時期にソースロックがオイルウィンドウへ降下する。石油の生成後にトラップが形成されたならこれ以上幸運なことはない。トラップ形成の正確な時期が分かるとは限らないが、我々は常にこの問題について頭を悩ませなければならないだろう。

細部に関するミスの例としては次のようなものがある。私は投資計画の一環として ルイジアナ州にある深い井戸の掘削案に対する評価を行った。私は分析の中で、地図上で「B」と名づけられた断層がやや北寄りである可能性があると述べた。

さまざまな点を考慮してみれば、おおむね見込みは高いと思われた。「投資計画にこの井戸を含めたほうがいい」と私は言った。だが井戸の掘削を行ってみると、神は「断層B」をはるか北寄りに置かれていたことが判明した。我々は断層の下側を掘ったが空井戸だった。

「明らかなミスもないのに空井戸だった」というのはしょっちゅうである。井戸の内部の地質構造は掘削前のシナリオ通りで、貯留岩の孔隙率および浸透率も十分である。それでも井戸の中は塩水だったということがあるのだ。手術自体は成功だったが患者は亡くなった、というようなものだ。

私は、こうした「謎の失敗」の最大の原因は帽岩からの漏出ではないかと思う。帽岩として最良の硬石膏や岩塩だろうと、穴塞ぎのない断層が1個あるだけで溜まった石油が空になる可能性がある。石油を発見するのは今でも簡単なことではないが、ソースロック、オイルウィンドウ、トラップ、貯留岩、そして帽岩への理解が役に立つ。「墓地の脇を掘る」よりましである。

第4章 石油を見つける

Finding it

1人の女性が生地店を訪れ「ネグリジェ用の生地を探しているのですが」と店員に案内を頼んだ。ひらひらした感がちょうどよい生地が見つかると、客の女性はそれを17ヤードくださいと言う。

当然のように店員は一体どうしたらネグリジェひとつに17ヤードも使うのか？　と聞き返す。「あら、夫は石油を見つける地質学者なんだけど、探す楽しみは見つけたときの楽しみに負けないみたいよ」。

「石油が見つかるかどうかは」ガソリンや（間接的に）食料雑貨類の価格にまで影響を及ぼす問題だ。この問題について経済学者と地質学者は、それぞれまったく異なる観点から出発する。

経済学者は、石油が見つかるかどうかは調査に投じた資本の大きさにかかっていると言う(1)。それに対して地質学者は、札束を持って財務課を訪れても地下の石油が増えることはないと主張する。どちらも一理ある。

確かに投資額ゼロでは新たに見つかる石油の量もゼロだろう。しかし地質学者の言い分には半ば直観的、半ば経験的な裏づけがある。調査に資金を続々とつぎ込めば削井数は増えるが、後から掘った井戸の多くは役立たずだ。そうした井戸から石油が見つかる可能性は低い。

第七章と第八章では将来の石油供給を推定する方法について考える。そこでは経済的な観点とも地質学的な観点とも異なる立場から考えを述べたい。

現在の石油発見法は過去の平板測量とは大きく違う。石油地質学者が地球の陸地部分をほとんど調べ尽くしていることは先の章で述べた通りだ。重ねて例を挙げよう。

１９７８年に私は、プリンストンの地質学教授３人がイランにあるザグロス山脈調査計画の可能性について議論する場に立ち会った（その後いくらもたたないうちにアヤトラ・ホメイニがイランを掌握したので、調査計画の話は立ち消えとなった）。

３人の地質学者はそれぞれ別の石油会社で働いていた。中東の専門家は１人もいなかった。しかし地図で調べていくと、どの谷を選んでも必ず３人のうちだれかがそこを訪れたことがあるのだった。私はめまいを覚えた。３人合わせれば、ザグロス山脈の主要な谷はすべて調査済みだったのだ。

陸上で最も探査しにくい場所は常に上空に雲のかかった、厚いジャングルに覆われた土地である。空中写真はないか、あってもあまり役に立たない。しかし側視レーダーは地勢を明らかにするのにたいへん有効だ。ニューギニアのジャングルの地質構造は側視レーダーの画像上で見ることができる。

世界中の地表探査は40年前にほぼ完了している。探査方法として今でも使われているものは主に地下地質調査と地震探査の2つで、現在の業界で支配的なやり方だ。

これ以外の方法も数多く提案されてはいるが、中には蝦蟇の油の類《スネークオイル》もある。つまり科学的根拠のないやり方だ。蝦蟇の油のリストをここに挙げたら、名誉毀損専門の弁護士連が現れて我が家の前庭に二重バリケードを築くだろう。

地下地質調査ではすでに掘削されている井戸からの情報を利用する。以前の井戸は地表の背斜構造上に――成功した井戸と任意の空井戸から定義された傾向線に沿って――掘削されていた。長年の慣行として既存の井戸からの情報は公開されている。データの公表を法規で義務化している州もある（2）。

生のデータをみなが共有すれば石油の発見量が増えるだろう、という考えがそこにはある。まだ売り出し中の土地に隣接する場所で削井を進める場合は、井戸を「秘密井《タイトホール》」ということにして、情報公開を2年遅らせることができる。

井戸を掘削するときはドリルパイプに泥水を循環させ、ドリルビットが削る岩石の削り屑を引き上げてパイプの外に吐き出す。古き悪しき時代には削り屑の調査は掘削現場で行われており、袋詰めになった削り屑が現場に積まれていた（ちなみにこれが、私が地質学に興味をもったきっかけである。職場を訪ねるたび、私の父は石油技師として掘削装置、マッドポンプ、ドリルパイプその他の設備について私に説明してくれた。私が顕微鏡をもった人たちについてたずねると、父は「あれか、あれが地質学者だ。奴らの考えていることは誰にも分からん」と言ったのだった）。

削り屑は現在ではあまり利用されていないが、以前から私は井戸から取り出された削り屑を、すぐに分析できるような自動X線回析装置を開発したいと考えている。「泥水検層（mud logging）」という事業がある。これは泥水がもたらした石油およびガスの痕跡を、機械を利用して探知するものだ。

標準的な削り屑の大きさは豆粒程度だ。ふつうの化石であれば原形をとどめず削り屑となる。しかしピンの頭かそれ以下の大きさの微小化石は、壊れずに削り屑の中に残る。

化石の一種である有孔虫（Foraminifera）は特に役に立つ（**写真4・1**）。アメリカのメキシコ湾岸の深域にある砂岩のいくつかは、それに相当するものが地表にない。そこに多量に含まれる各種の有孔虫のラテン名が砂岩の名称ともなっている。Discorbis、Heterostegina、Marginulinaというのがそれである。

有孔虫の小さなコレクションが道義的に興味深いジレンマを引き起こしたことがある。１９３８年、メキシコ政府が外国の石油会社を締め出したとき、石油会社のひとつで働いていたある古生物学者が、自らが体系的に作り上げた有孔虫のコレクション

写真４・１　有孔虫 (Foreminifera) は、標準的には直径１ミリメートルに満たない化石である。小型のためドリルビットで掘削した削り屑の中からも回収できる。©Ron Boardman; Frank Lane Picture Agency/CORBIS

をどうしたものかと考えた。このコレクションはメキシコ湾岸の層序を理解する鍵となるものだった。

さて、全コレクションが数枚の顕微鏡のスライドの上に載っている。いま自分がスライドの表面に爪を走らせれば、ほんの数秒でコレクション全体を破壊することができる。スライドと破壊された有孔虫を残して行けば、古生物学者はメキシコから物理的には何も持ち出したことにはならない。

コレクションの体系化と分類は、彼の知的財産ではないのか？　という、より実際的な懸念もあった。逮捕されたら、彼は残りの人生をメキシコの刑務所で送ることになるかもしれない。

結果的に彼は有孔虫を破壊し無事に出国した。しかし道義的問題に関する議論はその後長く続いた。近年ではインターネットによる楽曲のダウンロードの可否が議論されているが、これはその予告編だった。

優秀な地質学者でも削り屑の検層技術を習得するには何カ月もかかるものだった。有孔虫を理解するには何年もかかった。カンザス州のある地域では粒子の細かい泥岩ばかりの中で、いくつかのシルトの層が適当な目印となっていた。

現場の地質学者は、シルト層の削り屑は噛めばジャリジャリすると教わった。労働者たちは「地質学者は岩石を味で区別するのだ」と思った。削り屑の検層に関して経験を積んだ専門家たちの間でも、ひとつの井戸についての意見が微妙に異なることがある。没個性的で客観的な何かが必要だった。

20世紀初頭、ピエール・シュルンベルジェとマルセル・シュルンベルジェの兄弟が、地表を電気的に測定することで地下の金属鉱床を探査していた。彼らは電気装置をケーブルの先につけて井戸の底に降ろせばよいことに気づいた(3)。

シュルンベルジェという会社名はサーモス、Qチップ、バンドエイド、ゼロックスのように製品の通称として一般的なものとなった。現在シュルンベルジェ社は独占企業ではない。より低価格でほぼ同様のサービスを提供する競争企業が数社ある（子供のころ私は、シュルンバーガー＝Schlumbergerはハンバーガーと韻を踏むのだと思っていたが、正しい読み方はシュルンベルジェである）。

「石油業界の眼」というのがシュルンベルジェ社のキャッチフレーズだった。当初、同社は坑底の測定記録（検層、log）として2種類を提供していた。岩層内の電圧および電流の抵抗の値である。現在、科学的に正しい新国際単位システムのもとでは、抵抗の逆数の「コンダクタンス」で議論することになっている。

シュルンベルジェ社は何年にもわたり多数の検層用機械を開発してきた。現在では20種の検層が利用できる。あなたが思いつく限りの（というかシュルンベルジェ社の技術者が思いつく限りの）客観的測定値がケーブルの先端から得られるのだ。

１９４５年、シュルンベルジェ社は本部をパリからヒューストンに移した。まだワインの価格が天井知らずの高値になる前の１９６０年、ヒューストン市内の小さな酒屋でモンラッシェ**（訳注　ブルゴーニュ産の白ワイン）**が4ドルで買えたことを私は覚えている。しかも「こいつぁシュルンベルジェ氏もお気に入りの逸品でさぁ」と聞かされる楽しみまであった。

坑底の装置から得られる客観的で反復検査可能な記録（検層）は、非常に有用だ。指紋を照合するように隣接する井戸の記録をひとまとめにすることで、地下の地層の全体像が分かる。

とくに安定した陸棚（continental platform）に形成された堆積層の場合、わずか1、2フィートの厚さしかない層が数百マイルも続くことがある。混濁流によって堆積した砂岩の場合はまったく逆で、600フィートしか離れていない井戸どうしでも共通するものがほとんどない場合がある。検層上の特徴的地点の深さを井戸上端の地表の高度から引くと、その地点の海抜が得られる。いくつかの井戸の検層を合わせると、地層に影響のある褶曲や断層の構造図を作成できる。

もうひとつ例を挙げよう。最も単純な電気検層でも、河川で堆積した固定砂洲の砂岩と沿岸砂洲の砂岩との違いは一目瞭然である（**図4・1**）。粗い粒子が上方にくる沿岸砂洲は漏斗の断面のような形状を示す。石や粗い粒子の砂が底にくる固定砂洲の砂岩は釣り鐘状となる（4）。

各タイプの検層はそれぞれ違ったものを測定している。何よりも大事なのは「石油はどこにあるのか」を問うことだ。ごく初期からシュルンベルジェ兄弟は、水――とくに塩水――は電気を通すが、石油やガスは電気を通さないことに気づいていた。電

図4・1　固定砂洲の砂は、最も粗い粒子が一番下にある。沿岸砂洲は、最も粗いものが一番上にある。従ってワイヤライン検層の結果は、固定砂洲（左）の場合が釣鐘型に、沿岸砂洲（右）の場合が漏斗型になる。

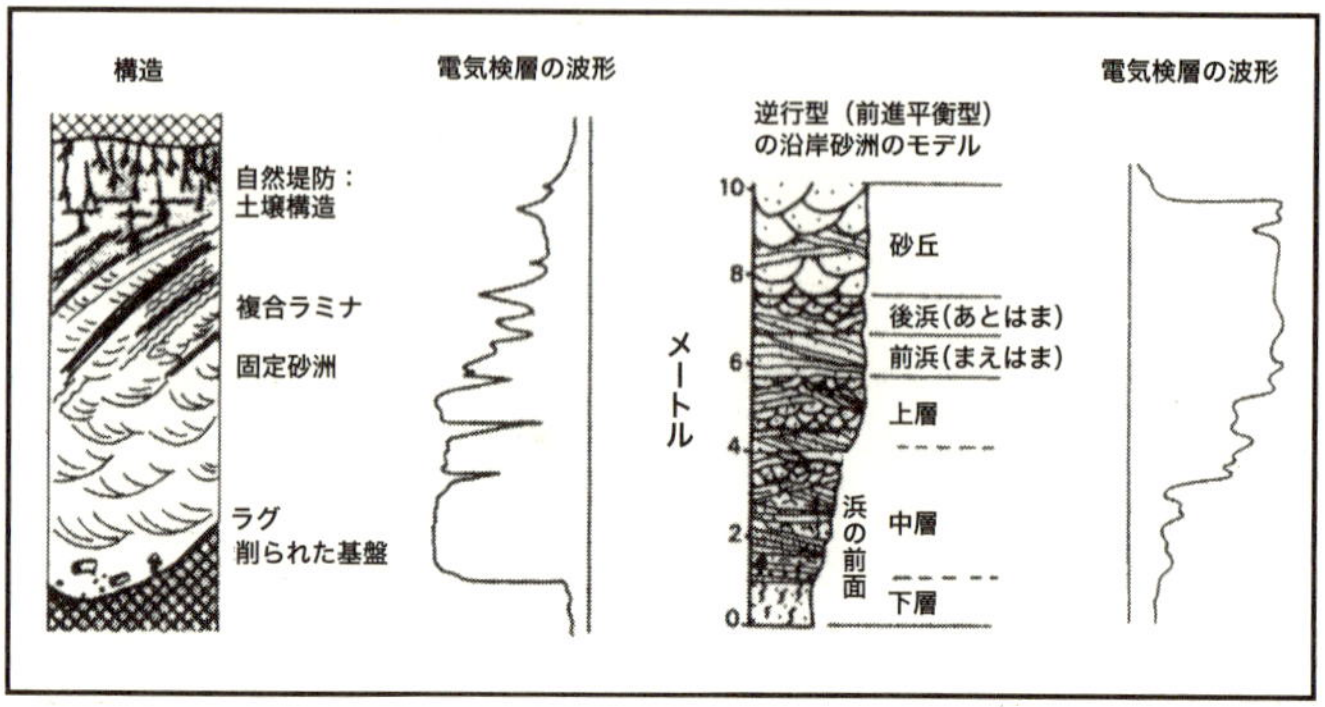

気抵抗の高さは石油およびガスの存在を暗示する。シュルンベルジェ社は初めの30年をこの洞察ひとつでやってきた。

電気抵抗が「高―高」あるいは「低―低」なら話は簡単だが、油層は気難しい。ふつう50％以上の石油を含む岩石は主に石油を出す。50％以下なら水が出る。石油の含有率の他にも、電気抵抗に影響する要因はたくさんある。

1920年以降、ほとんどの井戸は初期のころに見られた暴噴や噴油を防止するために、穴の中に濃い泥水を満たして掘削を行った。しかし濃い泥水では生産的な油層を掘ることはできても、石油についての情報を得ることはできない。岩石内の石油あるいは天然ガスの含有率を正確に計測することが、ぜひとも必要だった。

その答えを出したのはシュルンベルジェ社でも競争企業でもなく、シェル社のガス・E・アーチー（**写真4・2**）だった。アーチーがその方法論を初めて発表したのは1941年のことだったが、第二次世界大戦中は既存の油田の徹底的開発が優先され、新たな石油の探査に力は注がれなかった。

1947年、オクラホマ州エルクシティーにあるシェル社の試掘井の1本が、空井戸だからということでふたをして放棄されようとしていた。ガス・アーチーは「私の試算では石油を産出する層があるはずだ」と主張した。社史の記すところでは「議論の末」、産出の可能性のある層の試験が行われた(5)。予想どおり石油が出た。エルクシティーの油田は、その井戸および周辺の136本の井戸からこれまでに6億バレルの石油を産出しており、現在でも生産は続いている。

1947年のこの発見は大騒ぎの発端となった。続く数年の間に古い「空井戸」の記録がアーチーの方法を使って再検討された。実際そのうちのいくつかは石油を含む層が見過ごされていたことがわかった。探査は簡単だった。セメントのふたを掘り返し、もとあった穴を利用するだけでよい場合もあった。

アーチーが実際に発見したのは時に「アーチーの第一法則」「アーチーの第二法則」

写真4・2
ガス・アーチー（1907-78）は坑井のワイヤライン検層の結果から、石油やガスの飽和した岩石を特定する計量的方法を開発した。1947年以前に掘られた坑井の一部は石油の飽和した層を認知できないままに掘り抜いていた。アーチーの方法は現在でも広く用いられている。当時、我々のだれも彼の本当の名前が「ガスタヴス」だとは知らなかった。写真はシェルオイル社による。

と呼ばれる2種類の相関関係である（6）。

第一法則は標本の水の電気抵抗と、孔隙内に同じ水が飽和した岩石の電気抵抗の相関関係を示すものだ。第二法則はその水を石油に置き換えていった場合の、電気抵抗の変化を示すものである。この2つの法則はひとつの簡単な公式にまとめられる。これが有名な「アーチーの公式」である（7）。

ガス・アーチーは、私がシェル研究所に勤務していたときの上司である。生きた伝説の存在はチームの士気を高める。ヤンキースのダッグアウトに座って、ディマジオがホームプレートに向かって歩いていくのを見ているルーキーのような気分だ。優れた科学者は世界に多いが、科学者チームの優れた上司というのはごくまれである。アーチーは両方の資質を備えた人物だった。

１９４７年以降に石油掘削装置は改良が進んだが、アーチーの方程式は今もって現役である。１９８０年ごろニューヨーク州およびペンシルバニア州のガス井を調べたとき、私は1フィートごとにアーチーの方程式で計算し、答えを加算して井戸のガス推定埋蔵量を算出した。

小刻みの波状線となって現れる検層の写真による記録は、１９８０年よりかなり前にコンピュータ処理にとって代わられていた。私はコンピュータを使って1フィートごとにアーチーの方程式を実行し、その結果を車の走行距離計《オドメーター》のように累積することができるかどうか、検層会社に問い合わせた。

私が次にニューヨーク州北部に行ったとき「アーチー・オドメーター」のプログラムができていた。私はそのオドメーター上端の「マイレージ」から下端の「マイレージ」を引くだけでよかった。私自身の判断で石油の産出層の上端と下端を決めているには違いない。しかし埋蔵量を決定するためには、たった1回引き算をするだけですむのだ。

１９７０年代および１９８０年代の石油・ガス掘削ブームの間に、シュルンベルジェ社は莫大な額の資金を動かした。メジャー系石油会社が石油以外の分野への進出という多角経営化に意味を見いだせなかったように、シュルンベルジェ社も「石油産業ほどのビジネスは他にない」という結論を出した。

シュルンベルジェ社は石油関連のさまざまなサービス提供会社を買収することで経営を多角化した。本来のワイヤラインによる検層作業に加え、現在のシュルンベルジェ社は探査コンサルタント業、地震探査スタッフ、掘削装置、坑井仕上げ、開発計画など「揺りかごから墓場まで」式のサービスを提供している（8）。

お金さえ払えば石油会社のすべての業務を、まるまるシュルンベルジェ社に委託して行うことが可能だ。しかし同社がやってはいけない業務が2つだけある。油井を所有すること、ゴシップを流すことだ。

初めは、ワイヤラインによる坑底での検層結果は秘密事項だった。しかし石油会社は互いに検層結果のコピーを売買し始めた。結局すべての検層結果について情報を公開することが慣例となった。

たとえばニューヨーク州のように、いくつかの州はコピー機を備えた公立の検層ライブラリーをもっている。それ以外にも検層ライブラリーや検層の複写サービスを行う営利会社が存在する。

個人の地質学者がライブラリーの資料を1回10セントでコピーし、キッチンテーブルに広げて有用な地下構造図を作成することもできる。地下構造図から石油トラップ発見の妥当なシナリオを書き上げることができたなら、1エーカーあたり数ドルで石油掘削権を賃借することも可能だ。

しかし試掘井（test well）の掘削にはかなりの費用がかかる。伝統的な投資方法は「4分の1に対して3分の1」というものだ。3人の外部の投資家が掘削費用をそれぞれ3分の1ずつ負担し、それぞれ利益の4分の1を得る方式である。残った4分の1は地質学者のものだ。これが数例も成功すれば埃っぽいキッチンテーブルから、住み込みシェフつきの大邸宅への脱出も夢ではない。

現在のメジャー系石油会社4社と個人の中間に位置するのが「独立系」石油会社である。独立系と言っても大きなものはかなりの大企業だ。独立系石油会社はアメリカの石油産業の中核を担っている。リスクの大半を負っているのも独立系なら、アメリカの新しい石油の大半を発見するのも独立系だ。

地下地質調査は、既存の油井の数が十分にそろっている場所でのみ役に立つ。多くの場合石油を生産する井戸と空井戸はかなり離れているので、地下構造図上に大きな疑問符がつく。

ここで役に立つのは地球科学の一分野である地球物理学だ。地球物理学の最もストレートな――そして最も初期からある――方法は重力の測定だ。新米の物理学者は必ず「地表における重力加速度は9・8メートル毎秒毎秒である」と教えられる。しかし我々油田関係者に言わせれば「それは限りなくお役所仕事に近い」。

厳密に言うと重力加速度はあらゆる場所で9・8メートル毎秒毎秒ではない。標高、赤道地帯の膨らみ、そして地下の岩石の様子が数値に影響を与える。岩塩ドームが隆起するのには2つの理由がある。ひとつは深所では岩塩が流体となること。もうひとつは、岩塩の密度が周囲の岩石より低いことである。

密度が低いと重力加速度はわずかに低くなる(9)。エイヴリー・アイランドのトウガラシ畑の真ん中では、密度の低い地下の岩塩が重力加速度を9・8m/s²から9・799m/s²へと0・001m/s²ほど下げている。ほとんどの物理学科1年生にはその差は分からないが、質量が(目盛つきばねと微妙に均衡をとることで)岩塩ドームの存在を感知する。残念ながら石油トラップの中で、重力による指標が一定のものは岩塩ドームだけである。

重力測定の弱点は、対象から離れるにしたがって信号が弱くなることだ。重力場は距離の2乗に比例して弱くなる。距離が2倍になると重力の信号は4分の1になる。距離が10倍になれば100分の1になるのだ。

磁場の場合はもっと悪い。距離の3乗に比例して弱くなるのだ。距離によって減退しない唯一の測定値は波の伝播速度である。レーダーおよびソナーはそれぞれ電波と音波の伝播速度を計測する。電波はあまり岩石内を通過しない。しかし音波は地球のあらゆる場所を通過する。

「地震波」と呼ばれる地球内部の音波の研究には2つの起源がある。地震波の探知器が世界に普及しはじめたのは1906年、サンフランシスコの地震以降であり、まだ比較的日が浅い。それ以来地震波の研究は現在まで続いている。

小規模だが第一次世界大戦中にドイツ軍が、地震波を利用して連合国軍が使った砲弾の位置特定を行った(10)。位置特定の結果は不正確だった。ここからドイツ軍は、地中の経路によって音波の速度が速くなったり遅くなったりするのを知った。

第一次世界大戦が終わり営利会社であるザイスモス社（Seismos Gesellschaft）が設立された（その後継会社は現在シュルンベルジェ社の一部門となっている）。1924年、ザイスモス社のチームが「爆発を起こして岩石内に水平に地震波を送る方法」で、メキシコ湾岸の岩塩ドームの探査を始めた。

ペティ・ジオフィジカル社の創立者、スコット・ペティの次の言葉は初期の地震探査の雰囲気を伝えている。

今回が初めての秘密任務というわけではなかった。それまでにも我々は何度も任務を行っており、経験も装備も申し分なかった。我々は黒い手袋をはめ、黒い長いレインコートを着て、黒い雨よけ帽を目だけ出るようにボタンで留めて顔と首を覆った。我々のT型フォードも装備も道具もすべて黒で、懐中電灯はレンズを黒いフードで覆ってあった。真っ暗闇の中、田舎道で霧雨に打たれているのが我々にはふさわしかった(11)。

1920年代にオクラホマ州で別種の地震幾何学が開発された。ここでも爆発物を使って下向きの音波を起こした。音波は地下の岩層で反射して地表に戻ってきたところを探知される。1930年以来この反射地震探査法を使って、数多くの発見が生まれた。そして現在も反射地震探査は盛んに利用されている。

アメリカの物理学者と技術者は、初期の馬鹿でかく融通のきかない装置を急速に改良した。やがて携帯用地震波探知機が開発された(**写真4・3**)。これは要するに、ふつうの拡声器を逆向きに作動させるようなものである。

拡声器では磁場にある電線に電流を流すことによって、スピーカーのコーンを押す。小型地震波探知器では地面の動きを電線に伝え、電線が磁場内で動くことによっ

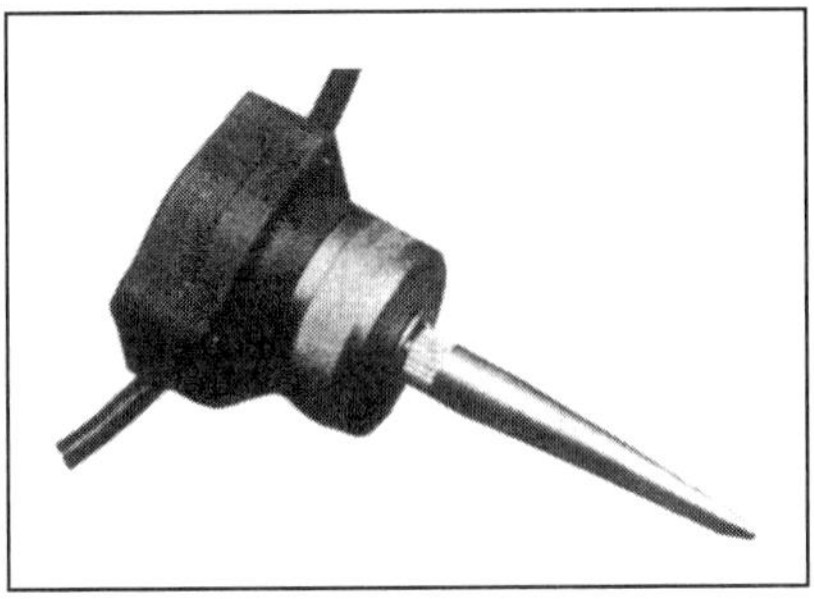

写真4・3
地上における反射地震探査作業の探知器の正式名称は「受振器 (geophone)」だが、ふつうは「おっぱい (jugs)」と呼ばれている。受振器を設置し回収する作業員は「おっぱい狂い (jughustler)」である。私の同僚のおっぱい狂いは、自分は「受振器回収技師」だと言い張っていた。

て電流が起こる。

電子機器を改良するにあたって、地震探査会社テキサス・インストゥルメンツはインテル社の創立者らとともに、集積回路の開発の一翼を担うことになった(12)。現在テキサス・インストゥルメンツ社はICチップの設計・製造の主力となっている。

1955年までほぼすべての地震探査作業の音源は火薬だった。私は1952年の夏に地震探査作業員として働いた。「シューター」――火薬を取り扱う作業員――の助手を務めていたある朝、3トンの高速ダイナマイトを積んだ我々のトラックは、ヤマヨモギの草むらで飛び跳ねながら走っていた。「ダイナマイトが爆発したら？」と私は尋ねた。「エンジンブロックは残るな。あとはハブキャップがいくつか」との答えだった。

1950年代には火薬の代替物が続々と現れた。中でも際立っていたのは「バイブロサイス（Vibroseis）」（コノコ社の商標）である(13)。バイブロサイスの外見はコンパクトな大型トラックだ。このトラックは鋼鉄製のパッドを降ろして地面から車体を持ち上げる。油圧式の機構がトラック全体に振動をおこすことで、地中に地震波を送るのだ（**写真4・4**）。実によくできている。

物理学者ロバート・ディックは第二次世界大戦中に、レーダー用のパルスコンプレッションを発明した。レーダーの送信機は一度にエネルギーの巨大な波動を伝えることができなかった。ディックはレーダーが低周波からスタートして、次第に高周波になっていくような長い信号を発するようにした。その後で彼は戻ってきた信号を、発した波動の記録と比較して両者が一致する正確な時間を見つけた。

ある意味、ディックは発明者ではない。コウモリとネズミイルカはよく似た「鳴き声」を出して音源測距に使っているが、バイブロサイスも同じことをしているのだ。

1955年ごろ、地震探査法における大きな変化が起こった。地震探査スタッフは写真フィルムに記録する代わりに初めはアナログ、後にはデジタルの磁気テープに記録することを始めた。そのデータはコンピュータで処理できた。

1960年代および1970年代、IBM社あるいはクレイ社がメインフレームコンピュータを大型化・高速化するたびに、メジャー系石油会社や地震探査サービス会

写真4・4　油圧式の巨大拡声器を備えたバイブロサイスのトラックは、地中に向けて音波を発する。

社は半ダースずつ購入した。

　地震探査法の基礎となる物理学的理論は、１９１９年にはすでに確立していた(14)。しかしその計算は暗号解読の工作員なら「一方向関数《ワンウェイファンクション》」と呼ぶだろう、と予想されるものだった。

　地中の岩相（rock property）の分布を入力すれば、その地震波が何を行うかは計算できる。しかし地震波が何を行うかを入力しても、その岩相の再現は計算不可能である。半ダースのＩＢＭ社のコンピュータを宇宙の年齢ほどの時間動かしたとしても、答えには近づくこともできない。地震波のコンピュータ処理は、正解に対する有効な近似値を得るいくつかの便法によって成り立っている。

ペティ・ジオフィジカル社は「雨の闇夜」の作業をやめ、この便法の最たるものの特許を取った。地震探査スタッフは地上をあちこち移動しながら多数の地震計と多数の音源を設置する。そして各音源と各地震計との地下の中間点における諸々の信号を足し合わせる（この足し合わせを「重合（stacking）」という）。この方法はＣＤＰ（common depth point）と呼ばれている（**図４・２**）(15)。

これは大方の予想よりも効果的な方法だった。無数の雑音波の中から魔法のように反射波が現れたのだ。

写真記録の時代、電気的増幅器は記録上にある種の――あらゆる種類の――揺れが現れるように調整された。デジタル型の記録方式では、増幅器は一定の設定を保つことができた。設定を保つことで信号は本来の大きさを保持できるのだった。

ふつう堆積岩の層からくる地震波の反射は、ヤマヨモギの草むらの下を通ったところでほとんど変化しない。孔隙の空間が水に満たされたものから石油に満たされたものへと変化しても、反射は少し変化する程度である。しかし孔隙内に天然ガスを満たすと大きな変化が現れる。ガスは石油や水より容易に圧縮されるからだ。

ガスの飽和した岩石による地震波の反射強度が、急激に上昇する現象は「ブライト

図4・2　CDP重合(common depth point stacking)は、複数の音源および音波探知器の設置場所から得られた地震波の記録を合体し、地中の各地点からの応答を強調する。この方法は実際面ではうまく機能するが、理論的に正当化するのは容易ではない。

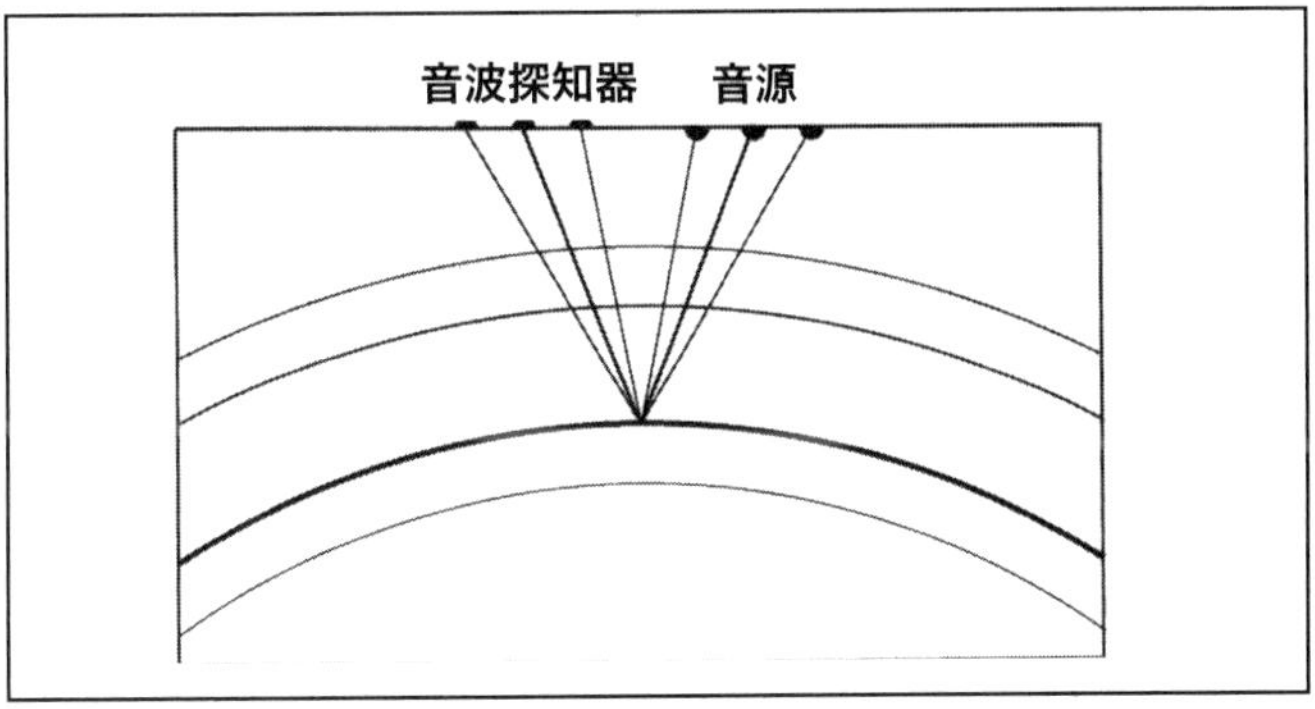

スポット」として知られる（**写真4・5**）。

もうひとつのヒントとしては、ガスとその下の石油、あるいは水との接触面は完全に水平となる傾向が見られる、というものだ。ルイジアナ州とテキサス州の沖合で相次いで石油が発見された要因には、ブライトスポット探知の寄与するところが大きかった[16]。

地震波の反射による探査の最初の40年間は、おもに地下構造図の作成に費やされた。１９６５年、ミシガン・ベイスンでのシェルオイル社のパッチリーフ発見率は、井戸９本のうち２本だったものが78本のうち59本へと飛躍的な上昇をみせた。

後に発表された論文の中でそのときの事情が明らかになった。ガス・アーチーが地

写真4・5 反射してきた地震エネルギー量の局所的変化は「ブライトスポット」と呼ばれている。石油と水は震動に関してほぼ同様の性質をもっているが、天然ガスは石油や水とは大いに異なる。ガスが容易に圧縮されるからだ。天然ガスはそれ自体が有用であるだけでなく、溜まった石油の上部でガスキャップとなることがある。

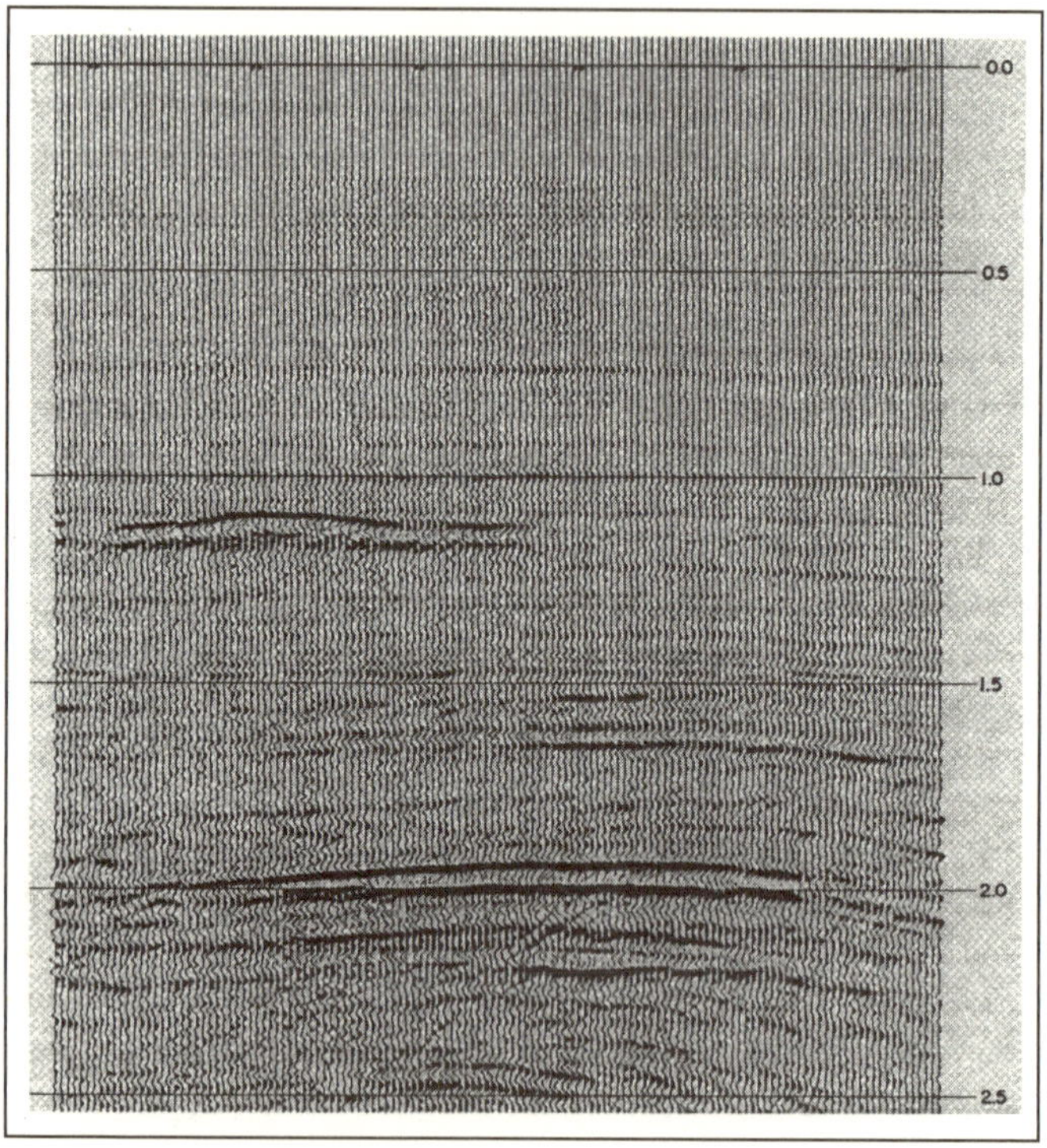

質学者、検層分析者、地震学者からなる「ドリームチーム」を結成していたのだった。彼らは、地震波の記録上のひとつの小さな揺れが地下のパッチリーフを越えるときに変化するのを発見した(17)。

彼らはたったひとつの揺れを信じて厚さ30フィート、深さ3000フィートの小さなパッチリーフの位置をつきとめることができた。「地震地層学」という新たなテクニックが登場し、リーフ、靴ひも状砂トラップ、孔隙率の変化を地震波の反射を利用して図に表わすことができるようになった。

ふつう海上での作業は陸上より費用がかかる。反射地震探査法は例外だ。陸上では小型の地震計を持っての移動が人件費中の大部分を占めている。土地を横切るためには許可が必要で、許可料を払わなければならない場合もある。

海上では1隻の船で音源を運び、反射波を探知するための水中聴音器をつけた長いロープを曳航することが可能だ（**写真4・6**）。海上では高圧縮の空気を吹き付けることで音源とする。船に搭載したコンピュータが初期のデータ処理を行う(18)。陸上での反射地震探査は、海の場合に比べて10倍以上の費用がかかる。

ここ5年の大きな進展は三次元地震探査法の導入である。以前はすべてが二次元だった。音源と地震計は直線にそって移動していたのだ。

ＣＤＰによる記録は地表線下の断面図になるとされていた。しかし、その線からはずれた地点からの反射＝側面パンチ（side-swipes）が不正確な状態で含まれる。三次元の地震探査では地震計を調査域中に点在させ、音源がそれらの地点を順番に訪れるというかたちをとる。地震探査スタッフは地震計を30個から１０００個に増やした。この点でも海上のほうが陸上より費用が少なくて済む。ＣＤＰ重合はいっそう効果的になった。

地震の軌跡はグリッド全体から同じ深さの地点（common depth point）に集まる。やるべきことはたくさんある。疎密波に加えて横波を使用するチームもある。ますます数多くの地震計が導入されている。数百台ものふつうのデスクトップコンピュータの集合体が、新たなスーパーコンピュータとなるのだ(19)。

石油会社や地震探査サービス会社には大量の人材と資金があった。大学の研究者たちは疎外感を感じつつ、窓ガラスに顔を押しつけて眺めていた。

ジェームズ・クーリーとジョン・テューキーが高速フーリエ変換の発見を告げる画期的な数学論文を発表した後(20)「カルガリーの某地震探査会社では何年も前からその方法を使っている」といううわさが流れた。しかし１９７０年にスタンフォード大学のジョン・クレルボーが地震波データの斬新な分析方法を開発したとき、石油会社

写真4・6　反射地震探査作業の船は地震波の探知器を平行の長いケーブルにつけて曳航する。音響は水中に圧縮空気を放出して発生させる。

各社は彼の研究に資金援助を行った(21)。

1980年、私は地球物理学関連の、某大企業のきわめて不十分な地震波データに取り組んでいた。ボブ・フィニー（プリンストン大学）とジョン・コンステン（ヴァージニア工科大学）が高解像度の地震波探査法を開発し、商業的探査の解像度が3倍になった（**写真4・7**）。

地震探査に対する学問的貢献のうち最大のものは、地球物理学者からではなく

写真４・７　左は第一級の地震探査請負業者によって得られた反射波形で、右はヴァージニア工科大学の測定した同じ地点の波形。右の方がはるかに高い解像度を示している。1970 年まではメジャー系石油会社や大手の地震探査請負業者が数百万ドルを投じて行う調査に、大学の地球物理学者は太刀打ちできないとみなが考えていた。大学にも貢献できる部分があることは明らかである。

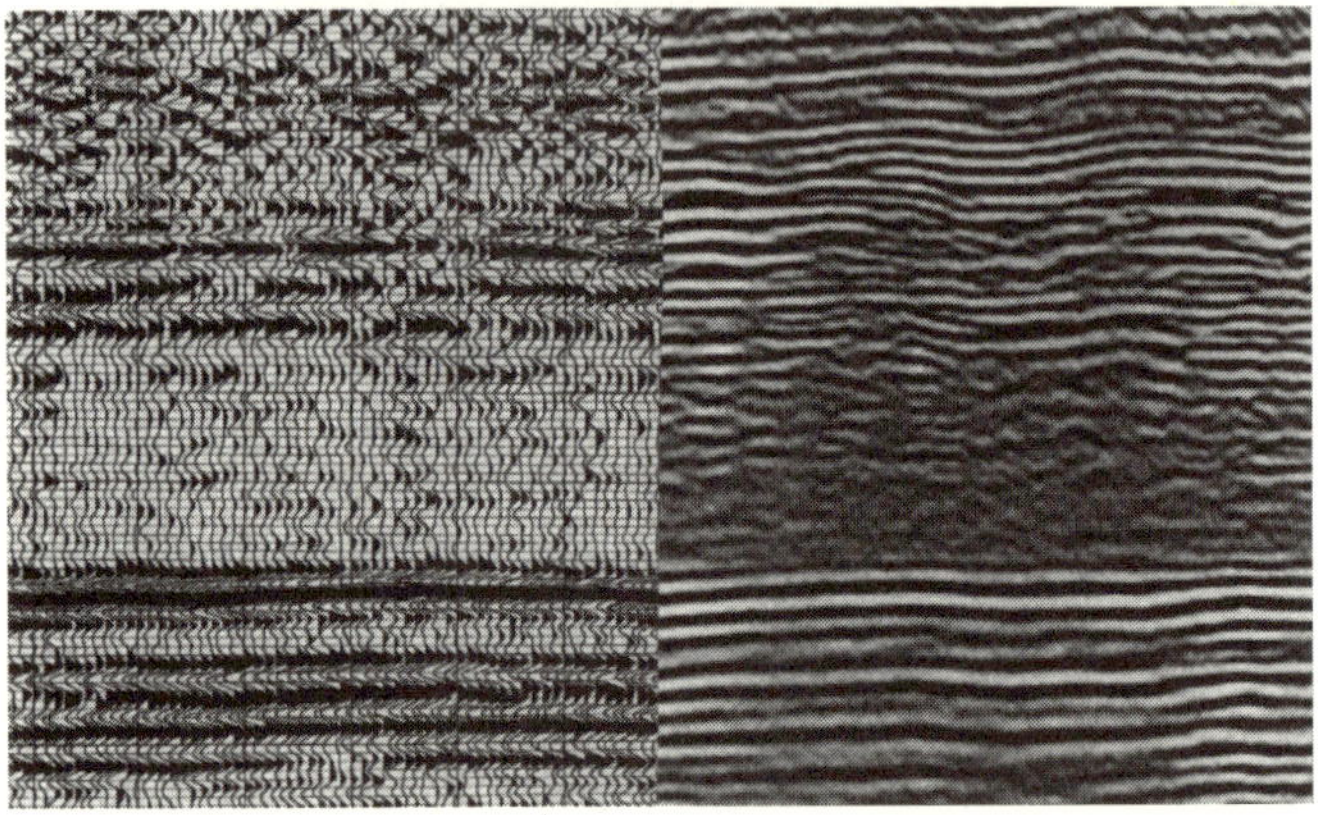

構造地質学者からもたらされた。貢献は実際的な疑問から始まったのだ。

アルバータ・プレーリーの下に広がる油田は西方の山脈の下までのびている。石油会社の地質学者たちは山脈の複雑な地質構造の断面図を作成したとき、ある問題に気づいた。山脈の断面を平たく伸ばしてみても岩層が平行の層になってくれないのだ。

断面図中のある層は短すぎ、ある層は長すぎた。教科書に載っている断面図もこの点で不合格である。複雑な形をもつ地質断面図がすべて落第なのは明らかだ。

地質学者たちは「均整のとれた=balanced（すべての地層がもとは同じ長さだったものとする）」あるいは「復元可能な=retrodeformable（平らなレヤーケーキ状に引き伸ばすことのできる）」などと様々に呼ばれる地質断面図の研究を始めた(22)。

プリンストンの構造地質学者、ジョン・ズッペがその問題を取り上げ、断層作用によって形成された褶曲の傾斜の角度に、代数学的な説明を与える努力を始めた。我々が山地や油田で目にするほとんどすべての褶曲が、断層作用の間接的な結果であることが次第にわかってきた(23)。

こうした洞察によって彼は「均整のとれた」あるいは「復元可能な」断面図の作図法をまとめあげた。彼は石油業界の世界的大スターになった。

ズッペは各石油会社を訪れて、1週間の講習で自らの方法について教え始めた。私はズッペの短期講習を2回落第した。2回とも最初の2日間は上首尾に運んだ。私は彼の方程式をもっと簡単に導出する方法を見つけることができたのだ。作図法も簡素化できた。「では、推測で答えを出してみましょう。そのあとで正しさを証明してみましょう」と3日目にズッペは言った。ちょっと待った！　推測ったって一体どうやってやるんだ？

ズッペと彼の生徒たちは明らかに頭の中にある成功経験に基づいて、うまく当てはまりそうな事例を試しているのだった。それは私が絶対にもっていない種類のワザだった。私が堆積を教え、ズッペが構造を教えているのはそういうわけだ。ズッペの洞察はとりわけ地震波の断面図の解析に役立つものだった。これを使えば地震波のデータしかヒントがない場合でも推測が可能となる。

たとえば断層に由来する褶曲のいくつかの形態のものが、堆積層をほぼ垂直になるまで傾斜させていることがある。垂直の層は地震波を反射させない。地震波の画像に空白が生じている場合、事情に通じた解析者は垂直の層を想定し、垂直の層を包含するズッペ式解釈を案出するのだ。

現在、医者が私の体内を超音波検査法で調べるとき、どうにも妙な感じに襲われる。アナログのデータと二次元の画像があるだけでＣＤＰ重合、パルスコンプレッションはない。これでは１９５２年、ワイオミング州の我々と同じだ。

医者がダイナマイトを使わないでいてくれるのだけはありがたい。しかし現代の地震学の技術を医療に応用するのは難しい。油田では地震波が地下の深部で反射して戻ってくるのに３、４秒はかかる。

しかし私の体ならばすべてが１０００分の１秒で済んでしまう。高速コンピュータとタフな技師がなくては応用は不可能だ。

第5章 掘削方法

Drilling Methods

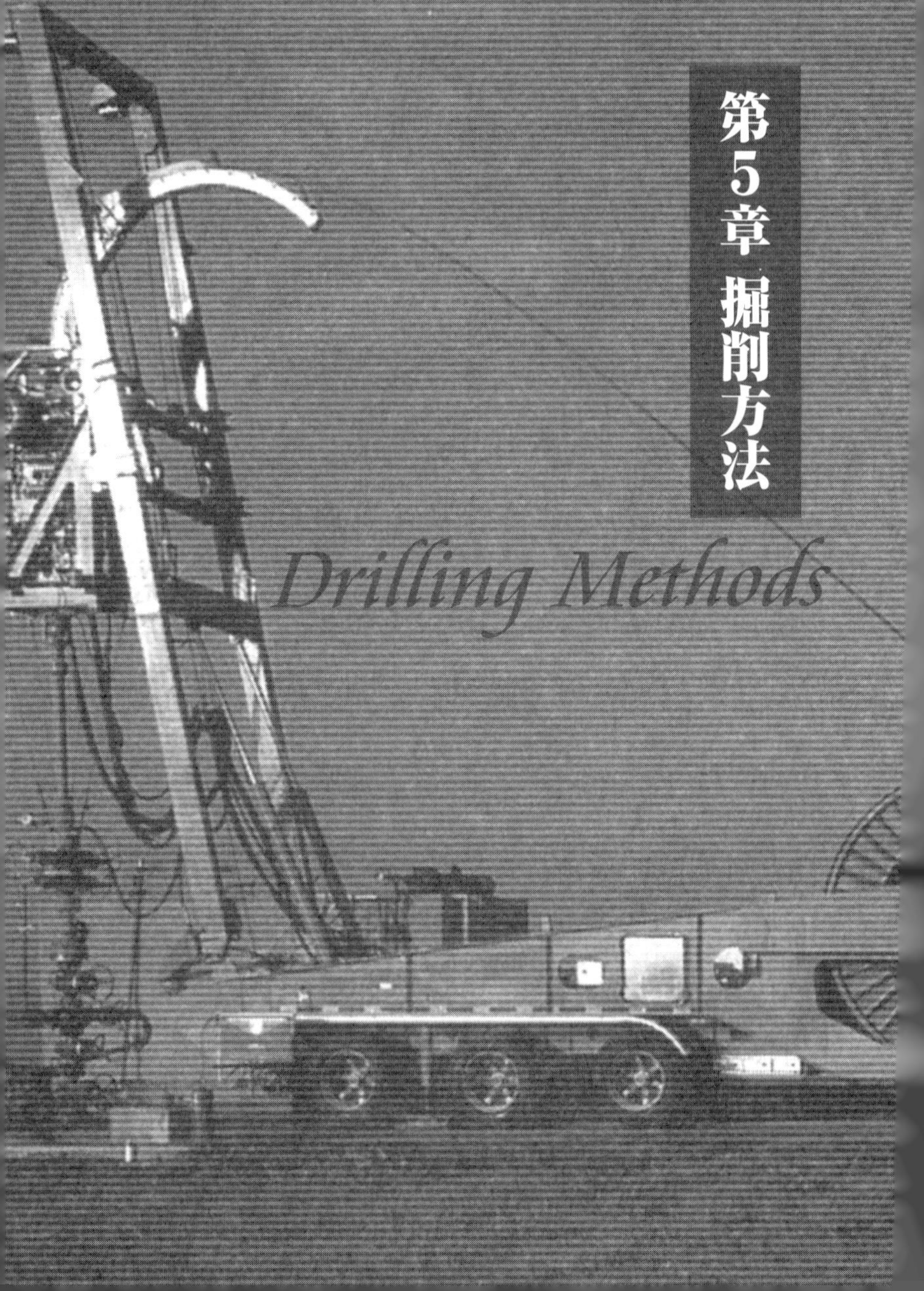

石油の発見量を増やすには、なんといっても掘削にかかるコストが減ってくれるのがいちばんだ。現在採算ギリギリという油層でも帳尻が合うようになるかもしれない。空井戸を掘ってしまうことによる収益の流出がどれも小さくなるかもしれない。

今日あなたがまったくのゼロから自動車というものを設計しようとしても、恐らくガソリンを燃料とする内燃機関の発明にこぎつけるわけではないだろう。

よくあるガソリンエンジンが現在まで生き残っているのは、だれかの陰謀のせいでもなければ保守精神の賜物でもない。裏庭の修繕屋、レーシングカーのオーナー、自動車製造技師たちの百年にわたるたゆまぬ努力が、ほどほどの信頼性とほどほどの価格の製品を生み出したのだ。石油産業ではロータリー式掘削装置が同じような立場にある。百年にわたるたゆまぬ改良の産物だ。

スプリングポール（spring pole）と呼ばれる人力の単純な掘削機では1000フィートの掘削が可能だ（ここで言う「人力」にはアパラチアの山中から出てきた体重百キロの山男2人が望ましい）(1)。

19世紀に使われた掘削装置は基本的にこのスプリングポールを機械化したものである。重い鋼鉄でできたのみを穴の底にドンドンと打ち当てるという仕掛けだ。水を加えながら作業を行うが、時折ドリルを引き出してかわりにベイラーと呼ばれるシリンダーを降ろして削り屑を除去する。穴の底に物を降ろすときは必ずケーブルに吊り下げた。そのためこの機械はケーブルツールと呼ばれていた。

穴の中はほとんど空洞だったので、石油やガスが見つかればすぐにわかった。石油もガスも穴の最上部まで上がってくるからである。ケーブルツールのそばでタバコを吸うのは絶対禁止だった。あたりの草むらにコペンハーゲン印の嗅ぎタバコの空き缶があれば、ケーブルツールをどこで使ったか一目瞭然だった。

水が出てくるとケーブルツールは困ったことになった。ベイラーでは迅速に水を除去することができないのだ。

よくある解決法としては、穴の中にひとまわり小さい鋼鉄製のパイプをはめて水の浸入を防ぎ、そのパイプに合った小型ののみで掘り進む方法がある。しかし大きな水源に遭遇するたびに、パイプの内径にぴったりはまる新たなパイプをはめなければならなかった。何回か水の層にあたるとケーブルツールだけで穴がいっぱいになる。いちばん内側のパイプの口径が小さくなりすぎて、それ以上の掘削は不可能だ。

アメリカのメキシコ湾岸には石油と天然ガスがあり、深く掘ると水を含む地層が数多く存在した。そこでロータリー式掘削装置の登場である。

テキサス州ボーモントには、１９０１年におけるこの装置の導入とスピンドルトップ油田の発見を記念する公園がある（2）。この装置はケーブルツールのケーブルを鋼鉄製のパイプに置き換え、その先端に歯状のビットを取り付けたものだ。

「ロータリー式」と呼ぶわけは、パイプの回転によってビットが岩石を掘り進むからだ。ドリルパイプの中に送り込まれた泥水が、パイプと周囲の岩の間を上ってくる仕掛けになっている。

泥水を利用するのにはいくつか理由がある。ビットを冷却する、削り屑を井戸の外に取り出す、周囲の岩から水やガスや石油が噴出するのを防ぐ、などである。「泥水工学」は掘削泥水の粘性率、密度、濾過に関する属性を扱う名誉ある職業だ。

ロータリー式掘削装置が機能するための大前提は、泥水の圧力が周囲の岩の水や石油やガスにかかる圧力よりもわずかに高くなっていることだ。泥水の圧力が低すぎると、周囲の岩から流体が出て泥水を希釈してしまうか、極端な場合にはすべての泥水を坑井から追い出してしまう。

また泥水の圧力が高すぎると、泥水が隣接する岩に滲みこんで消えてしまう。岩の中の流体の圧力は全地域の90％で予想が可能だ。地下の流体の圧力は地表までの高さの、水柱の圧力に等しい。

坑井中の泥水の密度を水の密度よりわずかに高くしておけば、大量の泥水が周囲の岩中に消えていくことなしに地下の流体の噴出を防ぐことができる。

１９３８年、ハンブルオイル社（現在のエクソンモービル社）の技術者たちは、テキサス州およびルイジアナ州沿岸の８０００フィートより深い井戸が、予想より60％も圧力の高い流体に遭遇したと発表した（**図５・１**）(3)。

「予想」された圧力とは地表まで延ばした水柱の圧力である。これはロータリー式掘削の基本的な前提に対する挑戦だった。もし泥水を８０００フィートより深い穴の内部の流体を調節するために十分な密度にすれば、密度は８０００フィートより浅い層にとって高すぎてしまう。

その後20年間をかけてこの問題に対処するための新たな技術が発達した。まず標準的な密度の泥水を利用して高圧力域の上端まで掘り進み、次に鋼鉄製のケーシングを設置して低圧力域を補強する。そのあとで泥水の密度を上げ、高圧力域を掘るという方法である。重要なのはワイヤライン検層によって高圧力の部分の上端を見つけることだった(4)。穴の外に泥水を跳ね返すことで高圧力が発生するまで、ひたすら掘り進んでいくというのは賢いやり方ではなかった。

こうした圧力の高さは地質を理解する上でも、石油およびガスの潜在的な埋蔵量を評価する上でも重要な意味をもつことがわかった。地質学者の間では、ハバートはア

図5・1　メキシコ湾岸の井戸の8,000フィートより深い場所における圧力の異常な上昇については1938年に初めて報告された。©Society of Petroleum Engineers

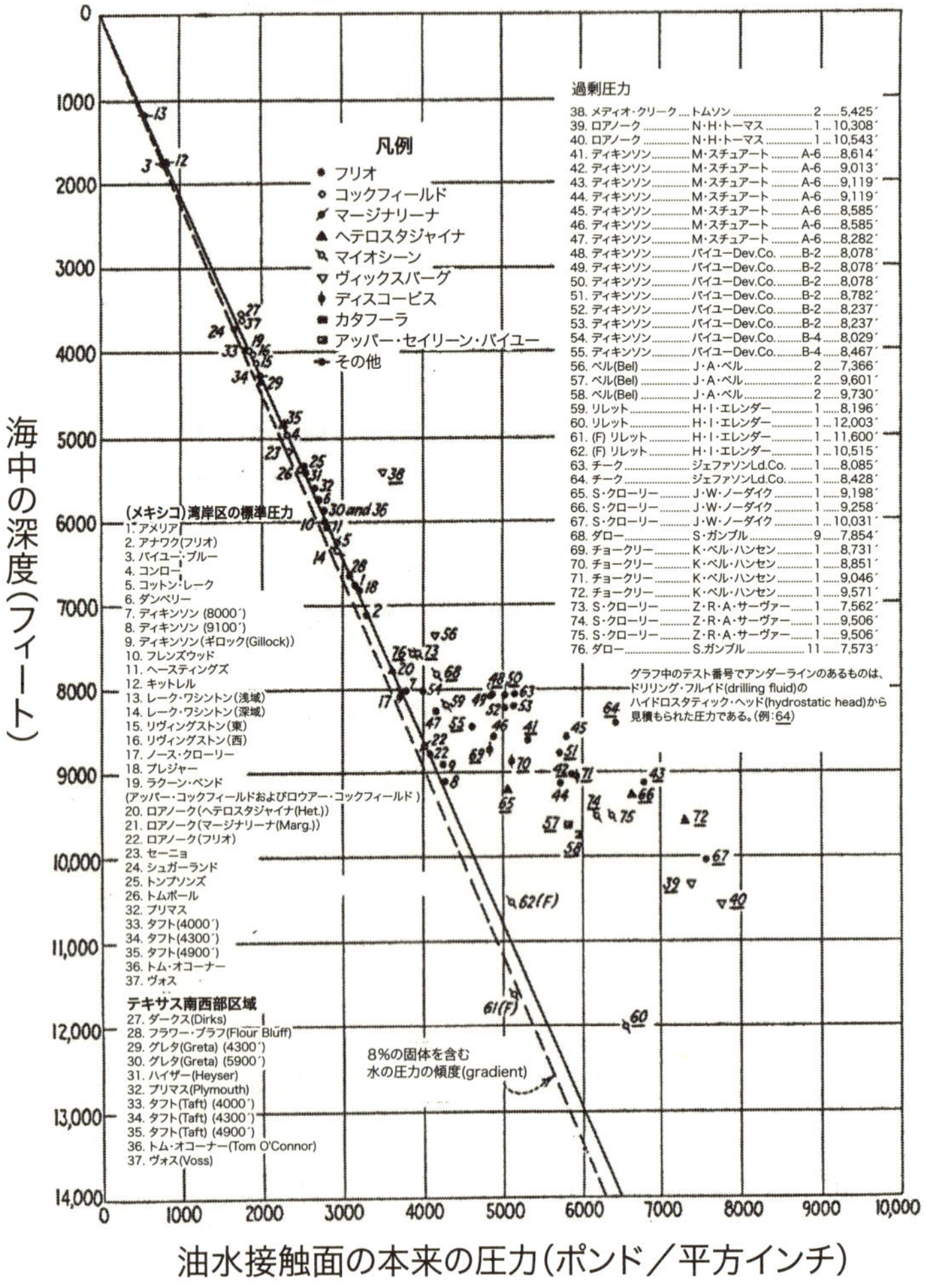

図５・２　仮説上の実行不可能なミッション：駐車場の上の50マイルの広さの岩塊を滑らせて移動させよ。岩塊は滑らずにブルドーザーの排土板の前で崩れてしまうだろう。

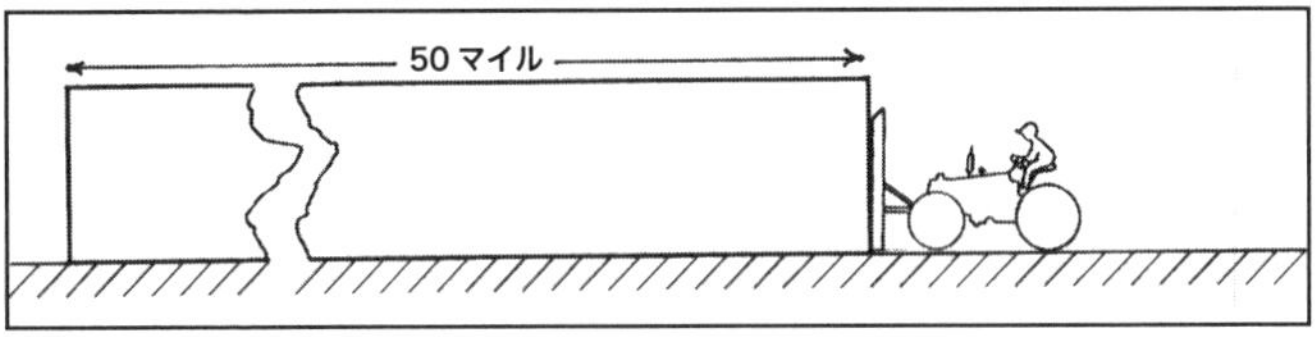

メリカの石油生産のピークの予言者としてではなく、異常な高圧力の重要性を指摘した者として有名である。

１９５９年、ハバートはビル・ラビーと共同で２つの論文を発表した(8)。ハバートとラビーの連名はどこでも読み違えられた。ある会合で１人の発表者が「ラバートとハビー」と言った。「ハビーです。おうかがいしたいことがあります」と質疑の時にハバートは切り出した。

ラバートとハビーが注目した謎はアルプスなどの大山脈に見られる現象だった。水平方向に50マイル平方ほどの広さをもち、厚さが１マイルあるような岩石の板が、明らかにその下の岩石の上を滑るように移動していた。謎は力学上の問題だった。

仮にここに巨大な駐車場があるとする。場内に広さ50マイルかける50マイル、厚さ１マイルの非常に硬い岩石の板を置いたとしよう。

その岩を押して駐車場内を動かすことができるような巨大

なブルドーザーも何台かあるとする。しかし岩を動かすことは不可能だ。たとえブルドーザーが十分な力を発揮しても、その力が岩と地面との摩擦力に打ち勝つより先に、岩は手前側から崩れ出すだろう。強度が足りないために岩は押しても動かないのだ（**図5・2**）。

この謎を解く鍵はメキシコ湾岸の地下に見られるような高圧力の流体にある。ハバートとラビーは「乾いた岩と乾いた駐車場との摩擦力は岩の重さによって生じる」と指摘した。また岩と駐車場の間に圧力のかかった水が存在すれば摩擦力は小さくなる、と説明した。

これは水が岩に対して潤滑剤となるからでも、駐車場を滑りやすくするからでもない。水の圧力が上に載っている岩の重さを部分的に支えるのであれば、摩擦力が生じるのは水圧が支えていない重さの分だけである。極端な場合、水の圧力が岩の全重量に等しければブルドーザーも必要ではない。私は片手でも岩をあちこち動かすことができるだろう（私の息子がある店の配置換えの様子を見ていたとき、作業者は売り場のカウンターを傾けて板を下に滑り込ませ、その板の裏面にぽちぽち開いている穴から空気を噴出させた。そうしてカウンターをまるごと手で押して移動させていったとのことだった）。

巨大な岩山の地滑りの記事の出だしはたいてい「昨晩の激しい雨で…」である。岩の割れ目や孔隙に雨水が溜まり、圧力が上がって地滑りの引き金となるのだ。

ハバートとラビーは上に載った岩の圧力から水の圧力を引いた値を「有効圧力（effective stress）」と呼び、ギリシャ文字のシグマ（σ）で表した。標準的には水の圧力は地表までの水の円柱の圧力、岩の圧力は岩の円柱の圧力である。

ふつう岩石の比重は2・2、水の比重は1だ。水の圧力は全圧力の約45％（1／2・2）、残りの55％が固体の岩が支える有効圧力である。この説明は井戸の掘削地の約90％について成り立つため、これを「標準圧力（normal pressure）」という。「過剰圧（overpressure）」状態とはメキシコ湾岸の地下のような場所、つまり水の圧力が高く、有効圧力が上の岩の円柱の55％より小さい場所についているものを指す。

かなりの過剰圧であれば大山脈地帯で巨大な岩の板を滑らせるような、見事なマジックも可能だ。メキシコ湾岸それ自体が過剰圧状態について、地質学的に興味深い説明となっている。

地震のハザードマップによるとメキシコ湾岸の地震危険率はゼロだ（この数字は国内で最も低い）。しかしメキシコ湾岸地帯には新しい堆積層を階段状にする――ふつうその堆積層を湾のほうへ移動させる――多くの断層が存在する。断層のひとつは古いヒューストン・ガルヴェストン道路の車道に6インチもの段差をつけた。断層作用は歴史に残るような地震を発生させることなく現在も進行している。メキシコ湾岸は密かにメキシコ湾のほうへ「ずり落ちて」いるのだ。

過剰圧状態の原因をめぐっても非常に多くの説明が生み出された。「水と、水を含む鉱物との反応が主な原因だ」というのが私の持論である。これについて、ここでひとつ語らせてもらおう。

「液体の水」と「水を含む鉱物」が存在するとき、水と鉱物は平衡状態になければならない。平衡状態を保つためには、鉱物から抜け出る水は液体の水と同じエネルギー（化学的ポテンシャル）をもっていなければならない。温度と圧力が水と鉱物の化学的ポテンシャルを変える(8)。

これはグラフで見ると分かりやすい（一見似ているが、このグラフをアレニウスのグラフと混同してはならない）。縦軸にハバートとラビーの有効圧力σをとり、横軸に温度をとる。鉱物の脱水を示す直線が左上から右下に斜めに走っている。そのため温度が上がると鉱物は「これ以上有効圧力を維持できません」と言って過剰部分の一部を水に渡すことになる。

具体的な例を挙げたほうが分かりやすいだろう。鉱物の石膏は、水分子2個と硫酸

図5・3　太線は石膏 ($CaSo_4 \cdot 2H_2O$) の安定領域と硬石膏 ($CaSo_4$) の安定領域の境界線を示す。σ = 55% の細線は、水圧が地表まで伸びる水柱で決められるとしたときに期待される条件を示す。

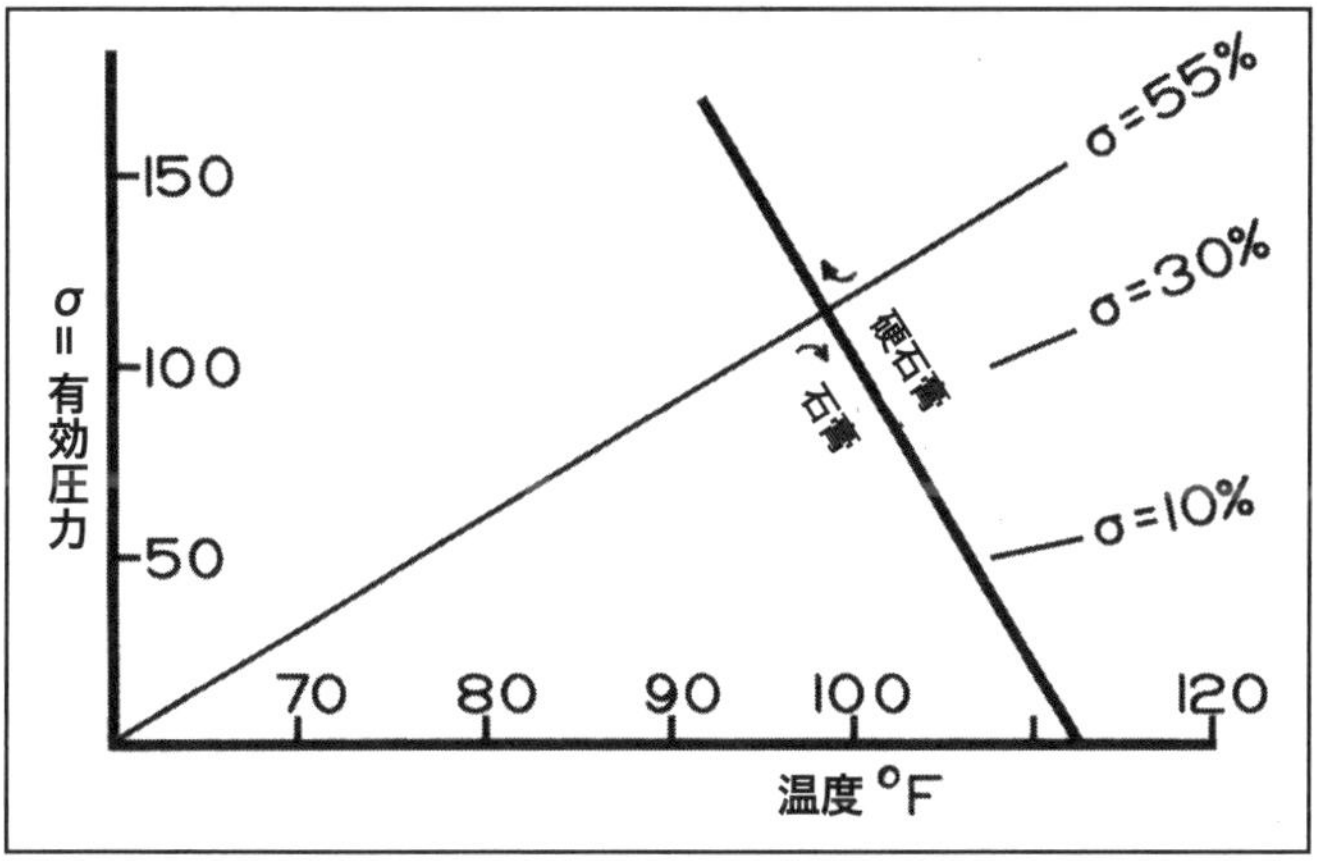

カルシウム分子1個、硬石膏（無水石膏）は硫酸カルシウムのみから構成される。石膏は海水の蒸発によって地表にふつうに堆積する鉱物である。

石膏は約1000フィートの深さに埋まると、水分子を放出して硬石膏に変化し始める(9)。ここでもし孔隙のある砂岩を通じて、あるいは割れ目からの漏出を通じて地表と何らかの連絡があるとするなら、水は抜け落ちるかもしれない。石膏の層は硬石膏の層に変わる。

しかし石膏の層の周囲に浸透性のない遮断物が存在すれば、その鉱物と水のペアは石膏と硬石膏の境界線上をたどらなければならない。沈降するに連

図5・4　ジュラ山脈の断面図。褶曲部の基底に、水圧の異常に高い場所で形成されたと考えられる石膏の岩床がある。

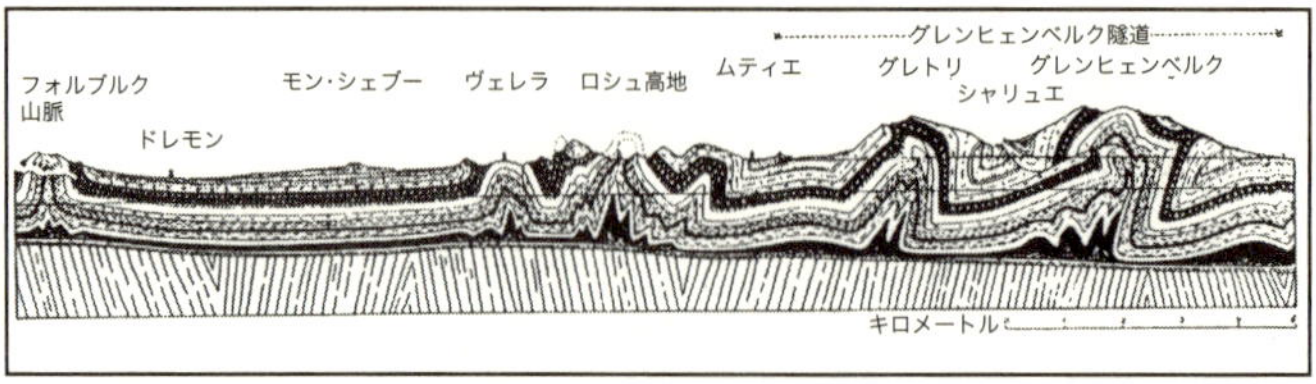

れて温度が上がると有効圧力はゼロに近づく（**図5・3**）。

ハバートとラビーが指摘したように、岩石が断層に沿って滑るのをとどめる抵抗は有効圧力によって決まるのである。

もし水が抜け出ることのできないままに温度が上昇すれば、岩石はきわめて軟弱な挙動を示すだろう。アルプス山脈北方のジュラ山脈（**図5・4**）は、硬石膏に変化しつつあった石膏の層の上を滑ったように見える(10)（ちなみに地質時代の「ジュラ紀」はこの山脈の名に由来する）。

もし深い場所に埋まった硬石膏が侵食によって地表方向に再び戻ってくるとすればどうなるだろうか？

水がその岩石に届けば再び石膏になるだろう。しかし一度深いところに埋まった層は孔隙の空間を失っていることが多く、浸透率もたいへん低くなっているだろう。これは「スーツケースロック」である。

液体の水の十分な供給がない場合、その岩石は再び石膏・硬石膏の境界線上をたどる。しかし今回は温度の低下が有効圧力の増大と水の圧力ゼロという状態をもたらす。要するに岩は「吸う」のである。

メキシコ湾岸の過剰圧状態に関連のある鉱物は、石膏以外の何かでなければならない。堆積物のほとんどは泥岩であるが、メキシコ湾岸の泥岩に含まれる主要な鉱物は「モンモリロナイト（montmorillonite）」と呼ばれる粘土鉱物だ（より正確なグループ名は、「スメクタイト（smectite）」である。しかし私にはこの名称がセックス教本の用語に見えてしかたがない）。

粘土鉱物のほとんどは、水分子の層と珪酸塩の板が交互に層を形成している（11）。温度が室温程度で相対湿度が60％の状態では、モンモリロナイトは二層の水分子を含んでいる。温度を上げるか相対湿度を下げるかするとモンモリロナイトは水を失い、水の層が一層の構造に変化する。温度が華氏３００度以上になると、モンモリロナイトは最後の一層の水も放してしまう。

モンモリロナイトの脱水は石膏・硬石膏の変化ほど急激なものではない。水分子2個の石膏から水分子をもたない硬石膏への急激な化学反応とは異なり、モンモリロナイトの変化は緩慢なものである。モンモリロナイトの水の含有率は有効圧力と温度の関係を示すグラフ上に、等高線状の複数の線として表わすことができる（**図5・5**）。

しかしそれらの等高線は、二層の水をもつ粘土と一層の水をもつ粘土との境目で密

図5・5
モンモリロナイト粘土に含まれる水の重量のパーセンテージ。太線は水の層を2層もつ粘土、普通の線は水の層を1層もつ粘土、細線は水の層をもたない粘土である。

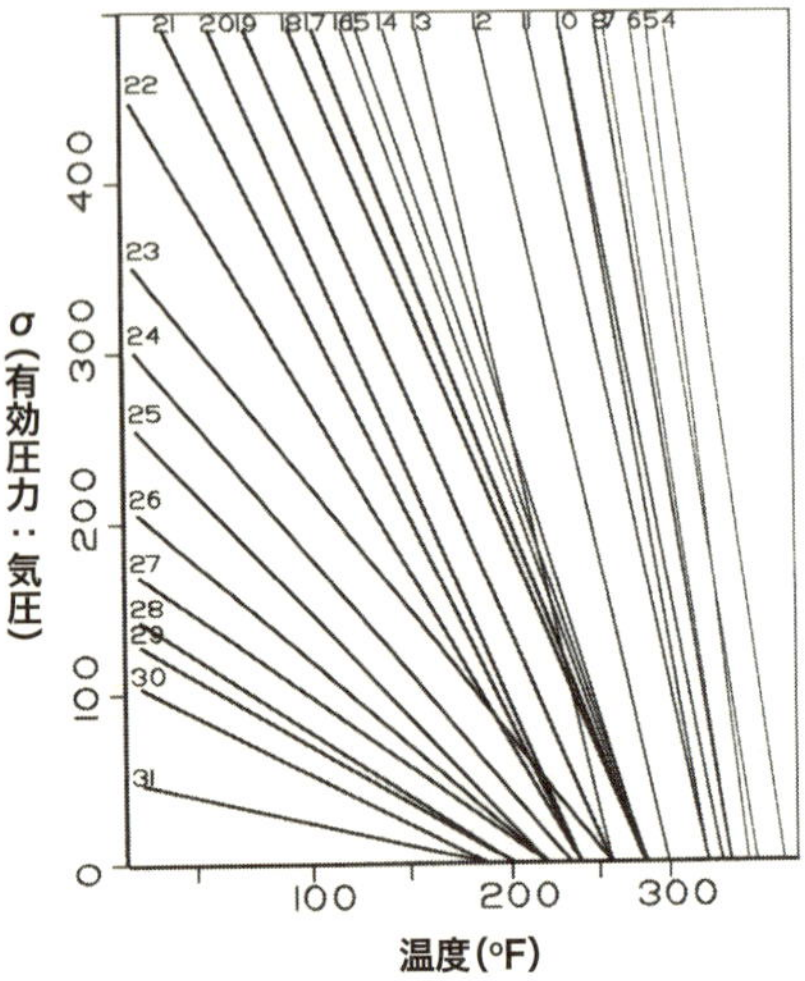

に集合する。石膏・硬石膏の場合のようなきっぱりとした境界線とはならず、境目が曖昧である。

もし浸透性をもった地表への通路がなければ、泥岩が二層の水から一層の水へと変化する温度に達したとき、この泥岩は過剰圧状態となる。泥岩自体は浸透率の低い封印になるだろう。私は、モンモリロナイト粘土の脱水がメキシコ湾岸の過剰圧をもたらしているものと強く確信している。

極限においては、有効圧力はゼロになる可能性がある。岩石は強度を完全に失う。テキサス州沖合のある井戸は掘削していくうちに、明らかに強度ゼロの層に達した。掘削作業員は、それが激しい過剰圧を受けた岩石だということを知り、泥水の密度をメキシコ湾岸の岩石の平均値にまで引き上げた。掘削はますます簡単になり、ついにビットの回転を止めて濃い泥水をポンプで送り続け、ただ穴の中にドリルパイプを降ろすだけでよいということになった。

しかし数百フィートも進んだところで、彼らはそれが喜ばしい事態とは言えないことに気づいた。もし泥水の注入がガスを含む砂岩に達したら、全員が激しい噴出で命を落とすことになるだろう。この新しい発見に基づいて彼らはドリルパイプを引き上げ、穴にセメントでふたをすることを決定した。

世界には数多くの過剰圧地帯が見つかっている(12)。メキシコ湾岸は特別ではないのだ。台湾は特に興味深い。メキシコ湾岸が海に向かって徐々にずり落ちるところであるのに対して、台湾は新しく形成された山地のほうへ押し込まれている最中である。台湾には天然ガスがある（しかし石油はほとんどない）。

台湾の中部および西部の地下の有効圧力は、上に載っている岩石の25％程度を支えているにすぎない(13)（標準圧力の岩石では55％であるのに比べ、この値は小さい）。台湾の最南端部は高度の過剰圧だという印象がある。これはテキサス州の沖合の井戸によく似ている。泥の「火山」が深域から地表に上昇する。天然ガスの泡が泥と共に上昇してくる。太古の山脈中にある謎の無秩序な構造物は、太古の泥の火山によって攪拌された岩なのかもしれない(14)。

粘土の脱水温度および過剰圧化の開始温度は、オイルウィンドウ底部のものに近い。メキシコ湾岸と台湾では、過剰圧区域の炭化水素のほとんどは天然ガスだ(15)。過剰圧の岩石の上端近くには、わずかな石油と大量のガス・コンデンセートが存在する。過剰圧区域の炭化水素のほとんどはほぼ純粋なメタンである「液体分を生じない(dry)」天然ガスから成り立っているのだ。

今後10年以上にわたって過剰圧の岩石を探査しても、我々の石油供給問題が解決されることはないだろう。そのかわり過剰圧の岩石から得た天然ガスおよびガス・コンデンセートが、燃料と石油化学製品の主要な原料となるだろう。

標準的な圧力の岩石であれ過剰圧の岩石であれ、掘削はパイプの先端につけたドリルビットが行う。スピンドルトップでの経験から、歯のついた円錐が回転する形式のドリルビットが現れた。

最も成功したビット製造業者はハワード・R・ヒューズの創立したヒューズ・ツールカンパニーだった(16)。ちなみにヒューズの同名の息子が自らの夢を映画、電子機器、新型航空機、エキゾチックな女優に求めることができたのは、ひとえに彼の相続

写真5・1
３つの円錐をもつドリルビットは、ハワード・ヒューズの父が開発した。開発に着手したのは1908年頃だった。可動コーンの中心にあるベアリングの設計は、少なくとも刃部の設計と同じくらい難しいものだった。写真はヒューズ・クリステンセンによる。

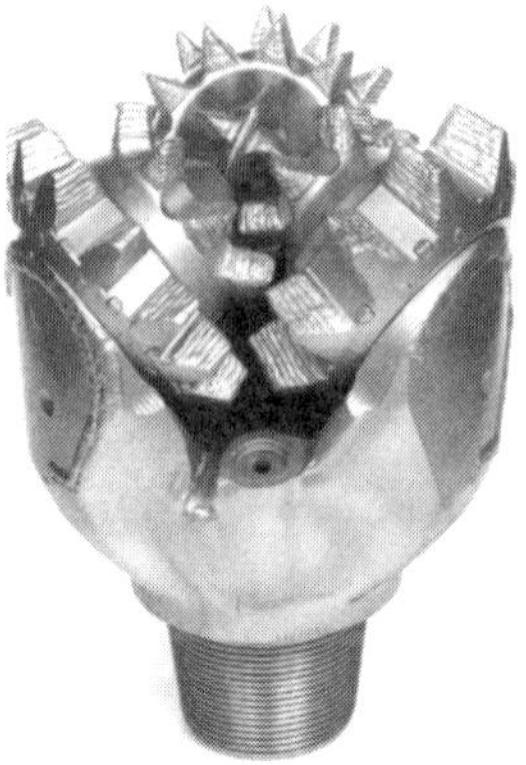

した金のなる木、ヒューズ・ツールカンパニーのおかげである（**写真5・1**）。

ロータリードリルのビットの回転によって地上にもたらされる削り屑は最も調子よくいった場合、操作者の汚れた爪ほどの大きさだった。メキシコ湾岸の軟らかい堆積層の井戸では、１日に１０００フィートの速度で掘削が進んだ。

しかしすでに掘削されて空になった天然ガスの砂岩の層を掘り進んだときには、厚さ40フィートのこの層を掘るのに一週間を必要とし、3個のビットがだめになった。鋭い斧で木っ端を散らしながら丸太を切るのと、大鎚で丸太をぶったたくほどの違いがあったのだ。

ガス含みの砂岩は依然として校庭の砂場の砂くらい軟らかいものだったが、泥水の高圧と空になったガス層の低圧のために、がんがん切りまくるプロセスがごりごり削りとっていくプロセスに変わった。

ロータリー式掘削装置は20世紀を通じてある種のダーウィン式進化を遂げた。掘削装置のマッドポンプを最強にすることで掘削を速く行えるのではないかと考えられた。ますます大きく、ますます強力なマッドポンプが購入された。

ドリルパイプとドリルビットを回転させるのに必要な力は30馬力だが、マッドポンプは2000馬力を必要とした。おかげで掘削は高速化された。しかしなぜそのようなことが起こるのだろうか？　その答えは「ベルヌーイの定理」にある(17)。

この定理を発見したベルヌーイはスイスの有名な数学者一家の出身だ。

流動流体の中でエネルギーに関与する要因は3つある。それは圧力、速度、高度だ。ベルヌーイの定理はエネルギーの保存を表現したものである。つまり「流速の増大につれて圧力が減少する」のだ。高速のマッドポンプがビット周辺の圧力を下げるため、ビットの歯で削った屑をすばやく排出できるのだった。

ベルヌーイの効果——速度の増大につれて圧力が減少する——は、油井の底で起こる不思議なできごとであるにとどまらない。ベルヌーイの効果は、飛行機がなぜ飛ぶのかを説明する。

飛行機の翼は、底面が比較的平らだが上面は曲面である。空気は翼の下側に速度や圧力を変えずに流れ込む。翼の上側では、空気は曲面を迂回するために速度を上げなければならない。翼の上側における空気の速度の増大が、飛行機を持ち上げるのに十分な圧力の減少を生むのである。「翼の下にあなたの風を受けて」は「下」を「上」に変えてはどうだろうか（**訳注　Bette Midlerの曲“Wind Beneath My Wings”の歌詞**）。

かつてはメジャー系石油会社も数台の掘削装置を所有して操縦していた。しかし現在ではすべての掘削を請負業者が行う。数千フィートの深さの井戸を掘るコストは1フィートあたり25ドルである（私の掘削請負業者としてのキャリアは実を結ばなかった。私が子供のころ掘削コストは1フィート3ドルだった。私は自分の小さなシャベルとバケツを持って、最初の1フィートを掘らせてくれるよう申し出たものだ）。

油田での事故は深刻な環境災害をもたらす可能性がある。幾日も原油を浴びても平気だというほどの耐久力を人間は持ち合わせていない。

安全への最も重要な鍵はサーフェスケーシング（surface casing）と呼ばれる一見つまらない名前のアイテムだ。井戸を掘るとき初めは硬い岩石を掘り進み、口径の大きなサーフェスケーシングを穴の中に降ろしてセメントで固定する。典型的なサーフェスケーシングの深さは数百フィートで、その頂部には防噴装置（blowout preventers）と呼ばれる油圧式の巨大なバルブが設置されている。

井戸が制御不能な量の石油や天然ガスを噴出し始めた場合、当然のことながら作業員たちは命を守るために走って逃げる。

掘削装置から外に向かう階段の一番下に大きな赤いボタンがある。逃げる途中でだれかが赤いボタンをばしっとたたく。すると防噴装置のバルブが閉じるのだ。

こうなったとき、このシステムが暴噴を制御する唯一の方法は岩の壁とサーフェスケーシングとの隙間をセメントで固めることだ。もしセメントの接着が弱いか、岩が弱いかすると、石油とガスが坑井の周りに上がってきて、地表がクレーターのようになってしまう。1950年代の油田において「クレーターになる」は、あらゆる種類の災害発生を意味するスラングとなった。

私は、1969年にカリフォルニア州のユニオンオイル社がサンタバーバラ沖合の油井に対して行った処置をけっして許さない(18)。

相当量の石油がサーフェスケーシングの周りに漏出したが、ユニオンオイル社は、当該のサーフェスケーシングが連邦政府のガイドラインに沿ったものであると釈明した。私の考えでは適切なシステムを決めて設置するというのは、現場の石油技術者が自らの責任において行うべきことである。連邦政府は参加者以上の何者でもない。

ミシガン州のある法律事務所の依頼で、私はまた別の種類の事故を起こした井戸の記録を見たことがある。深い井戸が毒性のある硫化水素を含む高圧のガスに遭遇した。近隣の農園の飲み水用の井戸がガスの泡を立て始めた。

私はコンサルタント業務を行うとき、初めにデータに目を通すだけならたいてい無料で引き受けている。何かお役に立てそうな場合だけ料金をいただく。1日かけて井戸の検層結果に目を通したあと、私は弁護士に「サーフェスケーシングの深さが足りず、農家の井戸水の層を保護できなかったことは明らかである」という内容のメモを書いた。その後、弁護士からは何の連絡もなかった。彼は私のメモを石油会社に見せ、会社は示談に持ち込んだに違いない。

天然ガスは市場に出す前に硫化水素を除去することが必要だ。また硫化水素は硫黄に転化できる。実際天然ガスの精製過程における副産物としての硫黄は、それ以外の出所をもつ硫黄を市場から追い出してしまった。

「卵の腐ったにおい」などと気軽に言われているが、硫化水素はシアン化水素と同じくらい有毒だ。天然ガスのほとんどは硫化水素を含んでいない。しかし「腐ったにおい」の物質5～10％含むガスを産出する地域がいくつかある。こうした井戸で作業をする場合にはガスマスクをつけて作業する人のそばに、倒れたとき助けるためにも う1人がマスクをつけて待機していなければならない。

最悪の環境災害は、硫化水素を含むガス井が暴噴をおこして制御不能になることである。そのような事態が起きた場合、最初にしなければならないことはガスに火をつけて井戸を燃やすことだ（マッチをするのではなく、ライフルで曳光弾を撃つ）。硫化水素は空気中で燃焼して二酸化硫黄になる。二酸化硫黄も好ましいものではないが、人を即死させることはない。

油田やガス田の火災の恐ろしさは第一級だ。私はクウェートからイラク軍が撤退する際に、油井に火を放つのを見て仰天した（砂漠の民には、たとえ最大の敵に対してだろうと飲み水の井戸に毒を入れてはならないという古い戒めがある）。

クウェートの火災は鎮火までに数年かかると予想された。しかしアメリカとカナダの作業員がめざましい活躍をして数カ月の間に火を消し、井戸を再び使えるようにした。動物の群れのボスはマッチョである。闘牛士にはマチズモがある。現在マチズモを備えているのは油田の消防士であると言うべきだ。

井戸が予定の深さまで掘削されると、検層会社（シュルンベルジェ社あるいはその競争企業）が様々な装置を穴の底に降ろして各種の記録を作成する。

検層結果の吟味にはふつうアーチーの公式が使われるが、それによって石油あるいはガスの産出が見込まれる層の有無が明らかになる。この時点でもうひとつ難しい決断をしなければならない。ふつう削井は費用の50％を占める。残りの50％は坑井仕上げ（completion）――生産のための井戸の準備――にあてられる。

投資者には仕上げ費に出資するかどうかを決めるまでに、通常六時間の猶予が与えられる。その六時間はいつだって真夜中過ぎから始まるもののようだ。

検層結果についての議論や仕上げ費の出資についての口頭での合意は、無数の相互信頼の上に成り立っている。石油産業には独自の道徳的規範が存在する。違反者は追放である。私は不文の規則を破ったと思われる輩と話すのは電話でもお断りだ。

坑底での検層作業と生産井に向けての仕上げとの間には中間的な、しかし費用のかかるステップがある。数時間のあいだ掘削装置およびドリルパイプを井戸からの石油の産出に使用してみることだ。

この戦略はドリルステムテスト（drill stem test）として知られている。ドリルステムとはドリルパイプのことである。このドリルステムテストからは石油、ガス、水が産出される。何も産出されないこともある（「何も産出されない」場合には、スーツケースロックから石油を生産しようとしていたことになる）。

石油業界で秘密を守ることが、いかに困難かを示す例がある。

あるメジャー系の石油会社がカナダの小さな会社と共同で試掘井の掘削を行った。

小さいとはいえそのカナダの会社は、株が証券取引所で取引されるほどには大きかった。井戸が目標の深さに達して検層もすんだので、人々は今か今かと首を長くして待ったが、何の情報も公開されなかった。

ところがこのメジャー系会社の保安技師が、夜中の3時に自宅の玄関先に会社のピックアップトラックをバックで停めるということがあった。目撃者たちは「保安技師は会社の規定により、ドリルステムテストに立ち会って事故がないよう監督しなければならない」ことを知っていた。つまり坑底での検層結果はドリルステムテストを行うに値するほど、よいものでなければならないということだ。

北アメリカ中の電話が鳴った。成功はメジャー系会社の収益には響かないだろう。しかしカナダの会社の株に対する「買い注文」の山が、その日の午前遅くに出社してきた株式仲買人たちを待っていた。

坑井仕上げの第一段階は鋼鉄製のケーシング——ふつう直径が7インチである——を坑底まで降ろし、セメントで固定することである（油田では、cementをceを強く「シメント」と呼んでいる。辞書では「シメント」となっていることはもちろん承知している）。オクラホマ州ダンカンのメインストリートには「ケーシングの裏にポンプでセメントを入れる技術のパイオニア」であるアール・P・ハリバートンの像が建っている(19)。彼の会社のダンカンにおける存在感はゆるぎないものだが、ハリバートン社は世界に事業を拡大し、現在はダラスに本部を移している。

ケーシングを周囲の岩にセメントで固定したあとは、爆薬でケーシングに孔を穿つ。これらの孔の位置は坑底での検層結果によって、石油があることが暗示された層に厳密に合わせる。現在では井戸には石油を含む岩石への通り道となる、直径1インチの孔が6～12個ほど開けられている。

1960年ごろ、これらの孔と周囲の岩との連絡を大いに改善する技術が導入された。ハリバートン社およびその競争企業は、トラックに載せたポンプを使って流体の圧力を高くし、深い場所の岩石に割れ目を入れることができた(20)。

このプロセスは本来「ハイドロフラクチャリング＝hydrofracturing（水圧破砕法）」という名前であるが、すぐに短く「フラック（frac）」と呼ばれるようになった。この破砕法は徐々に改良が進んだ。新たに形成された割れ目を開いたままに保つためにゼリー状のもの、泡状のものを使うようになり、さらに砂粒大の粒子の導入で一挙にフラックは進展した。こうした破砕法によって商業量の石油およびガス生産が不可能だった、多数の地層が実用性を得るようになった。

さて、クリエイティヴな読者のみなさんに考えていただきたいことがある。

破砕法が開発されるかなり前は、坑内に置いた純粋な液体ニトログリセリンの缶の爆発で井戸に孔を穿った。信じられないほど危険なやり方であることに加えて、ニトログリセリンの爆発は１０００分の１秒で単純に岩石を破砕し、井戸の穴の外に吹き飛ばしてしまう。

従来の破砕作業のもう一方の極端な例は、数分から数時間かけて1本の長い単一の割れ目を割れやすい方向に開けるというものである。しかし理想的には井戸の穴から放射状に6個程度の割れ目をつくるのがよい。

20年ほど前、サンディア研究所の爆破作業者たちがこの問題を核兵器用コンピュータコードで計算し、1秒以上エネルギーをかけるとほぼ6個の割れ目をつくることができると結論づけた。1秒とはニトログリセリンの１０００分の1秒と破砕作業の1時間の中間である。ちょうど1秒かかるものは何か?

核兵器オタクの1人が頭をかきかき、海軍の一番大きな大砲用の火薬を1インチの小球にすれば、爆発に1秒かかると思いついた。彼らはネバダ実験地の地下で満足のいくまでテストを重ねたが、このプロセスは油田で使えるようなものにはならなかった(21)。私は実行に十分な量の海軍の火薬を、容積の限られた穴の中に詰めるのは不可能だと言われた。

さてここからが問題です。1秒以上のあいだ高圧の流体を大量に発射することのできる方法を考えてください。思いついた方は、私にではなくてハリバートン社、ダウエル社、BJ社までお電話を。あなたがテストを行う際には、私はずっとずっと遠くに避難しています。

坑井仕上げが完了して生産が始まったら、油井オペレーターとしてはくつろいで椅子にゆったりと腰掛け、小切手を持って銀行に行ったりしたいものだ。しかしそうは問屋がおろさない。良質の井戸なら最初は石油やガスを自噴するが、それでもやがて穴の底の圧力が石油を地表に押し上げることはなくなる。そうなったらポンプを設置しなければならない。

ここで初級物理学の有益なレッスンをもうひとつ。

完璧なポンプでさえ、持ち上げられる水はせいぜい30フィートの水柱までだ。深い井戸の場合はポンプを坑底に設置する必要がある。油田で目にする上下運動を繰り返している装置は、坑底のポンプにつないだ鋼鉄製の棒（品格を欠いた名称「サッカーロッド＝直訳で吸い竿」で呼ばれている）を持ち上げているのだ。

石油から分離した天然ガスは冷却装置の役割を果たす。天然ガスの冷却作用によって石油からパラフィンおよびアスファルトが分離して沈積し、掘削装置を詰まらせてしまうことがある。

コンサルタント業務におけるおもしろい経験の中でも傑作のひとつが、ニュージャージー州のある印刷関連資材開発会社にかかわるものだ。

油分を含むインクを印刷機から除去するにはガソリン様の溶剤で洗浄する。ニュージャージー州北部のそのグループ企業は、大掃除のときにインクに混ぜることのできる混合物を開発した。これを使えばインクは水で洗い流せるのである。しかし深刻な問題が生じた。洗剤が印刷機のローラーにきわめて高い親水性を与えてしまったため、インクを再び印刷機に載せることができなかったのだ。

「そのぬるぬるの新製品を油井に流し込んだらパラフィンやアスファルトを取り除けるんじゃないか?」と、ある者が皮肉たっぷりに言った。正解だった。ぬるぬるの品物は特許を取って油井サービス会社に売り込まれた(22)。

1個の油田が成功するかどうかは、石油を貯留岩から油井に送り出すのに利用できるエネルギーがどのようなものであるかにかかっている。

エネルギー源は3つある(23)。しかし効果に関しては大きな差がある。

①ふつうの背斜構造のように油層が水と自然に接触している場合、この水は石油を貯

留岩から油井に押し出すことができる。この「水押し（water drive）」の効果によって、もともとの石油の約60％を油井に押し出すことができる。

②最初から天然ガスが油層の上に分離して溜まっている場合、オペレーターはケーシングの穿孔を石油を含む層にのみ行う。石油の生産が進むにつれ、ガスキャップが膨張して石油を押し出す。しかしこの方法では石油の40％しか回収できない。

③たいていの油層では、石油中には最初にいくらかの天然ガスが溶解している。油田が生産を始めるとガスが泡となって石油から遊離し、石油を油井のほうに押し出す。標準的には回収される石油は20％に満たない。

このように回収率は低い。そのため次に来る質問は「残りの石油を回収することは可能だろうか」ということになる。

最初の解答は偶然見つかった。19世紀の油井オペレーターは「浅い層から油層に水が漏出している油井は、付近の井戸の生産量を増大させることが多い」ということに気づいていた。オペレーターの中には隣接する油井からの生産量を増やすため、井戸に水を注入する者もいた。これはしばしば詐欺だと見なされた。

ニューヨーク州議会は、油井に水を注入することは違法であるとする法案を通過させた。しかしこの人工的な水の注入が自然の「水押し」と同じ効果をもっていることが明らかになった。1950年までにこの水攻法（water flooding）は当たり前の戦略となり、やがてニューヨーク州も水攻法を許可した。

ガスキャップの膨張は「水押し」ほど効果的ではない。しかし安価な保存手段となり得る。石油とともに産出した天然ガスは、巨大な炎として燃やされるケースが非常に多い。産出したガスを今あるガスキャップに注入することは、短期的には石油の生産量の増大につながるからだ。

長期的に見れば石油の生産が終わった後にそのガスを売ることができる。ある油田の技術者たちは「ガスを何度もポンプで油層に戻したせいで、ガスの分子の角がすっかりとれてしまった」と冗談を言っている(24)。

水攻法およびガス圧入法（gas injection）を二次回収という。一次回収の後で使用するガス止め対策は非経済的になった。次第に二次回収を早い時点で行うようになってきた。現在のやり方では、かつては「二次回収」とされていた技術が生産のごく初期から使われている。たとえば石油の中にガスの気泡を生じさせないために、初期段階において水圧入（water injection）が利用されることがある。

油田を発見した後、すぐに油田の全生涯の計画を立てることはたいへん有益だ。石油技師は水圧入を行う井戸とガス圧入を行う井戸を、初期の生産井に対する掘削計画の一部に組み入れることができる。

そのため計画が初期のキャッシュフローの最大化よりも、総石油回収量の最大化に焦点を当てたものになることがある。コンピュータシミュレーションを使えば、油田の計画の立案段階であらかじめ「起こり得る事態」について考えておくことが可能だからだ。

しかし単純なコンピュータシミュレーションでは誤る可能性が高い。

自然の水押しが起こらない架空の「一様等方性」である貯留岩中の天然ガス層を扱っている分には、コンピュータ問題に格別の困難はないだろう。しかし現実の貯留岩は、多数の内部構造を有している。たとえば厚さ4分の1インチの泥岩の薄い層が、流体の流れに非常に大きな影響を与える。ガス、石油、水の流出率は、それらがどのくらいの量存在しているかに大いに左右される。

現代のコンピュータ時代の黎明期において、ジョン・フォン・ノイマンは、天気予報と油層はコンピュータの力を大いに必要とするだろうと考えていた(25)。最も効果的な水攻法でも回収できる石油は全体の60％である。残りを回収することはできるのだろうか。

二次回収が終わったあとに利用されるいくつかの技術がある(26)。それらは三次回収法あるいは強制回収法と分類されている。以下に例を紹介する。

①**水蒸気攻法**（**steam floods**）。水蒸気を圧入して粘度の高い石油を温め、沈積したアスファルトとパラフィンを溶かし、圧縮された水と共に石油を移動させる。水蒸気攻法は安定的に水蒸気を圧入する方法と、「ハフ・アンド・パフ法（huff and puff）」――井戸に水蒸気を圧入した後、その同じ井戸から石油をポンプで採取する方法――とに分かれる。

②**洗剤攻法**（**detergent floods**）。少量の洗剤を水に入れて、石油を小滴にすることで移動性をもたせる。洗剤攻法は浅い油層において効果を発揮している。深い油層ではしばしば高温のため洗剤が分解してしまう。

③**火攻法**（**fire floods**）。空気を圧入して油層に燃焼を起こす。ただし空気の量は油層

内すべての石油を燃やしてしまわない程度にとどめる。高温の燃焼ガスが石油を圧入井から回収井に押し出す。しかし深刻な問題がある。燃焼によって強い化学物質が生じるのだ。たとえば石油の中の硫黄が硫酸になることがある。硫酸によって回収井の鉄パイプが腐食することを考え合わせれば、火攻法は経済的とはいえない。

④**ミシブル攻法**（**miscible floods**）。溶剤にブタンやプロパンのような液化ガスを使用して、油層から石油を洗い流す。回収率は100％近くと最も効率がよい。残念なことにこの方法が適用できるのは特別な状況においてだけである。ブタンやプロパンは高価だ。ガスグリルの持ち主やキャンプ用トレーラーの所有者なら、そんな高いガスにも平気で金を払う。もちろん油田オペレーターは圧入終了後にブタンやプロパンを売りたいとも考えている。油層に漏出がない方がよいのだ。周囲の岩石の中で油層が明らかに水と接していない場合に限り、ミシブル攻法をやってみようかということになる。

⑤**炭酸ガス攻法**（**carbon dioxide floods**）。気体の二酸化炭素あるいは水に溶かした二酸化炭素を使用する。二酸化炭素は水に溶けるが、石油に対してはさらによく溶け

る。二酸化炭素が溶けると石油の体積が増し、回収井への移動が促進される。回収井で二酸化炭素と石油を分離し、二酸化炭素を戻して再び石油の回収に使用する。石油地質学者の中には、帽子を後ろ向きにかぶり直して炭酸ガス攻法用の二酸化炭素を見事に掘り当てた者がある。

これという魔法のやり方がひとつだけあるわけではない。しかし条件が整えば先進の回収技術はいずれも経済的である。

米国エネルギー省はある分類方法を開発し、それぞれの回収法に適する条件のリストを作成した。しかし他のすべての条件を満たせなかった油層は、自動的に炭酸ガス攻法に該当するものとなってしまう。

発電所を改修して大気中に二酸化炭素を出さないようにする、という計画があるらしい。実現できて油田で二酸化炭素を使えることになればすばらしいことだ。

天然ガスはすべてパイプラインに回される。石油も大部分がそうだ（油槽トラックで運ばれる原油はわずかである）。

昔はパイプライン会社ごとに油井から石油やガスを買い取って、石油は精製所に、ガスは消費者に売ったものだった。しかし次第にパイプライン（とくにガスのパイプライン）は共同の輸送設備と考えられるようになった。

天然ガス井の所有者とガスの消費者との間で価格の取り決めが成立する。パイプライン会社はガス運搬料として一定の額を受け取る。明細書どおりのガスが送られる限りは、消費者はガス井の所有者からじかにガス分子を受け取る必要はない。

同じようなやり方が電力に関して実現しつつある。住宅所有者は特別料金を支払って、無公害かつ再生可能な資源からつくられた「環境にやさしい電力《グリーン》」を買うことができる。グリーンといっても供給先を間違えないように、電力会社が電子を緑色に塗るわけではない。

掘削方法も石油・ガスの生産方法も進化の一途をたどっている。だが本書をつらぬくテーマはこうだ。「進歩には長い時間がかかった。世界の石油生産が減少に転じたとき、馳せ参じる救済者がいるとはほとんど考えられない」。

ドリルビットの鋼鉄の歯はタングステンカーバイドのボタンに変わった。建設現場にあるジャックハンマーを大型にしたような形の坑底ハンマーは、岩石が硬くて井戸が1マイルより浅い場合には掘削速度を上げることができる。水圧破砕法で使う流体はどんどん新奇なものに変わっていっている。

ドリルビットに関する最も新しい工夫は1910年の魚尾状（fishtail）ビットへの

回帰と言ってよい。この最新型のものは「ダイヤモンド・コンパクト・ビット（diamond compact bit）」と呼ばれる（**写真5・2**）。

このビットの場合、歯は回転するカッターについているのではない。歯は固定されたものであり、それぞれが表面を16分の1インチの人造ダイヤモンドで覆われている(27)。6000フィートの深さの井戸をまるごと、このビット1個で掘削することもある。

円錐に歯のついた従来型のビットは1万ドルだが、ダイヤモンド・コンパクト・ビットは価格が10万ドルもする。しかしビット交換時のドリルパイプを引き抜く時間と労力が省けることを考えると、ダイヤモンド・コンパクト・ビットのほうが経済的であるといえる。

10年前には別の画期的な進歩があった。既存の稼動中の油井のために使われる装置の革新だ。井戸の底まで何本もの鋼鉄製チューービングをねじ込む代わりに、長さ数千フィートの連続した鋼鉄製チューービングが、直径約50フィートのスプールに巻き取られていた。この巨大な装置は、コイルチューービング・リグ（coil-tubing rig）と呼ばれている（**写真5・3**）。

チューービングは巻いたり戻したりすることで、すばやく穴に出し入れできた。チュー

写真5・2
ダイヤモンド・コンパクト・ビットは圧縮成型で堅固な層にした、細かいダイヤモンド粒子で覆われた固定式の歯をもつ。写真はヒューズ・クリステンセンによる。

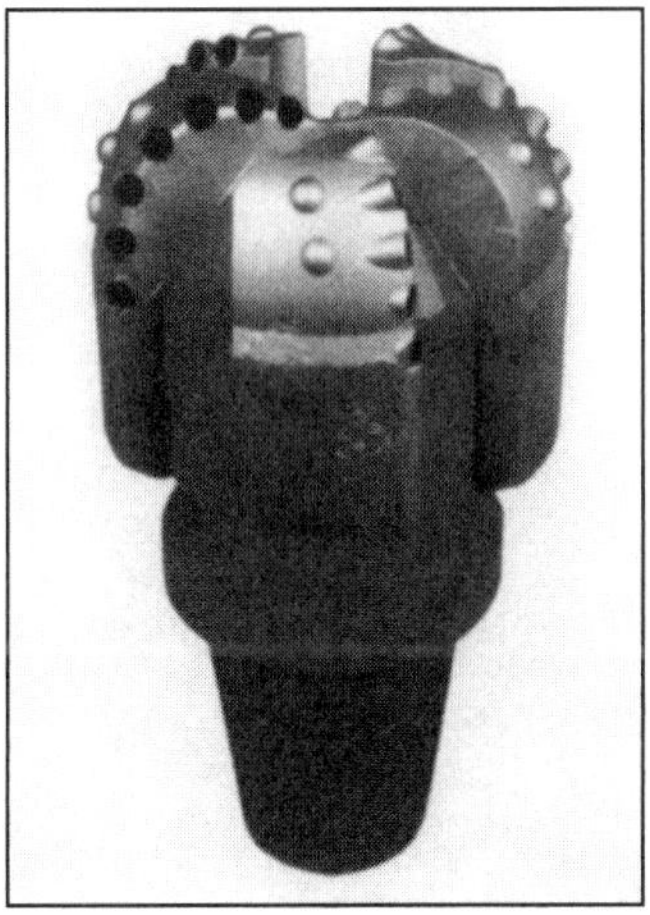

ビングの表面は継ぎ目がなくて滑らかなので、井戸内の石油やガスが地表まで噴き上げているときでも、ゴム製のワイパーを通してチューービングを穴に送り込むことができた。

この2年間にいくつかの新規の井戸がコイルチューービング・リグを使って地表から掘削された(28)。ビットは泥水の圧力で稼動するダウンホール・タービンによって回転する。

コイルチューービング・リグのチューービングは直径が2～3インチと比較的細いため、井戸の直径も小さくなる。オマーンで行われた初期の実験では直径の大きな井戸では排油が不可能だった、こまごまとした油層にたどり着くことができた。

写真5・3　コイルチュービング・リグは右方に見えるドラムに巻き取られた長い鋼鉄製のチュービングと、チュービングを井戸の中に送り込む左方に見える誘導装置から構成される。写真はダウエル・シュルンベルジェ社による。

約30年ごとにこの「小穴掘削」には改良が加えられている。業界では通例7～9インチの穴に戻る傾向がある。泥水は、直径が大きいシステムのほうが流れがよいからだ。進化の次のステップはもっと直径の大きなコイルチュービングにすることだろう。ドラムは観覧車に見えなくもないが、油田でそれが障害となることは滅多にない。

新技術のうち傾斜掘り（directional drilling）と水平掘り（horizontal drilling）の出現は、騎兵隊が駆けつけたようなものだった。

本来、曲がった穴というのは好ましいものではない。井戸のポンプを動かすとき、サッカーロッドがパイプに当たって磨耗してしまう。多くの井戸、とくに堆積層に掘られた井戸は垂直ではなかった。

地下の石油の所有権は地表の真下の方向に及ぶと考えられている。隣接する土地の地下から石油を産出する井戸は、形のみならず根性も「曲がっている（crooked）」わけだ（私はオーストリア東部の深域のあるガス井が、実際にはチェコ共和国の地下から産出していることを示す地図を見たことがある）。

坑井の測量器具が発達するにつれて深刻な訴訟が起こるようになった。油田によっては（とくにカリフォルニア州の傾斜の急な背斜構造にある油田では）すべての井戸があちこちの方向に向かっていた。カリフォルニア州は古い井戸に関する傾斜の測量を一時的に禁止した。既存のすべての井戸は合法であり、昔やったことの善しあしは問わないと決められた。

地層の傾きが激しい場合でなくとも傾斜掘りが便利なことがある。地上が住宅地であっても湖であっても、その真下からの生産が可能だ。海上では単一の固定式プラットフォームから、20本の井戸をあちこちに向けて掘削することができる。井戸は地表から1マイル以内の深さを3マイルほど水平に掘り進められる。

技術の進歩とともに大昔の疑問が再び持ち上がってきた。ほぼ水平の油層を突き抜けて垂直に掘られた生産性のある井戸の一群（ふつう600フィート間隔で掘られている）は、油層100万平方フィートにつき1平方フィートの穴に帰する。

油層を水平に掘削することは可能だろうか？　答えは可能だ。石油・ガスの生産現場では水平掘りは当たり前になった。とくにサウジアラビアの主要な油田のいくつかは、さらなる回収をめざして水平の穴を再掘削している(29)。

水平掘りの七つ道具はなかなか見事なものだ。かつてはドリルの向きを変えるために鋼鉄製のくさびを置いた。現在ではビットのすぐ上にあたる、いちばん下のドリルパイプを10度ほど傾けたかたちにしてある。ドリルパイプの回転によってビットに回転を与えるのではなく、循環する泥水が穴底のタービンに達してビットを回転させるのだ（ちなみにダウンホール・タービンを開発したのはロシアである）。

垂直に掘削したいときには地表からドリルパイプをゆっくり回すことで、10度の屈曲を平均にしてしまう。穴を曲げていきたい場合にはドリルパイプの回転を止める。一番下の曲がった部分がカーブをつけて掘り進んでいくのである。

水平掘りは坑底のビットの上にセンサーを設置することで、より効果的になった(30)。穴を掘った後のワイヤライン検層で行っていた測定のいくつかが掘削の最中に行えるようになったのだ。掘削作業者は坑底のセンサーを見ながら油層の最良の部分に沿って井戸の方向を決めることができる。

水平掘りという新世界では、掘削作業者は床屋の椅子のような豪勢な椅子に身を沈め、ずらりと並んだコンピュータ画面に向き合いながら両手でジョイスティックを操作する。まるで世界最大のテレビゲームだ。心配はいらない。近い将来掘削作業者は、ヒューストンの高層ビルからインターネットを通じてリグを操作するようになるだろう。もう爪が汚れることもない。

子供たちよ、将来この職をめざすなら、コンピュータゲームをするのが最良のトレーニングになるだろう。

第6章 油田の規模と発見の可能性

Size and Discoverability of Oil Fields

手当たり次第に穴を掘っていった場合、石油の発見は増えるだろうか？

大声の「ノー」というのが、私の長年期待していた答えだった。しかし1975年にスクリップス海洋学研究所のビル・メナードが、答えは小声の「イエス」ではないかと示唆した。

「もし我々が地図に向かってダーツをしていたら、イーストテキサス油田（70億バレル）の発見はずっと早かったはずだ」メナードはこのように考えた(1)。実際には無作為な掘削によってイーストテキサス油田の発見が早まっただろう確率は、10億分の1より上というところだった。

これを聞いて私がまず考えたのは「ダッド」ジョイナーのことだった。確かに彼はイーストテキサス油田をなりゆきで掘り当てた。ジョイナーは地元の獣医の勘に従って掘ったが、あてずっぽうも同然だった。とはいえメナードの議論は詳細に検討する価値があった。彼は石油産業に通じていた。海底地図作成チームを最初に組織したのは彼である。

メナードの論文が発表されたとき、私はプリンストンで統計学者たちとともに油田データの整理を始めたところだった。統計学には「肉が堅いかどうか知るのに牛1頭まるまる食べる必要はない」という古いことわざがある。全世界の油田をいっぺんにやっつけるよりも、扱いやすい事例を探すことが大事だ。私は2つの理由からカンザスを提案した。

①カンザスには「油井ひとつから構成される油田」が30あると私は聞いていた。お分かりのように「油井ひとつから構成される油田」を見つけるなど、策としては最後の最後である。ふつう油井ひとつで終わりだったら経済的には大損だ。成功井を掘り当てたというのはめでたいが、その井戸の東西南北のどこを掘っても空井戸だったというのはめでたくない。そのちっぽけな油田が4本の空井戸の損失を埋めることがないと分かるのは、なおさらめでたくない。

②地質学の図書館にある古い地図は、堆積岩の層を突き抜けて硬い「基盤岩」にまで達する30の井戸がカンザスじゅうに散らばっていることを示していた。その他に堆積層の最下部には達しているが、基盤岩までは行っていない井戸が40あった。地図の作成年は1934年だった。

カンザス州は世界で最も徹底的に探査された石油地帯である。いずれはあらゆる場所がカンザスのようになるだろう。

私は何人かの方から「カンザスというのは行政上の単位であって、地質学上の単位ではないだろう」とのお叱りを受けた。そこで後に我々はオクラホマ州北部というひとかたまりを付け加えた。とはいえ我々の結論に変更はない。

毎年、国際石油スカウト協会は発見の日付、面積、深さ、年間生産量および累積生産量、坑井数を添えた油田のリストを発表している(2)。カンザスの数値をコンピュータに打ち込めば、我々はメナードの問題を拡張した形で問い直すことができた。もちろん偶然であれ計画的にであれ、大きな油田ほど早期に発見されやすかった。

現在カンザスの地下に超巨大油田が未発見のまま眠っている確かな証拠はない。空井戸の間に超巨大油田の存在するスペースはないのだ。

しかし、規模が大きいと発見順序にどれだけ影響するものだろうか？　これは学問上の問いにとどまるものではない。ある地域で大きな油田がすでに発見されているなら、だれが井戸ひとつの油田を発見しようなどという無駄な努力をするだろう？

規模が大きければ発見の確率が高まるというのには、いくつかの要因があるかもしれない。ここで各油田には固有の「長さ」があると考えることにしよう。「長さ」とは油田の幅、厚さ、奥行きのいずれをも指すことのできる大ざっぱな概念である。次

図6・1
カンザス州で1977年以前に発見された油田の規模を元に考えると、発見の確率は油田の規模に応じて増加する。しかし規模の影響の度合いは、油田の面積の影響の度合いよりもはるかに小さい。「直径」は油田の面積の2乗根であるのに対し、発見可能性(discoverability)は油田の直径の0.66乗に比例する。

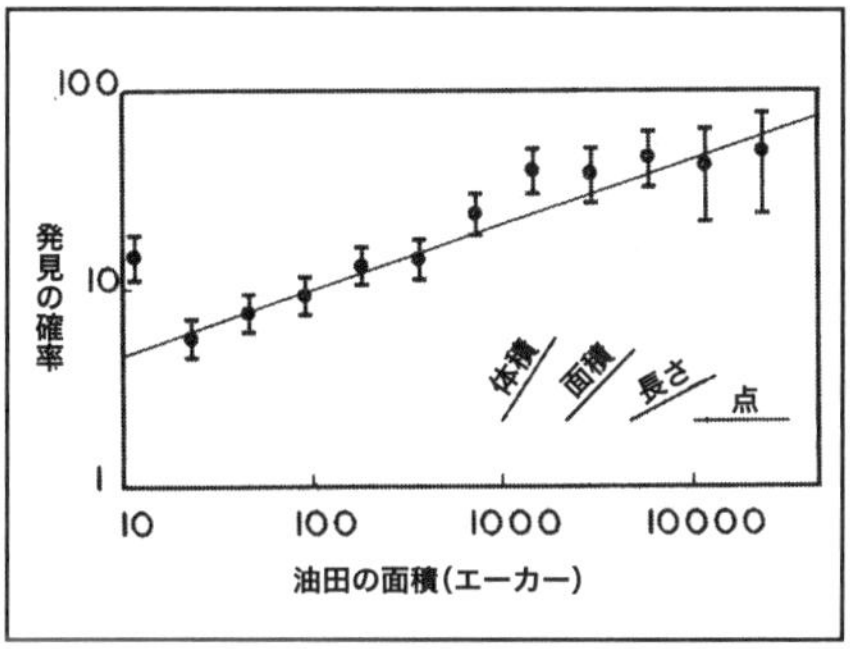

に「長さ」の使い方の例を示そう。

①ある油田の体積とは「長さ」を3回掛けたもの（奥行き×幅×厚さ）で示される。体積の大きな油田は、地表に石油を染み出させることで掘削業者を呼び寄せるかもしれない。

②面積とは「長さ」を2回掛けたもの（奥行き×幅）で示される。これは基本的にメナードのモデルだ。つまり面積が大きいほどダーツの矢を放ったときに当たる確率が高い。

③直径はざっと「長さ」と同じである（長さの1乗）。たとえば「ここは油田だ」と見込んだ場所で試し掘りをやってみたとする。しかし場所の見積もりを誤って、油田の「直径」の数値を超えたところを掘ってし

まったら、それは空井戸となる。

④「長さ」を0乗すると1になる。たとえば私がイランに行って地上に現れた背斜構造を見つけるたびに、その頂上に測量用の杭を打ち込んでいくとしよう。杭の1本1本に小さな点——奥行きも幅も厚さももたない数学上の点——を打つ。点の次元が「長さ」の0乗である。私は背斜構造の名前を帽子の中の紙切れに書き、帽子の中から無作為に紙切れを引く。

プリンストンの統計学教授ピーター・ブルームフィールドは、最もよくカンザスの歴史を説明するものは「長さ」の何乗——体積なら3乗、面積なら2乗、直径なら1乗、位置なら0乗——であるかを算出する、1行のコンピュータプログラムをつくった(3)。答えは整数だけでなく小数でもよいとした。実際答えは小数だった。ブルームフィールドが出した最適の冪指数は0・66だったのである（**図6・1**）。カンザスにおける石油発見の確率は「長さ」の0乗と1乗の間にあることになった。

ブルームフィールドは統計学者だが人種的には私の同類だった。彼のオフィスの机には「CBS選挙日夜間マニュアル」と表紙に書かれたノートがあった。彼はNBC

図6・2
カンザス州の地図に無作為にダーツの矢を放ってその場所を探査する、というコンピュータシミュレーションを反復した結果が帯状の部分である。この場合、発見の確率は面積に拠る。すなわち直径の２乗に比例する。大きな油田は実際より早く発見されていたことになる（実際の発見状況を実線で示した）。

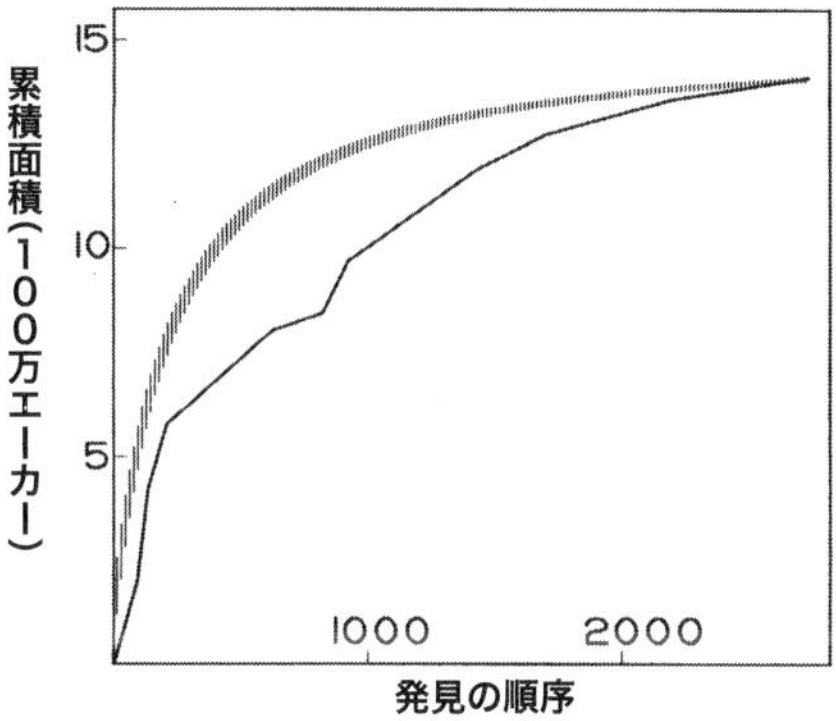

図6・3
帯状の部分は、発見の確率が直径の0.66乗に比例するとした場合の、カンザス州における探査のコンピュータシミュレーションを多数回行った結果である。シミュレーションは実際の発見状況（実線）にかなりよく一致している。

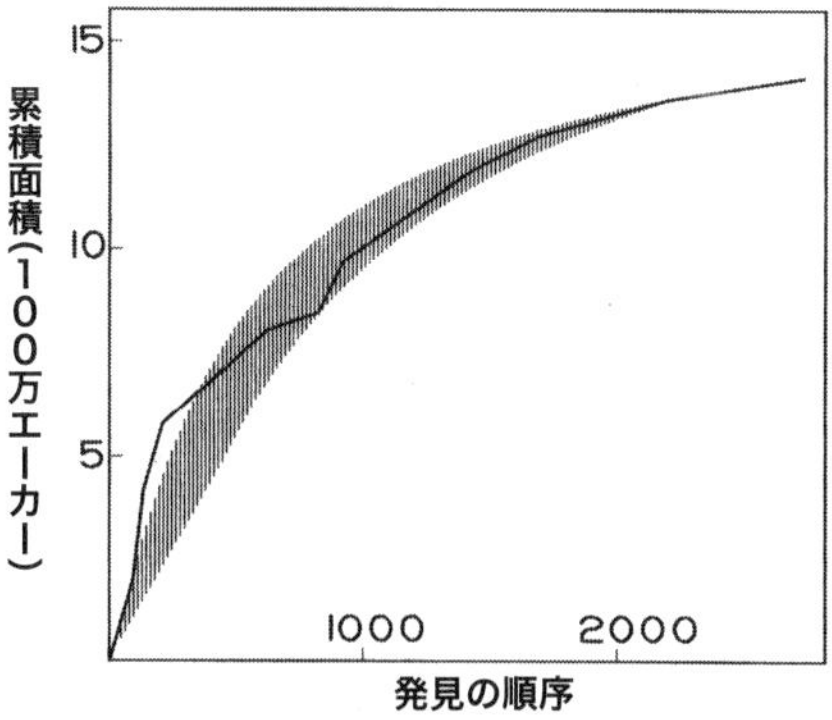

でもＡＢＣでもなく、ＣＢＳの「電話選挙」に協力していたのである。第一線で活動する統計学者だった。

それから我々はいくつか想定を変えてコンピュータに石油を探索させた。もし探査の成功が油田の面積、つまり「長さ」の2乗によって決まったのであれば、広い油田は実際よりも早く発見されたはずである。最も規模の小さな油田の中にはまったく発見されなかったものも出てくるはずだ。これはメナードの結果と一致する。

しかし私はその結果に別の解釈をほどこしている。メナードの結果をそのまま見ると「やれやれ我々は愚かだった。地図でダーツをしていれば、もっとうまくいっていたはずなのに」と言っているようだ（**図6・2、図6・3**）。

私が解釈をうながすと「我々は見込みのありそうな標的を探して掘削していたが、大きい標的に先に当たる傾向はわずかだった」ということになる。1930年の知識を使えば、イーストテキサス油田は見込みのありそうな標的ではないのだ。

私は、数人のソ連の探査責任者が「十分な量の石油を発見できなかった」としてシベリア送りになったという話を聞いたことがある。結局探査責任者の1人が四角いグリッド上で試掘井を掘るプログラムを導入した。プログラムによってグリッドの間隔より大きな油田は、すべて発見されることが保証された。いずれにしても探査責任者は命拾いした。

カンザスのデータは、石油のいくぶんかがまだ未発見であるという点で不完全だ。未発見の油田を含めた「実際の」油田の総数について何らかの推測を行うことができるだろうか？　その答えは将来の努力を割り振るときに重要である。

かなりの未発見油田があると見込まれる場所にだけ探査を続行する価値がある。残念ながらこの問題に関して学者たちの意見は真二つに分かれている。どちらの陣営も、相手側の知性に関してあまりはばかるところのない評言を公表している。私は礼節を守りたいと思っているが、なかなか難しいものだ。

「神懸かりタイプ」であるハーバード大学教授、ジョージ・ジップは都市人口および語数計算における統計学的な規則性に気づいた。ジップはその所見を1949年の本の中で一般的自然法則にまで押し広げた(4)。

例をあげよう。ベルギー最大の都市はブリュッセルだ。第二の都市アントウェルペンはブリュッセルの2分の1の大きさで、第三の都市ヘントはブリュッセルの3分の1、以下同様となる。つまり大ざっぱにみて、ある都市の順位にその都市の人口をかけた数値が等しくなるのだ（**表6・1**）。

ではこの「ジップの法則」が世界の油田に当てはまるかどうか試してみよう。

表6・1

都市	順位	人口	順位×人口
ブリュッセル	1	953,175	953,175
アントウェルペン	2	449,745	899,490
ヘント	3	224,545	673,635
シャルルロワ	4	203,853	815,412
…………………			
リール	27	31,815	859,005

ペトロコンサルタント社のデータファイルをもとにして、上位500の油田のリストが発表されている(5)。編纂者のサム・カーマルトとビル・セントジョンは天然ガスを石油に換算している。1バレルの石油はエネルギー換算で6000立方フィートのガスに相当する(家庭のガスの請求書は大抵mcfが単位となっているが、1mcfは1000立方フィートである)。214ページに示すのは上位5つの油田およびそれ以下の任意の油田である(**表6・2**)。

ジップの法則は上位15の油田に関してはわずかにほころびが見られる。世界最大級の油田は十分大きいとはいえないのだ。しかし18位から500位までについては、この法則はいい線をいっている。ジップの法則は、最大級の油田とガス田以外に関しては正しいように見える。

ではジップの法則を油田にあてはめた結果、何がわかったのだろうか? 両端のあたり、つまり大規模な油田と小規模な油田に問題が生じていることが見てとれる。そこでベルギー諸都市の人口の問題に戻って、ブリュッセルより大きな都市がないかどうか考えてみよう。ベルギー中を巡って大きな都市を探してみてもよい。「探す楽しみは、見つけたときの楽しみに負けない」である。

しかし現在のベルギーには、ブリュッセルより大きい人口を擁する都市は見つかりそうにない。では知られる限りで最大の油田より、大きな油田を見つけることについてはどうだろうか？

ガワール油田より大きな油田が南シナ海の下に存在する、と考えることは可能である。たぶんないだろうと私は思うが、大きな油田の存在する可能性は確かに否定できない。ジップの法則は（その最も単純な形においては）トップのすげ替えに関して何も述べていない。

楽観主義者だったら次のように考えるかもしれない。ガワール油田より大きな油田が2つ見つかったとする。ガワール油田は第3位に降格となる。するとジップの法則はもっとよくあてはまるようになる。

ではジップの法則は未発見の超巨大油田の存在を予言しているのだろうか？　そうではあるまい。とはいえ、それらが発見されればSUV車の所有者と統計学者にとっ

表6・2			
ガワール	1×87,500	=	87,500
ブルガン	2×87,083	=	174,166
ウレンゴイ	3×47,602	=	142,806
サファニア	4×38,066	=	152,264
ボリバル	5×30,100	=	150,500
プルドーベイ	18×13,783	=	248,094
トロール	36×8,966	=	322,766
イーストテキサス	56×5,600	=	313,600
ナール	100×2,333	=	233,300
コアコアク	200×1,200	=	240,000
ヴァチイェガン	500×500	=	250,000

てはうれしい限りである。南シナ海の油田紛争においてどの国が優勢なのか私は知らないので、その架空の未発見油田2つに適当に名前をつけておこう（**表6・3**）。

こう書いてみるとジップは勝利したかのようだ。ジョージ・ジップ（George Zipf）をロナルド・レーガンが映画で演じたというので有名なノートルダム大学のフットボール選手、ジョージ・ジップ（George Gipp, the Gipper）と間違わないでほしい。

我々は「ジップ（the Zipfer）のために勝った」にすぎない（**訳注　この役どころによりジップ＝the**

表6・3

“イメルダ”	1×245,000	＝	245,000
“ホーチミン”	2×115,000	＝	230,000
ガワール	3×87,500	＝	262,500
ブルガン	4×87,083	＝	348,332
ウレンゴイ	5×47,602	＝	238,010
サファニア	6×38,066	＝	228,393
ボリバル	7×30,100	＝	210,700
プルドーベイ	20×13,783	＝	275,660
トロール	38×8,966	＝	340,708
イーストテキサス	58×5,600	＝	324,800
ナール	102×2,333	＝	237,966
コアコアク	202×1,200	＝	242,400
ヴァチイェガン	502×500	＝	251,000

Gipperと呼ばれていたレーガン大統領は、現役中に病死したこの選手の映画中のセリフを使って、選挙戦で「ジップ＝the Gipperのために勝ってくれ」と言った）。

最下位のあたりに関しては、ジップの抱える問題は少しばかり深刻だ。ジップの法則はその最も単純な形では「小規模の油田の埋蔵量を全部合わせると無尽蔵の量になる」と予言している。計算方法は途方もないものだが、コンピュータにひと仕事させれば何ということもない。

ここにマイクロソフトウィンドウズの初期ヴァージョンにある、QBASICでも動かせる5行の

※プログラム1

```
sum = 509.2  '17位までの油田の埋蔵量(単位: 10億バレル)
FOR n = 18 to 10000  '18位から10,000位までの油田に対して
  sum = sum + 233.3 / n  ' 233.3 / n はジップの法則の油田の規模
NEXT n
PRINT sum, 233.3 / n  '全石油量、最小の油田の規模
```

プログラム（**プログラム1**）を紹介しよう（ちなみにビル・ゲイツはまだ書き上げてもいないBASICの1ヴァージョンの販売から富豪への階段を昇り始めた。QBASICのフリー版はwww.winsite.comからダウンロード可能である）。「'」のあとの注記は不要だ。

油田数を1万、10万、100万にしてこのプログラムを実行する。実行するごとにsumは5370億バレルずつ増加し、最小の油田は10分の1ずつ小さくなる。現在、世界の石油年間生産量は240億バレルである。

「我々は現在ある油田の10分の1の規模の油田を利用することで、22年のあいだ供給期間を延長させることができる」とジップの法則は告げているように思われる。この結論を歓迎するのは経済学者くらいだ。

ジップの法則は永遠に成り立つわけではない。最小規模の油田は、最低でも石油分子1個はなければならない。

もう少し現実的な限界は、探査と生産にかかるコストを埋め

合わせることができる最小の油田である。数年前、メジャー系石油会社の探査地質学者たちは、ノースダコタ州とモンタナ州にまたがるウィリストン・ベイスンでの新たな油田発見を喜んでいた。しかし経営陣からは激しく非難された。彼らはこのとき100万バレルしか発見していなかったからだ。我々のほとんどにとっては「1バレル当たり30ドルで100万バレル」というのはポケットの小銭以上の額である。

50年近く前、スタンダードオイル・オヴ・ニュージャージー（現在のエクソンモービル社）のある年配の地質学者が、会社の収益性がもっぱら巨大油田にかかっていることに気づいた(6)。次の結論は石油会社に向けられたものであると同時に、消費者に向けられたものでもある。

「世界の石油の半分は上位100までの油田にある」。探すべきなのはゾウであってリスではない。現在ではジップの法則の変種が存在する(7)。いくつかは校庭のシーソーのような振る舞いをする。小規模油田に無限大の量の石油がこないように一方の端を押さえると、もう一方の端が馬鹿げた数の超巨大油田の存在を予言するのだ。

大きさに関する自然な分布状態を調べるもうひとつの方法がある。これはジップの法則より起源が古い。次のような実験をしてみよう。

浜辺か川から自然の砂をひと袋採ってくる。岩石の種類は問わない。針金で編んだふるいを何個か重ねたものを通して、砂を粒子の大きさ順に分ける（言うまでもないが、最も目の粗いふるいをいちばん上に重ねること）。それぞれのふるいに溜まった砂の重さを量り、結果をグラフに表わす。ふつうの一次の方眼紙だとそのグラフは一方に偏る。しかし地質学者はすでに１９１４年に対数方眼紙を使うことを覚えている。これを使うと砂の重さは美しい対称形のベル型の曲線を描くのである（8）。通常の方眼紙には数字が等間隔に１、２、３、…と打ってある。しかし対数《ログ》方眼紙では、等間隔に並ぶ数字が１、10、１００、１０００となっている。ふつうの一次の方眼紙上のベル型曲線は「正規曲線」と呼ばれる。対数方眼紙上の対称形のベル型曲線は「対数正規曲線」と呼ばれる。

正規曲線は一群の独立の数を足し合わせていくと得られる。これはガウス曲線ともいう。その形が「数学界の貴公子」カール・フリードリッヒ・ガウスの研究に由来するからである（9）。

もうひとつのプログラムを紹介しよう。ほぼ正規曲線を描くＱＢＡＳＩＣの小さなプログラムだ（**プログラム2**）。

ＲＮＤは０から１までのあいだの任意の数を生じさせるコマンドである。任意の数の分布範囲の中央値は0・5だから、任意の数を6回足し合わせた値はおおよそ3になる。めったにないことだが6個の数がどれも小さく、全部足し合わせても0コンマなにがし程度にしかならないことがある。同様に6個の数のどれもが1に近く、合計が6近くになる場合もある。

　こうしたすべてを合わせると中心が「3」で両裾が「0」および「6」に広がるベル型の曲線となるのだ（**図6・3**）。

　正規曲線はみんなで100ヤード競走をしたときに得られるとされる。足の速い人数名がいて、ほとんどの人は中くらいの走りで、私がはあはあ言いながらビリを務めるだろう。またはポップコーンがはじける音を聞いてみよう。気の早い奴が少数、真ん中あたりで盛んにポンポンいって最後には出遅れ組が少々という形になる。

　正規曲線は独立に生じる数の加算によって得られる。先の章で述べたディフェイスの法則の示すところでは「うまくいかないことがひとつでもあれば、それは空井戸である」ということになる。

　よいソースロックがなければならない。そのソースロックはオイルウィンドウに入ったことがなければならない。貯留岩に孔隙性と浸透性がなければならない。帽岩には漏出があってはならない。トラップが形成されていなければならない。このゲー

※プログラム２

```
SCREEN 12  'グラフィックのスクリーンを開く
DIM sum(600)  '600の記憶容量を確保する
FOR n = 1 to 50,000
    k = 100 * (RND + RND + RND + RND + RND + RND)
    sum(k) = sum(k) + 1
    PSET (k, 400 - sum(k)), 15  '点を打つ
NEXT n
```

図6・3
任意の６個の独立の数を合計すると、ベル型のガウス曲線におおよそ一致する。

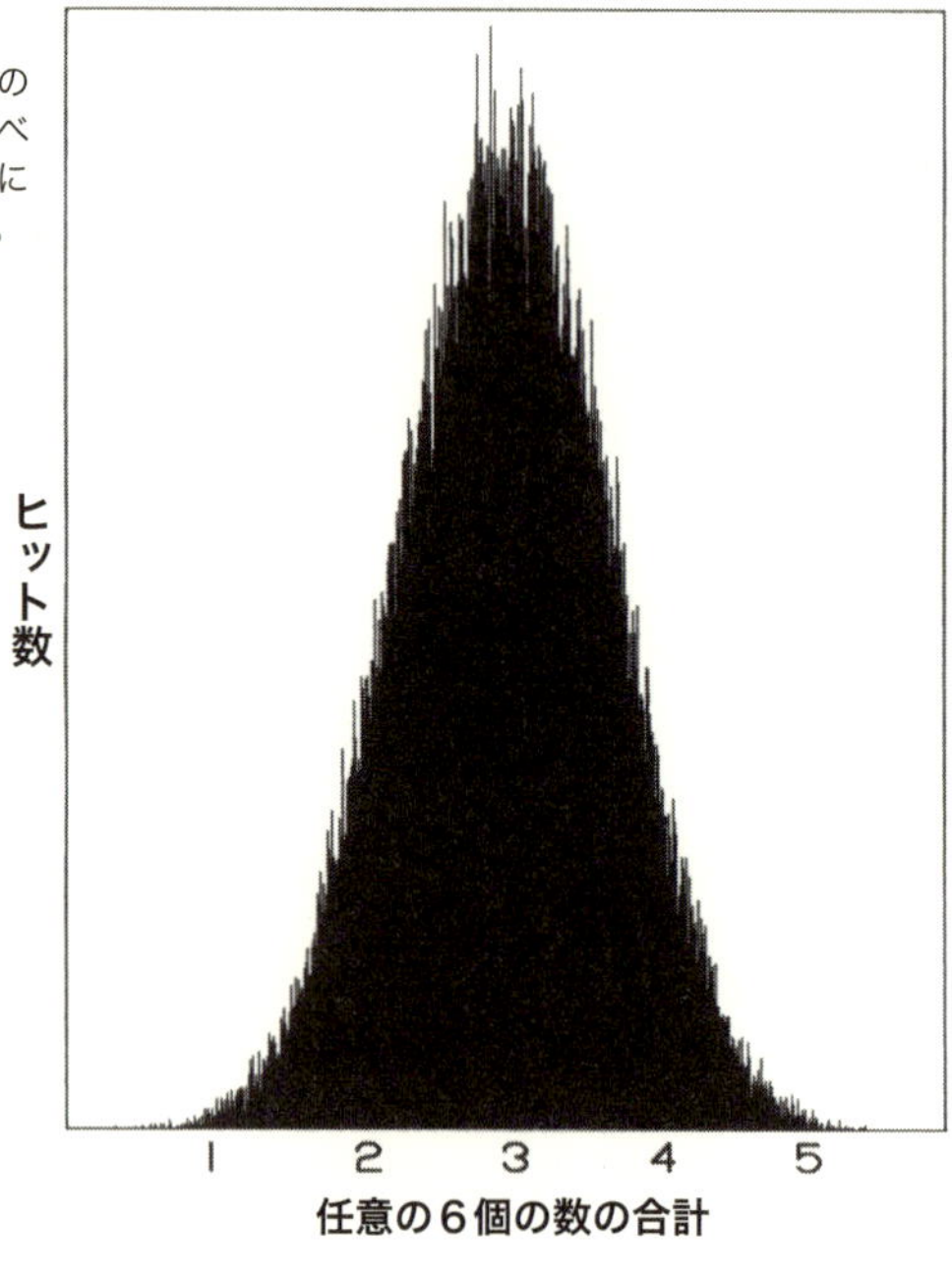

ムでは各得点は足し合わされるのではなく、掛け合わされる。もしひとつでも0点があれば最終的な得点は0点になってしまう。

話のポイントはこうだ。数を掛け合わせることはその対数を足し合わせるのと同じである。独立の数の足し算からは正規曲線が得られた。掛け算からは対数正規曲線が得られる(10)。

砂粒の話に戻ろう。私はふるいに残った砂の重さを量る代わりに、その数を数えてみたことがある（本当のことを言うと私がではない。夏休みの目的は退屈きわまる作業の対価として、アルバイト料を学生に与えることにある）。

粒子のサイズが小さくなれば同じ重さに対する粒子の数は増える。どのサイズの砂粒もふつう石英から構成される。したがって密度は一定だ。各サイズの粒子の数は重さの3乗によって決まる。すると実に見事なことが起こる。粒子の重さから粒子の数に変更してもグラフの目盛の数字を打ち直すだけですむ。対数正規曲線はもとの規模と形を保ったままである。

では世界の油田は対数正規グラフ上でどのような形を表すのだろうか？　結果はまずまずだ。しかしそれはジップの表においてもまずまずだった。

単にグラフを見比べているだけでは、ぴったり合うものを見つけるのは不可能だ。

少なくとも対数正規分布は両端が膨れることはない。対数正規という数学的形態は、きわめて大きな未発見の油田が存在する可能性を確かに認めている。

しかし対数正規曲線は超ウルトラ巨大油田の存在に、きわめて低い確率しか与えない。仮説の巨大油田の一群の推定埋蔵量（規模×対数正規の確率）は小さい。対数正規曲線が我々に伝えようとしているのは「いたずらに期待を抱いてはならない」というメッセージである。

ジップの法則（とその変種）も対数正規曲線も、世界の油田に関して完全に申し分のない未来像を描くことはなかった。少なくとも将来のエネルギー供給の戦略を規定するのに申し分のない未来像にはならなかった。このことは使える知識が存在しないことを意味するのだろうか？　どちらのアプローチも油田と交通事故とのあいだに類似性があることを示している。

ちっぽけな接触事故はたくさんあるが、ハイウェー多重玉突き事故はきわめてまれである。だが損害賠償専門の弁護士はより大きな事故を追っかけようとする。

ここで私の馬鹿げた心配を披露すればこの問題の性格が分かるだろう。公式の統計によると、定期便の飛行機での移動は自動車での移動に比べて一旅客マイルあたりの安全性がかなり高い。それは心強いことだ。

しかし私は旅客マイルなどあてにしていない。一乗り物マイルあたりの死亡率はどうなのだろう？　私と一緒にエアバスに詰め込まれた３００人の旅客は、私が事故で死ぬ確率を３００倍にするのだろうか？

将来の石油供給に対する結論は「現存の石油の半分以上が20億バレル以上の油田に存在する」ということだ。将来極度に集中的な掘削を行うことにしたとしても、せいぜいその中点が10億バレルに下がる程度だろう。もし将来においても石油が供給されるとすれば、それは大規模油田にかかっているのだ。

主要な油田と大きな交通事故とは統計学的な類似性を見せているので、巨大油田は世界中に不規則に散らばっている。

「モーセの話は聞きたくないわ。彼は40年もかけて私たちを、中東の石油のまったくない場所に導いたのだから」ゴルダ・メイヤ（イスラエル首相、１９６９－７４年）のことばである。

さて（**表6・4**）を参照していただきたい。これは主要な石油産出地域における、10億バレル規模の油田第一号の発見年だ。

もちろん何をもって「発見」とするかについては意見の分かれるところだが、およその話は決まっている。主要な石油産出地域はかなり早くから知られていたが、最近

表6・4		
南アメリカ	1868	ブレア（ペルー）
帝政ロシア	1870	スラハノスコイェ（アゼルバイジャン）
北アメリカ	1871	ブラッドフォード（ペンシルバニア州）
中　　東	1908	マスジェデ・スライマーン（イラン）
東南アジア	1929	セリア（ブルネイ）
中　　国	1938	ローチュンミアオ（甘粛省）
北アフリカ	1956	ハッシ・メサウド（アルジェリア）
北　　海	1969	エコフィスク（ノルウェー）

になっていくつか「びっくりプレゼント」が北アフリカ、北海にもたらされたのだ。

初期の発見リストは石油生産が当初から国際的な現象だったことを強く訴えている。台湾の町、苗栗《ミャオリー》に行ったとき、私はドリルパイプをトングで持ち上げている等身大の油井作業員の像を見つけてうれしくなった。

苗栗はベーカーズフィールド（カリフォルニア州）、アバディーン（スコットランド）、モーガンシティー（ルイジアナ州）、バクー（アゼルバイジャン）と肩を並べる油田地域である。

アメリカ人は石油産業において、圧倒的とまでは言わないが大きな存在感を示してきた。ロッテルダム港では42ガロン缶の石油が米ドルで現金取引されている。

中東が主要な石油産出地域であることが聖書を読むと分かるだろう。火に燃えているのに燃え尽きない柴**（訳注　出エジプト記第2章）**。昼に立ち上る雲の柱、夜に立ち上る火の柱（訳注　出エジプト記第13章）。そしてダニエル書の「燃え盛る炉」（訳注　同書第3章）。

1927年、「燃え盛る炉」で井戸を半マイルほど掘削したところ、キルクーク油田（170億バレル）が見つかった(11)。

中東の登場はゆっくりとしたものだった。次の仮説のどちらか、あるいは両方が成り立つだろう。

①1970年までは、石油価格が1バレル当たり3ドル以下だったため、中東を開発すべき経済的動機がほとんど存在しなかった。

②メジャー系石油会社の間に、余分の石油を隠しておこうとする陰謀があった。

次に挙げるのは中東各国における10億バレル規模の油田第一号が発見された年だ。

イラン　1908年
イラク　1927年
クウェート　1938年

サウジアラビア　1938年
アブダビ　1954年

サウジアラビアにおいて本格的な大量生産が始まったのは1948年。知られる限りで世界最大の油田、ガワール油田（870億バレル）の発見以降である。アラビア湾岸（ペルシア湾岸）は海抜よりわずかに低く沈んだ大陸地殻から構成される。

石油産出地域は湾を横断して広がっている。湾岸のアラビア半島側には石油の豊富な小国がいくつも存在し、ときにそれらはひとまとめにアラブ首長国連邦とされる。

石油の効果も含め、中東の政治史は盛んに語られている。歴史についてはあらゆる本に書かれているので繰り返すことはしない(12)。以下に将来の石油供給に関係のある歴史上の出来事を簡単に並べる。

①サウジアラビアにある石油会社アラムコ社は最初の契約書の中にドリル・オア・ドロップ（drill-or-drop）条項を記していた。

内容は「当初の許可地域内で石油が発見されなかった場合、当該地域の掘削権はサウジアラビアに復帰する」とするものだった。使ってないなら返せというわけだ。

図6・4
黒く塗りつぶした部分がオマーンの既知の油田、線で囲んだ部分が天然ガス田である。オマーンで小規模の油田・ガス田が多数発見されていることは、中東全体に未発見の小規模の油田・ガス田が多数存在することを示唆する。

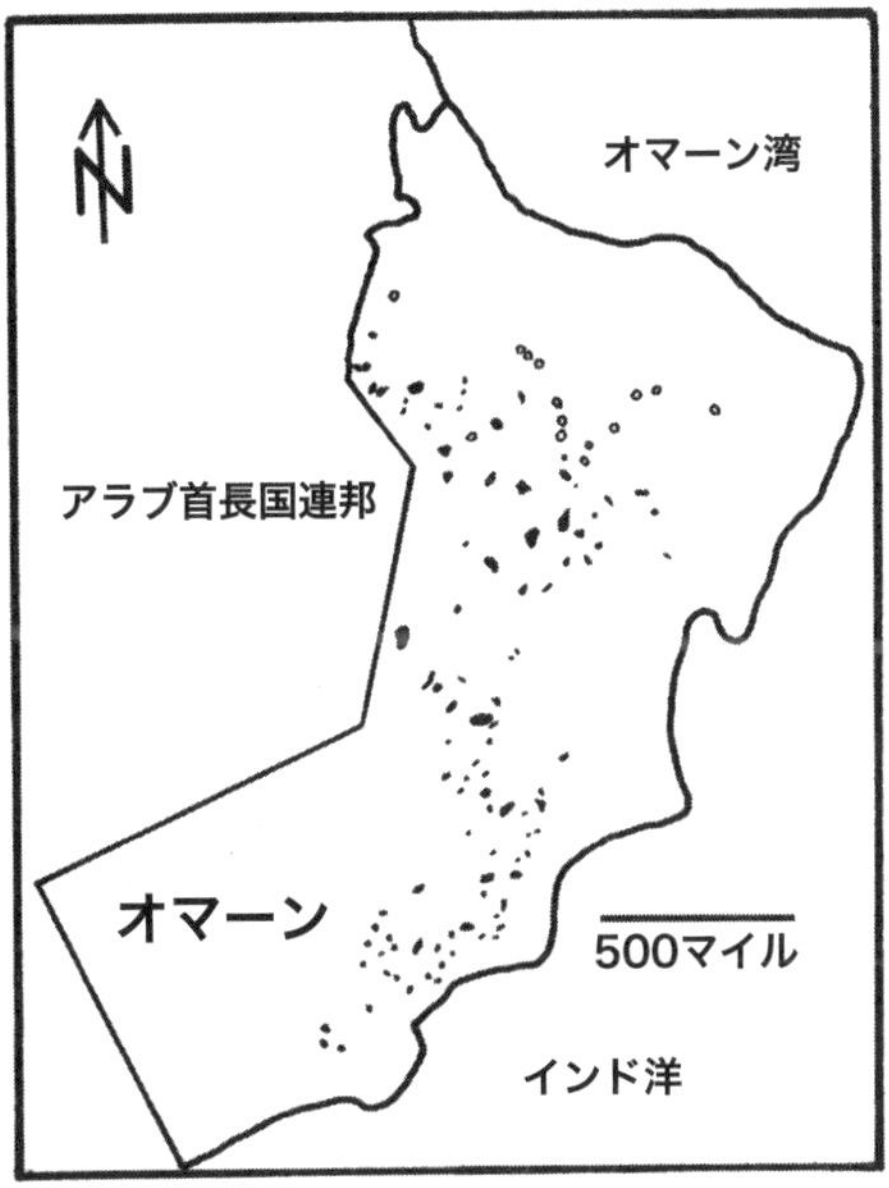

これが動機となって、アラムコ社は数十億バレル規模の油田を次々に発見した。サウジアラビアは１９７６年から１９８０年にかけて段階的にアラムコを国営化したが、実体としての会社は存続した(13)。これと対照的にイラクとイランでは国営化の際にそれまで石油の探査と生産を行ってきたコンソーシアムは追放された。

②オマーンはアラビア半島の東端の国である。中東の石油産出地域の遠隔の薄い縁にある、とでも言えばいいだろうか。

ふつう中東地域における初期の探査の取り決めは、国際的な石油会社のコンソーシアムとの合意という形をとっており、オマーンは中規模の「独立系」石油会社数社に探査への参加を許可した。石油発見量は全部合わせても10億バレルに達しないが、約30の油田が発見されている。

オマーンの油田地域の油田地図はオクラホマ州中部の油田地図にだんだん似てきている。私などは、どうも小さな油田が中東全体にくまなく存在しているのではないかと思ってしまう（**図6・4**）。

③イラクとイランは大きな謎だ。名こそ似ているが、両国は歴史も文化も大いに異なる。イランでは1908年から1974年の間に10億バレル以上の油田が24個見つかっている。イラクでは10億バレル以上の油田は1927年から1979年の間に11個見つかっている。油田の数はイラクのほうが少ないが、両国は共に現存の油田で約1000億バレルの石油が埋蔵されている。

政治的事件やイラン・イラク戦争（1980～88年）によって新たな石油探査は停止している（イラン・イラク戦争の記事を読んだ当時、私は、アメリカはどちらでもいいから負けている側について、どちらの国もやっつけてしまおうと目論んでいるのではないかと嫌な勘繰りをしたものだ)。

さて、先進技術を使って真剣に探査を再開した場合、どちらの国がより多くの石油を発見するだろうか？　私はこれまでずっとイランのほうだと言ってきた。なぜならイランの油田は、驚くほど地表にはっきり表れた背斜構造の上に存在しているからだ。しかしある引退した石油地質学者は私に「いや、それはイラクだ。我々は1日に5000バレル以上の産出のない井戸を塞いで廃坑としたんだ。現役に戻してやればいい」と言った。

それがイラクであれイランであれ、中東における未発見の石油が未開発石油の世界最大の供給源となることは間違いない。

私は中東の石油探査再開のための、すばらしい政治的シナリオをでっち上げようというわけではない。将来の石油生産は燃料としてよりも、石油化学産業の原料としての価値が高まっていくものと予想される。イラクとイランの間にいまだ存在する政治的障壁は、将来の石油化学産業に必要な原料の確保に役立っているのかもしれない。

北海は発見済みの主要な石油・ガス生産地域の中で最も新顔だ。発見にはある敬意

図6・5　著者自作の非公式地図によると北海におけるイギリスの油田の大半はスコットランドに属し、イングランドに属するものはわずかだ。黒く塗りつぶした部分が油田、線で囲んだ部分がガス田である。

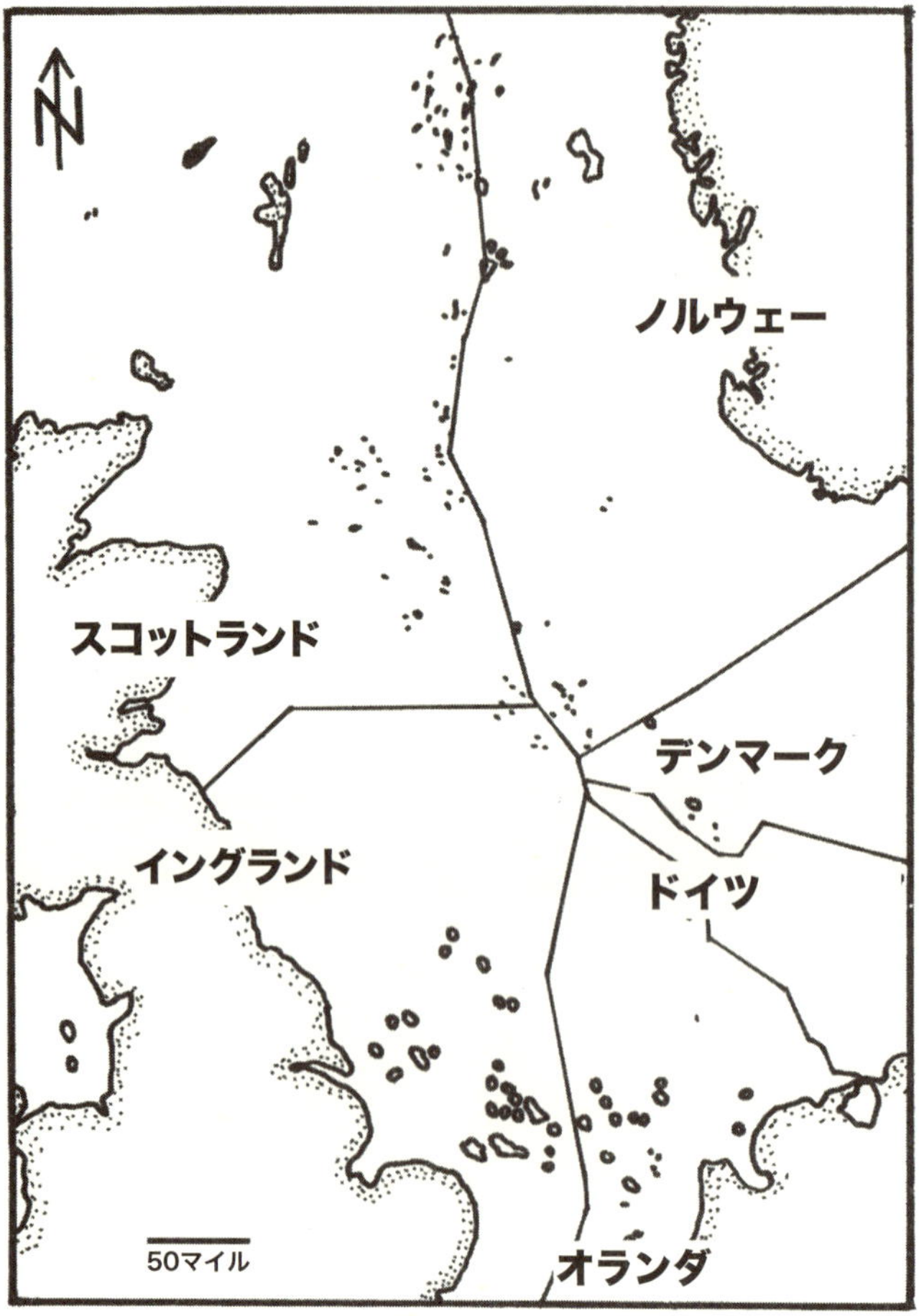

があった。

１９４１年、ドイツ軍がオランダを侵攻したとき、シェル社の社員の多くは出国することができた（ところで我々は「シェル」と呼んでいるが、正式には「ロイヤルダッチシェル」である。探査と生産はハーグが管理し、金融面はロンドンが担当している）。ゲシュタポは残ったシェル社の最高幹部の頭に銃を突きつけて、石油を見つけるよう要求した。

第二次大戦中を通じてドイツはのどから手が出るほど石油が欲しかった。ドイツは航空ガソリンを軟らかい褐炭から合成していたのだ。シェルマンは次々と空井戸を掘り続けた。そのやり方がたいへん堂に入ったものだったので、結局ナチは引き金を引くことはなかった。戦後シェルはオランダのフローニンゲンで巨大なガス田を掘り当てた。ゲシュタポの人間を怒らせることは間違いないやり方だ。

フローニンゲンのガス田は陸地から北海方面へ広がっていた。１９６９年のエコフィスクの発見が、北海中央部に大量の石油が存在することの確証となった(14)。

北海の地理的な中心線と油田の中心線がほぼ一致していたので、ノルウェーとイギリスの石油生産はほぼ同量となっている。

この石油とガスはイギリス経済に多大な影響を与えた。北海の発見以前、ユーモア雑誌の『パンチ』は、イギリス人は第三世界の地位に甘んじてはどうかと持ちかけていた。１９６７年、イギリス経済は不調で悪化の一途をたどっていたのだ。現在イギリスは世界第10位の石油生産を誇る。ちなみにノルウェーは第６位だ(15)。

イギリスとノルウェーは共に高価な石油を輸入するという打撃をまぬがれただけでなく、高価な石油を輸出することができた。冬の家の恐ろしい寒さというイギリスの伝統は、北海ガス田の天然ガスによって様変わりした。

私は中心線のルールにしたがえば、イギリスのシェアのほとんどはイングランドではなく、スコットランドのものとなるのではないかということに思い至った。そこで地図上に中心点を結ぶ線を描いてみた。

石油の90％はスコットランド弁を話した。10％がオックスフォード・ケンブリッジなまりだった（**図6・5**）。そしてスコットランドのほぼすべての住民がすでにこのことを知っていた。

スコットランドの石油がなければ、イングランドは本当に第三世界の国になってしまうと思われる（調査旅行でスコットランドを訪れたとき、私は学生たちにスコットランド人はアメリカが独立を勝ち得たのとほぼ同じ時期に被征服民となったことを話した。カロデンが１７４６年、ヨークタウンが１７８１年である＝イングランド軍がスコットランドに勝ったのがカロデンの戦い、アメリカ植民地軍が英軍に勝ったのがヨークタウンの戦い）。スコットランド人が自分たちの石油のことで我を張らない限り、イングランド人はスコットランド人に多少の象徴的独立を与えるだろう。

ノルウェーの状況はイギリスとはかなり異なる。ノルウェー人がスウェーデンおよびデンマークから独立を勝ち得たのは１９０５年のことだ。ノルウェーの人口は少ないが、国民はとくに裕福とはいえない。

石油の大当たりがあったとき、ノルウェー人はこれを比較的長期の視点に立って考えた。お祭り騒ぎで蕩尽するタイプの国民ではないのだ。

北海での探査および生産は進行が速かった。北海地域は、発見から枯渇までの全生涯が他の主要な石油産出地域の半分ほどになるだろうと予想される。それには２つの理由がある。

①海上では反射地震探査法の働きがよい。発見は１９７０年代、非常に急速に進んだ。イギリスは経済的な必要性から迅速な発見と生産を強く望んでいた。政府はただちに掘削権を求める企業間の競売に北海地域を回した。

②北海のほとんどは掘削対象が単一のファミリーから構成される。一度そのファミリーがわかってしまうと、あとは短期間に次々と発見が続いた。

他の石油産出地域（とくに地理的に広い地域）には複数の異なるタイプの油田がふつう含まれており、それぞれかなり間隔をおいて発見されている。テキサス西部は一度にすべてが開発されたわけでもなく、すべてが同じ方法で発見されたわけでもないという意味で、複数の異なる「北海」が寄り集まったものだと考えることができる。

北海の真ん中には油田の名前にできるような地名がない。ブロック16／26」といった名前のついた油田がいくつかあるが、たいていの発見者はもっと想像力が豊かだった。ノルウェー側にはトロール、グルファクス、フリッグがある。イギリス側の油田の名前の中には初期のイギリスの4人の地質学者――ハットン、マーチンソン、ミラー、ライエル――にちなんだものがある。コノコ社に感謝したい。

私は長い間「単一の油井で最も生産量が多いのはどこなのか」世界記録を知りたいと思っていた。標準的な答えはメキシコのゴールデン・レーンのポルトレロ4号井だが、その1日当たり20万バレルという数字はおそらく大きすぎる。混乱の生じる原因

写真6・7
地下1,070フィートから10インチの石油を200フィートの高さまで噴出しているカンザス州中部のトランスコンチネンタル・イェーツA-30号井。1929年9月23日に行われたこの井戸の公式の生産試験では、1時間あたりの石油生産量が8,528.4バレル（1日あたり204,681バレル）であった。これは実際に測定された井戸の生産量としては最大。
AAPG©1929　AAPGの許可を得て掲載。転載にはAAPGの許可を要する。

としては2つが考えられる。
①初期の候補のほとんどは、井戸がコントロールされるまでの何日間〜何カ月間、激しい噴出を起こした。産出能力試験ができるようになったときには、油層の一部が枯渇してしまっていることがあった。
②規模の測定は通常、井戸を全開にして貯蔵タンクに24時間流し込むことで行う。しかし私の父は、伝説的な「ワイルド・メアリー」として知られるオクラホマシティーのメアリー・サディック1号井には通常の24時間試験を行っていない、と言っ

表6・5	
1910	ポルトレロ・デル・リャノ4号井、ベラクルス（メキシコ）、60日間の激しい噴出
1910	アギリャ4号井、ベラクルス（メキシコ）、60日間の激しい噴出
1912	レーク・ヴュー 1号井、ミッドウェー油田（カリフォルニア州）、90,000バレル／日
1928	メアリー・サディック1号井、オクラホマシティー、11日間の激しい噴出
1929	イェーツ A-30号井、テキサス州西部（**写真6・7**）
1948	マスジェデ・スライマーン、7-7号井、イラン
1956	アルボルズ5号井、イラン、90日間の激しい噴出

ていた。

「ワイルド・メアリー」は12時間でオクラホマシティーのすべてのタンクをいっぱいにした。

1日当たり10万バレル以上の井戸の「優等者名簿」がここにある（**表6・5**）。どの井戸もいくつかの国連加盟国の国民総生産よりも大きなキャッシュフローを生み出しているだろう、ということに注目していただきたい。

第7章 ハバート再考

Hubbert Revisited

将来の石油生産について何も発言していなかったとしても、M・キング・ハバートが地質学史上で重要な位置を占めることに変わりはない。

地下水の流れ、規模の評価、ダルシーの法則、流体力学的石油トラップ、大規模な衝上断層（thrust faults）に関する彼の分析には大きな意義があった。そのため彼が1956年に行った警告を、私たちは一笑に付すわけにいかなかった(1)。

ジャーナリストは時々「その道の権威」といった言い方をするが、科学の世界に権威というものは存在しない。名誉学位を授与され、政府要職に任命され、ノーベル賞を受賞したのちにも科学者は間違いを犯すかもしれないし、実際に犯している。とはいうものの1955年にライナス・ポーリングが、大気中での核兵器実験が健康に有害かもしれないと述べたとき、我々の大部分は彼の言葉に注意を払った(2)。

ポーリングのそれまでの輝かしい業績は、核実験に対する彼の見解の正しさを証明するとは言わないまでも、その統計学的期待値を大きくしていた（老後の彼は、ビタミンCの大量摂取が風邪の治療に役立つという自説を証明できなかったが、私はもしかしたらと思って毎朝大きなコップ1杯のオレンジジュースを飲んでいる）。

ハバートの過去の業績についても同じことがいえる。石油産業の将来に関する彼の予測はひょっとして正しいのかもしれないと思わせるだけのものがあるのだ。

ハバートはテキサス州中央部の町サン・サバで育った。彼は両親の尊敬する教師の名前にちなんでマリオン・キングと名づけられた。少年時代に事故で丸太の下敷きとなったため、彼の顔は少しゆがんでいた。

彼はシカゴ大学に進学した。当時のシカゴ大学はアメリカで最も先端的な教育を施していた（今でもそうであるという意見もある）。ハバートはコロンビア大学の専任講師となったが、助教授への昇進もなくそのまま7年間を過ごした。彼は１９３０年代後半のこの時期のことをいつも苦々しげに語ったものだ。

その後の25年間、彼はシェル社に勤めた。シェル社の退職年齢に達すると米国地質調査所（ＵＳＧＳ）の一員となり、時々スタンフォード大学で教えた(3)。

のちに私は彼に講義の様子を聞いてみたことがあったが「順調」という答えが返ってきた。同じ質問をスタンフォードのある学生に聞いてみたら「受講生たちはパニクっていた」とのことだった。

ハバートが比較的遅い時期にＵＳＧＳに所属したのは歴史的背景のためだ。ＵＳＧＳはいわゆる典型的な官僚主義的組織ではない。詳細な調査地図作成、実験作業、また出版物の慎重な編纂に関するＵＳＧＳの高い設定基準は、１００年以上にわたって不動である。ＵＳＧＳは鈍重な面もあるが、その仕事の質はきわめて高いものだった。

しかし資源の予測を行うときには、ＵＳＧＳの研究員はそれこそ官僚的にふるまった。統計学的方法の選択に関して判断を下すとき、ＵＳＧＳはほとんどいつも高い予測値の得られる方を選んだ。

アメリカと世界のあれこれの予測を行うには、それぞれに１００人年《にんねん》ずつを要するのだ、とＵＳＧＳは自らを弁護した。労働力の投下が最小限しか必要ないハバート型の予測は、引退した地質学者には歓迎されるだろうと彼らは言った。

ハバートはＵＳＧＳに１９６４年から１９７６年のあいだ在籍していたが、ＵＳＧＳの体質が変わることはなかった。２０００年、ＵＳＧＳは再び世界の石油について信じられないほど大きな予測値を発表したのだ(4)。

私は第一章でシェル社も業界内のその他の企業も、ハバートの予言に耳を傾ける様子は見られないと述べた。医者に進行の早い癌が転移したと言われたようなものだ。拒絶もまたひとつの応答である。

２０００年の春には米国石油地質家協会の会長が「ハバートの誤り説」を駄目押しする本を出している。ハバートの結論を受容するのであれ拒絶するのであれ、ほとんどの人は「最初に結論ありき」といった態度を示すようだ。最初に直観で見解を述べておいて、あとの議論はだいたいその見解の正当化を試みている。要するにハバートの方法を知的に分析した結果、考えを改めたという人は存在しないのだ。

反ハバート派がよくやる議論のひとつは、アメリカの石油に関するハバートの本来の分析に対して地理的範囲を広げる（沖合とアラスカを含める）、未開発の石油資源を含める（コロラド州のオイルシェールを含める）など、範囲を広げて解釈するタイプのものだ。

私が最も気に入っている、ハバートが間違っていることを証明する方法はこうだ。サウジアラビア人に我々の51番目の州にならないかと誘う。断りようのない申し出を彼らにもちかけるのだ（おめでとうございます。みなさんには米国上院議員2人を選出していただけます。ここにアメリカ内国税収入庁の担当者がいます）。これでサウジアラビアの石油をアメリカの石油に含めることができる。ハバートの理論はおしまいだ。

だいたい議論をするときは最初に線引きをして問題の範囲を定め、その線の内側で起こることがらについて論じるものだ。地理的あるいはカテゴリー的に線をちょろまかしては、議論にも何にもなりはしない。

ハバートが予言を行った際にどのような計算方法を使用したのかは、あまりはっきりしていない。44年たった現在、私が思うにハバートは他のだれとも同様に、最初に結論を出してからその結論を支える生のデータと方法を探したのではないだろうか。（彼とはざっと100回は昼食を共にしたし何度か長い議論も行ったが、彼の予言の出発点について突っ込んで聞くほどのことはしなかった。昼食時の議論は、ハバートが話題を選んだ方が面白いものになったのだ）。

先に答えを推測し、次にそれを支える議論を見つけるというのは科学の常道であってずるではない。ハバートは伝えるべきメッセージを見つけ、そのメッセージを自分が正しいと考えたフォーマットに託したのだ。ではこれから訪れる世界的石油不足を予言するのに、我々はなぜ44年も前のお粗末な方法に基づかなければならないのか？

伝説によれば「アメリカの石油生産は1972年ごろにピークを迎える」とする1956年のハバートの予言は的中したことになっている。だが実際のピークは1970年だった。実のところハバートは選択肢として2つの予測を読者に提示していた。きつめの予測によるとピークは1965年だったが、太っ腹に引いた曲線のほうが伝説の予言をもたらしたのだ。

ひとつの図から始めよう。もっともこれはハバートが使ったものではない。ペンシルバニア州で毎年採掘された無煙炭の量は美しいベル型を示す（5）（**図7・

図7・1　ペンシルバニア州における無煙炭の年間生産量はベル型曲線を示す。曲線から大きくはずれているのは大恐慌の時期（1929-38）の一時的減少と、第二次世界大戦時の一時的増加である。AAPG©1986 AAPG の許可を得て掲載。転載には AAPG の許可を要す。

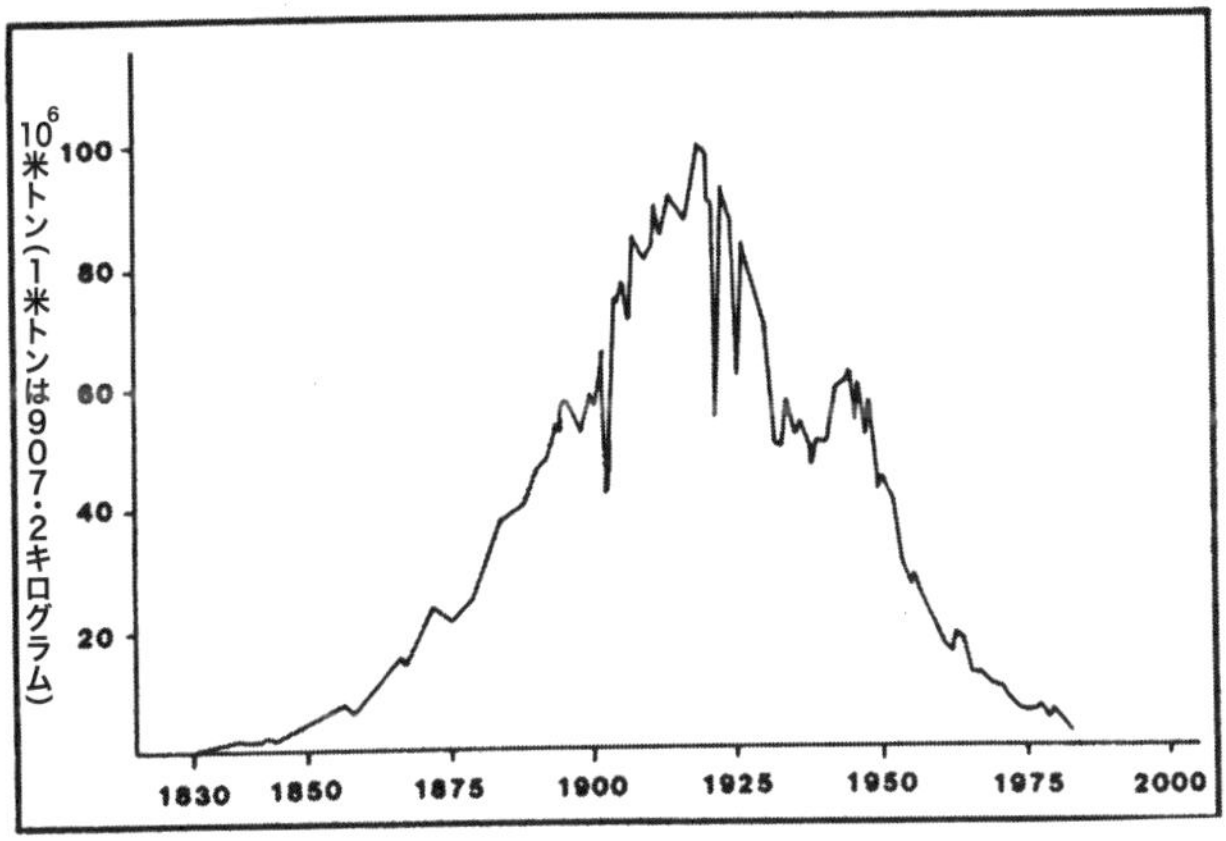

1）。曲線の唯一異常な出っ張りは第二次世界大戦中の増産によるものである。では、このベル型はどのように説明できるのだろうか？

1830年から1900年のあいだ、無煙炭の生産量は年に5％の増加だった。年間の増加率が一定の増加は、無限に増大する数学的なプロセスである。これは「指数関数的な増加（exponential growth）」あるいは「複利の増加（compound-interest growth）」など、さまざまに呼ばれている。

量に限界があるとはいえ、1900年に無煙炭の供給は減り始める。生産量のピーク年は1920年ごろだ。生産量がほぼ0まで減少したといっても、無煙炭を最後の1トンまで掘って売ったわけではない。掘るときはまず厚く到達可能な炭層から先に掘る。薄くて傾斜の急な炭層は、掘削が難しく危険なのだ。

というわけで生産量の減少には2つの原因がある。たやすく掘れる層がなくなってしまったことと、掘りにくい層を掘っても価格的に他の燃料に対して競争力をもたないことだ。では生産量の履歴をベル型にしないような条件はあるのだろうか？　これはいい質問である。

①生産物が何か恐ろしい毒性効果をもつことが判明し、突如生産が終了するかもしれない。南アフリカ産の角閃石であるアスベストがその例だ。

②探査地質学者が地球の裏側にある、どこかの海港のすぐ近くに厚くて高品質な鉱床を発見したなら、ペンシルバニア州の無煙炭の生産は突然終結を迎えたかもしれない。1970年代にオーストラリア北部とカナダで巨大かつ高品質のウラン鉱床が発見され、他のすべてのウラン鉱山は閉山となった。

③市場への過剰供給によって、曲線の頂上部が切り取られたかたちになるかもしれな

い。いくら価格を下げてもタバスコはある一定の量しか売れない。

１９３０年代、テキサス州とオクラホマ州によって石油市場が過剰供給になる可能性があった。１９７０年以降は、サウジアラビアが世界の市場を過剰供給にできるだけの生産量を誇っている。

無煙炭の事例は、ベル型の履歴が実際に起こり得ることを示している。しかし疑い深い人は「ロンドンからエディンバラに行く列車に乗った数学者、論理学者、統計学者の話」を思い出せと言うかもしれない。

列車がスコットランドに入ったとき、数学者が丘の斜面に1頭の黒い羊を見つけて「スコットランドの羊は黒い」と言った。統計学者は数学者の言葉を訂正して「スコットランドの羊は、少なくとも1頭は黒い」と言った。それに論理学者が割り込んで「スコットランドの羊は少なくとも1頭は、片側が黒い」と言った。

無煙炭の生産量は少なくともひとつの州でベル型の履歴を表した。たまたまそういうことがあった——。

では油田の事例を見てみよう。さしあたり我々は対象をアメリカ本土48州の陸地部分に限定する。各油田が発見された日を記録することによって、石油発見の履歴を見ていくことにする(6)。ハバートは「発見(discovery)」という語に、別の定義を与えている。したがって、私はここでは「ヒット」という言い方をすることにしよう。

ある油田の最初の生産井が稼動した日が、その油田の「ヒット」の日である。油田全体の広がりを評価するには、数年、ときには数十年の掘削が必要である。一方、その油田を発見し終え(undiscover)ようとする人はいない。一度生産が開始されると、必然的に、最終的には油田全体を掘削することになる。「ヒット」に2度目はない。

アメリカ48州の「ヒット」の履歴には、とても愉快とはいえない情報が含まれている。アメリカでは、1930年代ほど石油が多く見つかった10年間はなかった。

①私は69歳である。私が小学校を卒業するまでに、よいものはほぼすべて発見されていた。アメリカ48州陸地部分における最後の10億バレル規模のヒットは1948年、テキサス州スカーリー郡のリーフにおけるものである。そのとき私はハイスクールの生徒だった。

②「石油価格の上昇が発見をもたらす」と主張する経済学者のみなさんに問題です。1930年代は何と呼ばれているでしょう? 答え「大恐慌」。そして当時の石油価

図7・2
アメリカの油田の発見日は、ばらつきはあるがベル型分布を示す。本土48州の陸域における1億バレル以上のすべての油田が、油田内で最初の生産井の稼動年次でプロットされている。1930年から1940年までの10年間は大恐慌の時期であるが、石油発見量はその前とその後の、どの10年よりも多かった。注目すべき大油田としてはイーストテキサス油田（1930）とスカーリー郡のリーフ（1948）がある。

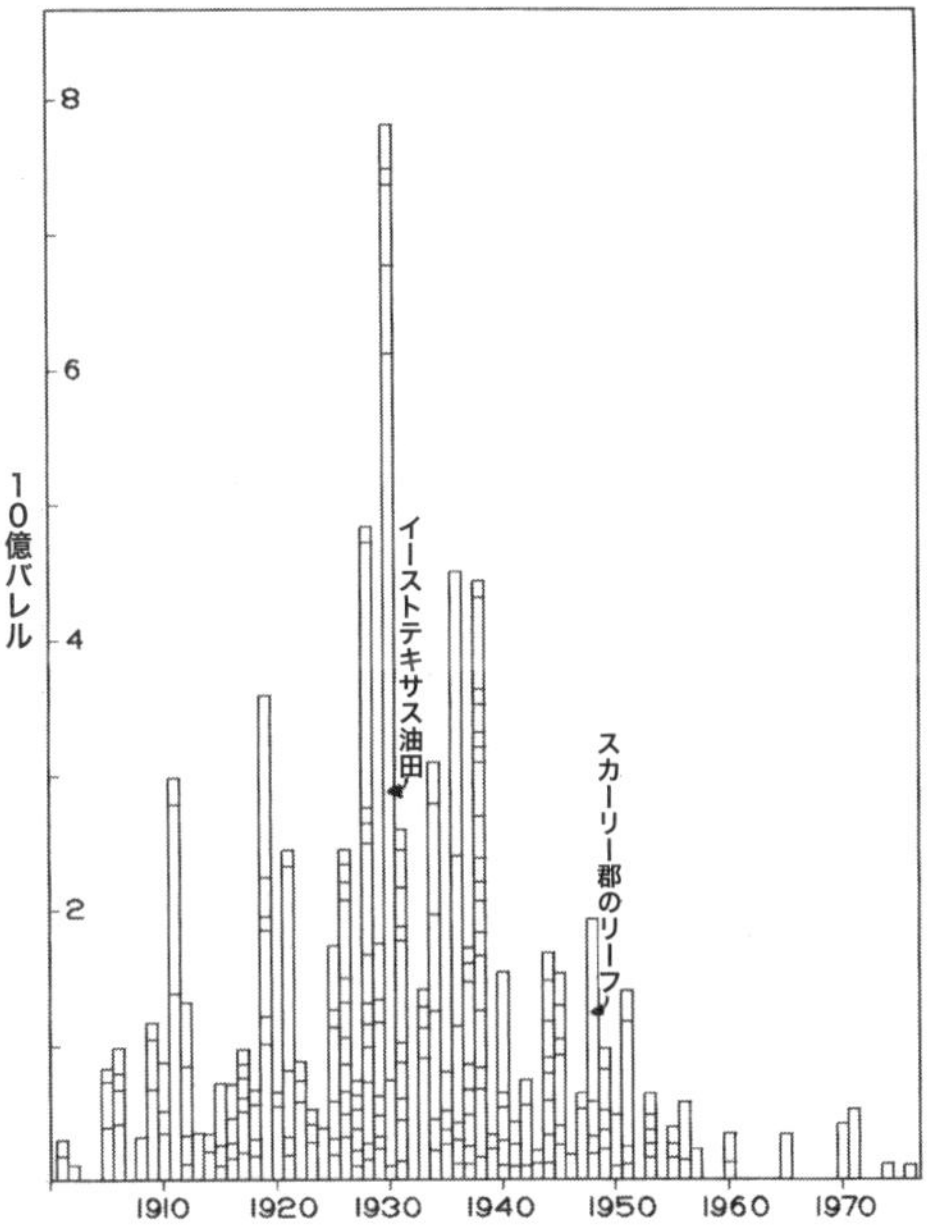

格はいくらでしょう？　答え「1バレルあたり1ドル」。生産割り当て抜きの自由市場価格は1バレルあたり10セントだっただろう。

希望の光明も翳り気味である。ヒットの履歴にはよい時期と悪い時期が含まれているが、おおむねベル型を表している（**図7・2**）。

生産史に関するハバートのモデルは2つの前提から出発する。それらの前提は実際の履歴に適合する場合にだけ確証される。

①ヒットの履歴はベル型になる。頂上が丸く両裾が広がったかたちだ。
②曲線の減少の側は最初の増加する側に対して鏡像になる。

ペンシルバニア州の無煙炭に関する先の議論は、減少と増加とが鏡像関係をなさない場合、どんな理由があり得るかを教えてくれる。それは環境問題からくる制約、生産コストの低い競争者の出現、市場における過剰供給だ。鏡面対称を示す曲線を採用する場合、ハバートは科学の最も古い伝統のひとつ――「最も単純な説明を最初に試す」――に従った。

この思考法はふつう、オッカムのウィリアムが1350年より前に定式化したものとされている（最も単純な説明を優先するこの方針は「オッカムのかみそり」と呼ばれる）。そこでこれが妥当ではないと分かるまでは、この鏡面対称のベル型曲線という単純な考え方に従っておくことにしよう。

もし石油生産の履歴を見るだけで問題が解決するのであれば、私がどうこう言う必要はないだろう。ハバートも必要ない。しかし我々はハバートの方法から魔法の最後のひとつまみを拝借しよう。

その前に石油を生産するには「どこに石油があるのか」を決めなければならない。

囲いに入れて手足を縛るのだ。第五章で述べたとおり、地中に存在する生産可能な石油およびガスの量は「埋蔵量（reserves）」として報告される。推定埋蔵量（reserve estimates）はハバートに、そして我々に将来の予測をすることを可能にする。

もちろん、新たな発見がいくつかあることだろう。しかしこの先10年に生産されるだろう石油の大半は、すでに特定されて現在の埋蔵量の中に入っている。

世界全体のデータと取り組む前にアメリカのデータから始めよう。発展しきった地域を検討することである程度の見通しを得るのが目的だ。十分探査の行われた地域でその方法を検証すれば、まだ発展しきっていない世界の状況にも自信をもってアプローチできる。

いま私はアメリカについて「発展しきった（mature）」と述べたが、「すべての石油が生産されつくした」という意味ではない。アメリカは現在、世界第2の産油国である（第1位はサウジアラビア）。「発展しきった」ことを示すものは現在生産している油井の数（563160本）である（これに対してサウジアラビアは1560本）。実際には、ハバートは発展の成熟度に応じて2つの異なる方法を使った。

①アメリカの生産がピークに達する14年前に、ハバートは既存の技術で利用可能な石

油の総量に関する2つの経験的推測値を使った(7)。彼は推測値のひとつで拘束することで、原油生産のベル型曲線がどのようなかたちになるかを示した。

②生産ピークの8年前、ハバートは石油埋蔵量の推定値（まだ地中にあるもの）とすでに生産された累積石油生産量を足して、最終的な総石油生産量を推定した(8)。彼はもはや2つの経験的推測値に頼る必要はなかった。

まず我々は2000年までのアメリカのデータを使用して、ハバートの戦術の両方を再び行ってみよう。「ハバートは正しかったのか」を聞いているのではない。ハバートが初めて推定した時点では、アラスカもメキシコ湾岸の沖合もまだそれほどの量の石油を生産していなかった。

一組の数値の観察結果を数学的曲線に「適合させる（fit）」ためにはいくつかの選択肢がある。最初ハバートは自分の選択法を理由づけなかった。彼が可能な選択肢のすべてを知っていたかどうかは疑問である。

ハバートは「適合」結果をひとつだけ発表した。彼は暗に「これです。正しいか間違っているか、2つにひとつです」と述べていたことになる。我々はもう少し自由に考え

図7・3　よく用いられる3つのベル型分布。曲線から下の部分の面積が一定になるように、また高さの最大値の半分の点どうしの距離が同じになるようにプロットしてある。ガウス分布（実線）は頂部付近がやや広く両脇がずっと狭くなっている。

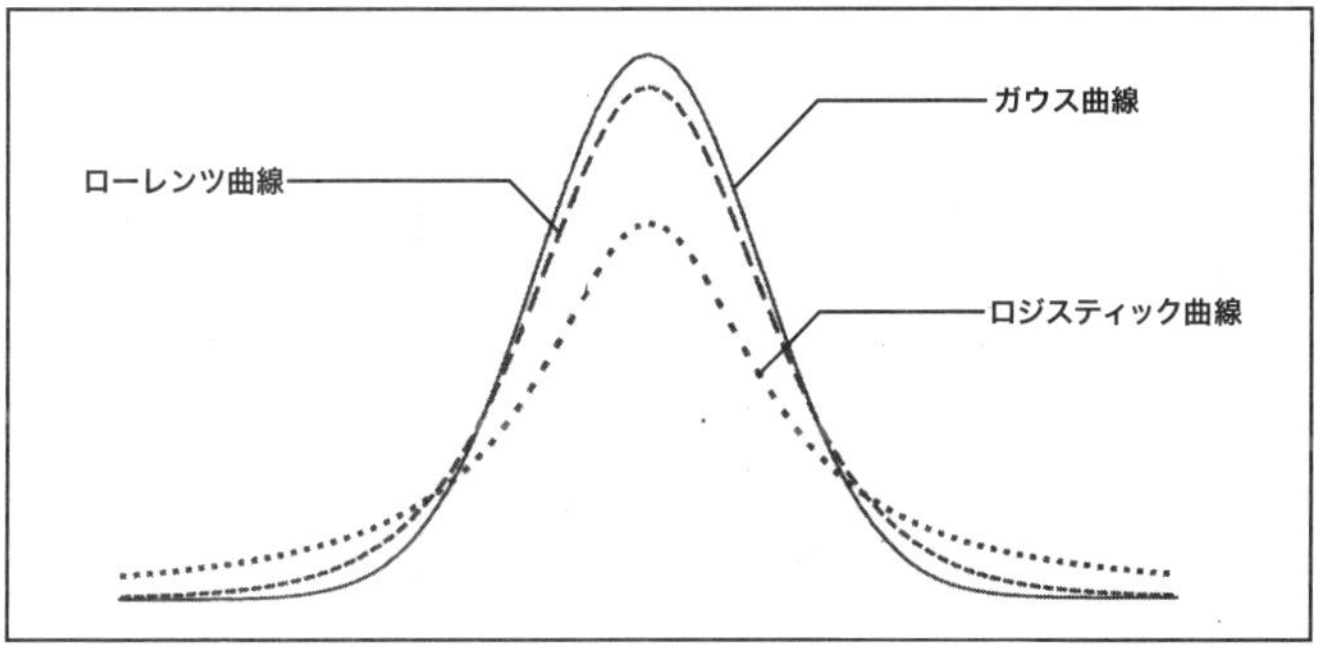

ることができる。以下に選択肢を示そう。

①ふつう使われているベル型曲線は3種ある（**図7・3**）。ガウス曲線（正規曲線ともいう）は頂部が丸く両裾が狭い。ローレンツ曲線（コーシー曲線ともいう）は頂部が狭く両裾が広い。ロジスティック曲線はその中間だ。ハバートはすべての分析にロジスティック曲線を使用した。

②我々は観察データと数学的曲線との「不適合」の値を最小にしたいと思う。しかし、統計学においては「最小にする」にも2つの意味がある。

例を挙げよう。学生の試験を採点してクラ

スの平均点を出そうとする。ふつうの手順は点数を加算して学生数で割ることだ。しかし最低点の及ぼす影響を考えてみよう。最低点は落第点、つまり65点か？　それとも白紙答案を提出した学生の0点か？

10数人程度のクラスでは、65点か0点かでクラス平均に約6点の差が出る。もうひとつのやり方として「中央値」の点数を採用することもできる。半数の学生が中央値より高い点数を、残り半数の学生が中央値より低い点数をとる。ちょうど真ん中の学生が中央値の点数である（学生数は奇数だと分かりやすい）。

中央値の点数は、最低点が65点か0点かによって影響を受けない。ここが大事な点だ。より複雑な問題に適用したとき「平均値」は観察値と数学的モデルとの不適合の値の二乗《にじょう》の和を最小にする。

中央値は不適合の値（正の値になおす）の和を最小にする（つまり中央値は不適合の値の「絶対値」の和を最小にする）。

最小二乗法は大きめの不適合を重視するものである。最小絶対値法は大半の観察値に近いことをめざすものであり、不適合の大小はあまり顧慮しない（9）。いくつかの観察値が誤って記載されている場合には（これをブランダー=blunder、大ポカという）、だれも最小二乗法を当てはめて考えようとは思わないだろう。

③ふつうの数値を使用しても、その数値に最も適合するものを見つけることができる。しかしまず数値の変換から始めるのにはいくつか理由がある。
たとえば株価の場合、大事なのは「パーセンテージ」の変化である。そのため価格の対数をとるのが妥当だ。stockmaster.comのグラフには価格の対数の目盛が打ってある。一方、量ではなくて出来事の数を扱っている場合には数の平方根を使用するのがよい（数の古典的な例としては、プロイセンの騎兵隊における「馬に蹴られたことによる年間死亡者数」がある）。

統計学者はこれらの戦術を「対数領域における適合（fitting in the logarithmic domain）」とか「平方根領域における適合（fitting in the square root domain）」と呼んでいる。この3つのうちどれが石油の数値に最も適しているのだろうか？　我々が扱っているのは石油の量だ。生産量の多い年に焦点を当てたいとも考えている。したがって対数領域を使う理由も、平方根領域を使う理由もない。
石油生産量と年度のグラフを描けばブランダーは除去できる。グラフ上の点が滑らかにつながっている限り、コンピュータ入力時の大きなミスはないといえる。石油データに関しては最小二乗法でも最小絶対値法でも出てくる答えは基本的に同じだ。

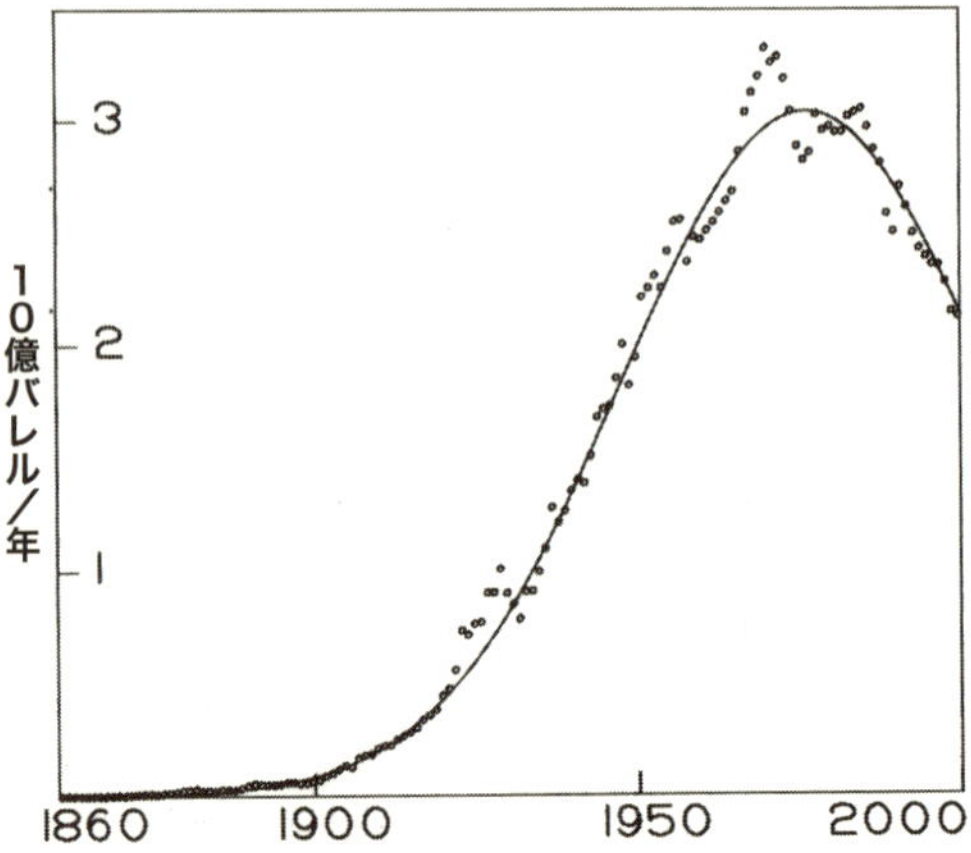

図7・4
アメリカの原油の年間生産量（白丸）に最もよく適合するガウス曲線（実線）を重ねてある。生産量にはアラスカ州および沖合の油田からのものが含まれている。

以下、私は最小絶対値法を使うことにする。

次に大きな選択を行わなければならない。ガウス曲線、ロジスティック曲線、ローレンツ曲線のどれを使うのがいいだろうか？

選択を行う際のデータとしてダントツによいのは、アラスカと沖合を含めた合衆国全体の石油生産の履歴である（**図7・4**）。

ガウス曲線はこれにぴったりと適合する。ロジスティック曲線はぴったりとはいかない。ローレンツ曲線は大きくはずれる。したがって我々は以後この章の最後までガウス曲線を使うことにする。

ハバートがもともと1956年の時点で、この曲線の左半分しか利用できなかったことを思い起こして欲しい。彼が選んだのはロジスティック曲線だったが、この選択が適切なものかどうか彼には確かめる方法がなかったのだ。

最もよく適合するガウス曲線は将来を予言するのだろうか？　ここには2種類の不確実性がある。ひとつは統計学モデルの内部に存在する不確実性、もうひとつはその外部に存在する不確実性だ。

モデル内部の話をするなら問題の扱い方は単純にひとつだ。「最もよく」適合したのは、数学的曲線と観察された石油生産の不適合を最小にする、ベル型のガウス曲線だった。しかし私は最適の適合だけでなく、この最適のケースに「かなり近い」解の範囲を知りたいと思う。そこで「最適」モデルにおける誤差の和の数値を1％大きくして、すべての「かなり近い」結果を示すことにする。

ここで告白しておかなければならない。私はこの統計学的適合を探すにあたって、コンピュータサイエンスの専門家が「野蛮な暴力」として否定するやり方に従わずにはいられない。ガウス曲線は3種の調整が可能である。石油生産のピーク年、ピーク年の石油生産量、最大値の半分の点（half-maximum point）どうしを隔てる年数だ。

私は単純にコンピュータプログラムに3つのループを入れ子にして書く。最も外側のループはいくつかのピーク年を試す。真ん中のループはピーク年のいくつかの生産量を試す。最も内側のループはいくつかの幅を試す。

すべての可能性を試すためには、私の中程度のデスクトップコンピュータでは数秒から数分かかる。1000分の1秒で「最適」のモデルを見つける、もっと洗練されたプログラムがあるだろう。しかし私は自分の思いどおりに問題をあれこれいじる方がずっと好きなのだ。

「かなり近い」モデルの範囲を考えるとき、この推定の内部に存在する不確実性が感じられる。ではこの推定の外部には大きく影響を及ぼすような要素が何かあるだろうか？　世界経済の深刻な不景気？　破滅的な気候変動？　水爆による核戦争だろうか？　──確かにそういうこともあるかもしれない。しかし、現在のアメリカの生産曲線にはすでに大恐慌、2度の世界大戦、そしてジミー・カーターの影響が含まれていることを思い起こして欲しい。

ハバートが1956年に行った予言の最大の弱点は、石油の最終的な総生産量を推定するために2つの経験的推測値に頼ったところにあった。1962年、歴史上のデータからアメリカの石油の最終総生産量を導き出すことによって、彼は昔の研究に改良を加えた(10)。ハバートは、石油の生産量はなお増加中ではあるものの埋蔵量は減少し始めていることに気づき、累積曲線（cumulative curve）を使って分析を実行した。たとえば累積生産量（cumulative production）とは1859年の開始からある特定の年までの、アメリカで生産されたすべての石油の量である。ハバートは累積「発見量（cumulative discovery）」を「ある特定の時までの累積生産量に、その時点で既知の地下の埋蔵量を加えたもの」と定義した（累積曲線を使用した理由は、その滑らかさにある。最近私は同じ分析を累加なしで行ってみた。1年ごとの数値はかなりガタガタして、分析は絶望的な様相を表した。しかし実際には分析結果に変わりはなかった。累積曲線は見た目の印象がよかったのだ）。

知恵の利点によって我々はこの章の前のほうで、アメリカにおける生産量の履歴にはハバートの使ったロジスティック曲線より、ガウス曲線のほうが適合することを確認した。そこでガウス曲線を使って、アメリカの石油生産に関するハバートの分析を最新のものにするとしよう。

2つのデータ系列がある（**図7・5**）。ひとつは1859年から1999年末までの既知の累積生産量の履歴だ。もうひとつは累積発見量――累積生産量に埋蔵量を加えたもの――である。推定埋蔵量は1946年から1999年に関してのものが利用できる。

累積生産量の履歴は累積ガウス曲線（cumulated Gaussian curve）（専門家の間では「誤差関数＝error function」と呼ばれている）に一致すると予想できる。累積発

図7・5　「生産量」と書かれた白丸は 1860 年から任意の年次までの、石油生産量を加算したアメリカの石油の累積生産量である（アラスカ州および沖合の石油を含む）。「発見量」の白丸は任意の年次までの累積生産量に、その年に発表された埋蔵量を加えたものだ。発見量曲線における 1970 年の急上昇は、アラスカ州のプルドーベイ油田の石油が埋蔵量に加えられたことによる。２本の実線は最もよく適合する累積ガウス曲線だ。発見量曲線と生産量曲線が同形で、しかも一定期間をおいて置き換わるという拘束関係がある。発見量曲線を生産量曲線の 11 年前に置くかたちが最も適合する。

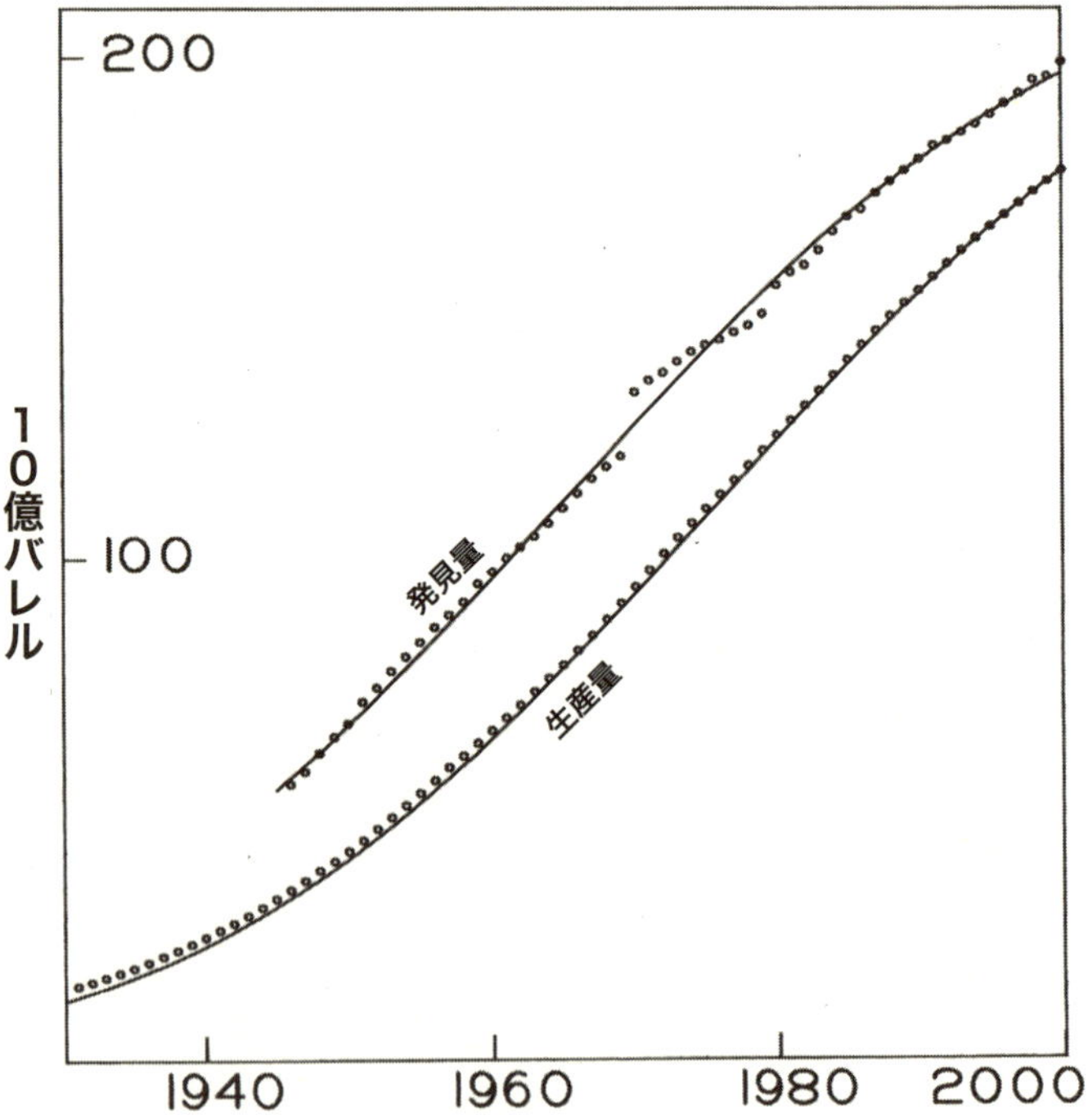

見量の履歴は別の累積ガウス曲線に一致するだろうが、生産量の曲線と発見量の曲線は数学的に同じ形におさまっている。唯一の違いは、２つの曲線が一定の年数をおいて互いに置き換わる位置関係にあることだ。

この一定時間の置き換わりは、ハバートの強力な魔法のひとつだ。「最も単純な仮説を最初に試す」という方針のもうひとつの例である。コンピュータに発見量の曲線と生産量の曲線との間隔をいろいろ試させる。しかし初期の履歴にはある間隔を使い、後の時期には別の間隔を使うというのは許されない。ひとつの間隔ですべてをまかなうようにする。

アメリカの履歴について言えば、最もよい適合は発見量の曲線を生産量の曲線の11年前に置く。発見量の曲線は将来における生産量の予測変数（predictor）である。ハバートが将来を見通すことができたのは、まさにこの仕掛けのおかげだったのだ。

さてここからが本題である。世界の石油の履歴に取り組むときがきた。第一のステップは、ハバートが1956年に行った経験的推測値の利用を世界の石油の総量に対して再び行ってみることだ。第二のステップは総量を推定するために発見量の曲線を使うことである。

世界の石油生産の履歴は1850年から2000年に関して利用できる(11)。生産された石油はすべて精製所に行く。おそらくかなり正確な在庫目録が存在すると思われる。最も不確実な部分は冷戦時代のソ連の石油生産に関するデータである。履歴の曲線にひどいうそがあったことを示唆する、一時的な降下や上昇は見られない。ハバートのもともとの1956年の手法を使うには、従来の油井から最終的に生産されるだろう、世界の石油総量についての2つの経験的推測値が必要である。

コリン・J・キャンベルはペトロコンサルタント社のデータファイルを使って国別の推定値を出した。推定値の合計は1兆8000億バレルだった(12)。

我々は世界の生産量の履歴がガウス曲線に最もよく適合すること、そしてその曲線全体を裏付けるのは1兆8000億バレルであることを見つけた(**図7・6**)。その曲線では生産のピークは2003年になる。これがハバート学派の断固たる予言の第一ヴァージョンである。世界の石油生産は2003年以降、減少に転じる。

キャンベルの言う1兆8000億バレルは少なすぎる。石油の専門家の何人かはこう信じ、経済学者のすべてはそう確信している(13)。何年かの間、私は正確さを求めずに2兆バレルという大雑把な数値を使ってきた。ハバートは最後の論文のひとつで蓋然的推測値として2兆バレルを使用した(14)。非常に大きな推定値もいくつか示されたが、ほどよく大きい推測値の上限は2兆1000億バレルだ。

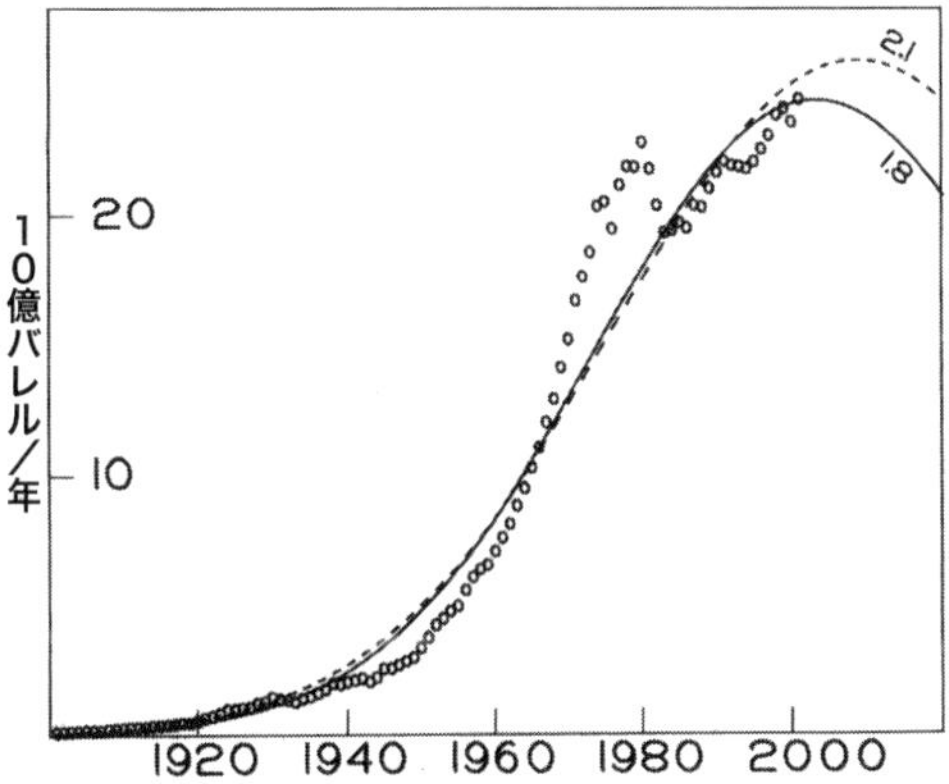

図7・6
世界の石油の年間生産量（白丸）に最終的な石油回収総量を1.8兆バレルおよび、2.1兆バレルとした場合のガウス曲線を重ねてある。急激な上昇部が市場の制約により切り取られるといっそう適合する。

世界の生産量の履歴を2兆1000億バレルのガウス曲線に適合させると、生産のピークが2009年の末と出る。これが「仮定」に基づく計算であることを強調しておきたい。2兆1000億バレルという数字は、我々がどこまで生産のピーク年を遅らせることができるかの試金石だった。

ハバートの2番目の方法では将来を見通すために推定埋蔵量を使った。第五章ではOPEC諸国が発表した埋蔵量が1980年代に急激に増加したと述べた。増加が急であれば見て分かるし、その影響に関して何らかの判断を下すことができる。

たとえばイラクの1985年から1998年までの埋蔵量は、ちょうど1000億バレルだった。この期間に新しい井戸の掘削はなく、石油が生産され続けたのに発表された埋蔵量には変化がなかったのだ。

推定埋蔵量がきっかり１０００億バレルだからといって、概算にすぎないということの証明にはならない（今年、私は同じ場所に仕事で何度も出かけた。自宅に戻り、車を降りるとき何度か走行距離計で数字を出してみた。往復でちょうど１００マイルだった。国税庁には99マイルか１０１マイルと申告しなければならないだろう）。

しかし新たな発見がない状態で石油を生産するのなら、埋蔵量が減っていなければならない。もう少し筋の通った推定埋蔵量を得るために、私は１９８０年代のＯＰＥＣ各国の埋蔵量から急激な増加を取り除いてみた。生産量の60％が埋蔵量からの減少分で、生産量の40％がそれまでの過小評価に対する修正値か、新たな油層の追加分のどちらかであると推測された。

この６・４の割合というのが、埋蔵量の急激な増加を発表したＯＰＥＣ諸国のめざす平均的実績値だった。イラクでは埋蔵量を補うことのできる掘削はほとんど――あるいはまったく――行われていない。それに対してサウジアラムコは集中的プログラムを遂行している。新たな油田を開くと同時に、既存の井戸からの回収率を上げるために水平掘りで掘削しているのだ。

さて、我々はハバートの２番目の方法を使うことができる。平行関係にある曲線を累積生産量と累積発見量（＝累積生産量＋埋蔵量）に適合させるのだ。経験的推測値は入ってこない。答えを拘束するものは履歴上のガウス曲線の形、そして累積生産量と累積発見量の間の一定の間隔の２つである。

この方法で得られた推定によると、生産のピーク年は２００３年となり、最終的な石油回収総量は２兆１２００億バレルとなる（**図7・7**）。ピーク年が２００３年というのは、我々がキャンベルの１兆８０００億バレルの推定値を、生産量の履歴に適合させたときに得られたものと同じである。

ハバートと同様の方法を使った他の公表推定値によると、ピーク年は２００４年から２００９年の間にくる。正直に言って私は正確な年については分からない。それには次の２つの理由がある。

①ＯＰＥＣの埋蔵量の修正は現実を反映しているかもしれないし、していないかもしれない。

②ＯＰＥＣの生産能力は厳密に保護された機密事項だ。現在あなたの国が余剰の生産能力を持つなら、あなたは世界の石油ゲームの一プレーヤーだ。もしあなたの国の油

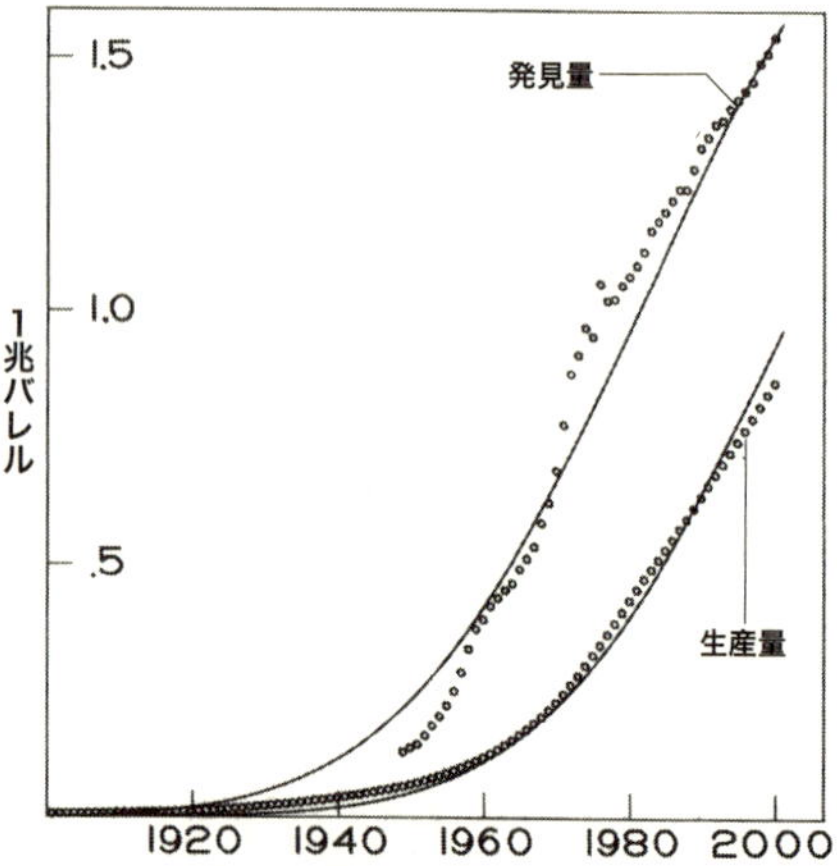

図7・7
世界の石油の累積生産量および発見量（累積生産量＋埋蔵量）を、最も適合する累積ガウス曲線と比較したもの。実線の2本の曲線には完全に同形、かつ一定期間で置き換わるという拘束関係がある。コンピュータプログラムには、データに曲線を適合させるためのいかなる推定値も加えていない。最も適合する予測は生産量最大が2003年、最終的な累積生産量が2.12兆バレル。発見量が生産量の21年前にくる。

井が現在生産能力ぎりぎりまで生産しているなら、あなたは単なる観客である。

少なくとも現在着手したどんな事業も、生産がピークを迎えた時点では十分な効果を出していない。カスピ海南部の探査、南シナ海での掘削、ＳＵＶ車の改良、再生可能エネルギーの開発プロジェクト、どれもが残った石油の入札戦争を回避するのに十分な速度で実現されるわけではない。

せいぜいその戦争が、核弾頭ではなく現金で行われることを期待したいものだ。

第8章 比率のグラフ

Rate Plots

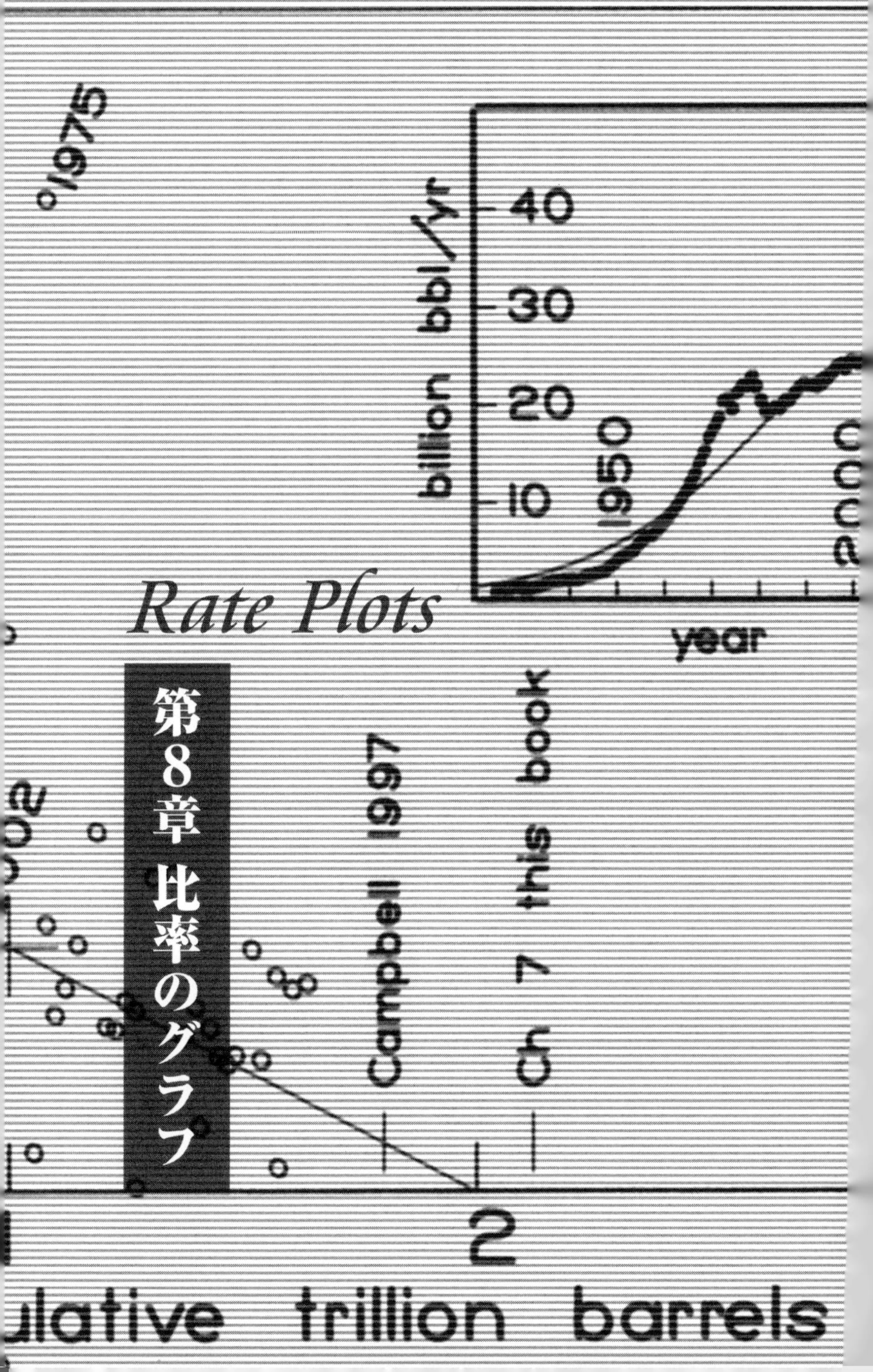

人口の増加に関する研究と、石油の将来に関する予想の間には魅力的な類似がある。人口の研究は、ハバートが最初にアメリカの石油生産について分析した100年以上前に始まった。

1798年、トマス・マルサス師**（訳注　マルサスは英国国教会の牧師補）**は著作の中で「人口が毎年一定の比率で増加すれば、最終的には食料供給が追いつかなくなる」と述べた(1)。似た例としては口座の残高に対して一定率の利息がつく、複利の預金口座がある。

1955年まで「アメリカの石油産業は年間5％の石油消費増加率に常に対応できる」という広く認められた前提があった。1956年にハバートは、一定の年間増加率に対応するためには無限の量の石油が必要になるだろうと指摘した。

1838年、チャールズ・ダーウィンはマルサスの著作を読み、進化について考え始めた(2)。同じ年ベルギーのピエール・フェルフルストは、マルサスの無限増加理論に対する修正案を提唱した。

彼は環境収容力（carrying capacity）という概念を導入したが、これは「環境が扶養できる最大個体数」という意味である(3)。個体数の増加率は未飽和の環境収容力の割合によって決まるというのが彼の議論だった。

1982年にハバートは未発見の石油の割合を求めるため、同じ方程式を使った(4)。環境収容力に比して個体数が少ないときは、個体数増加はマルサスの示唆したとおりの複利の型を示す。しかしその後、個体数が環境収容力に近づくにしたがって増加率は鈍り、最後にはゼロになる。

フェルフルストは個体数と時間についてのそのグラフを「ロジスティック（logistic）曲線」と名づけた。現代の英語の用法では「logistic」と聞くと軍隊への食糧の供給の手配が思い浮かぶ**（訳注　logisticは「兵站学の」という意味）**。しかし、古い語義の中には「計算の」という意味がある。

ハバートは1956年の最初の論文で、アメリカの石油生産を説明するためにロジスティック曲線を使った(5)。当時、我々のほとんどは当惑した。特別な証明のない限りベル型曲線といえばすべてガウス曲線だと我々は考えていたからである。

1982年に発表した長い論文で、ハバートはようやくロジスティック曲線の使用を正当化した。ロジスティック曲線には基礎となる計算に魅力的な対称性が備わっていたのだ。

この論文でハバートはフェルフルストのオリジナルの論文に言及し、そこから計算を展開してみせた。ハバートが集団生物学者たちの一世紀にわたる研究の成果を知っていたかどうかは不明である。

同じ方程式を使うとはいえ、個体数増加と石油生産との類比はいささか奇妙に思われる。油井が赤ん坊を産むわけではないからだ。たしかに両者の間にはいくつかの明らかな等価物がある(6)。ある個体数に対する環境収容力は地下から産出される可能性がある石油の総量に相当する。

石油について言えば任意の時点における追加の石油発見確率が、未発見の石油の総量によって決まるというのは十分理にかなっている。奇妙なのは赤ん坊を産む人間と付加的な石油をもうける油井との類比だ。

大ざっぱに考えれば確かに油井は子供を生む。発見井の掘削は新しい複数の井戸を生み、それが油田に発展する。新しい油田の地質学的特徴の理解が同様の油田の発見に結びつく。

ハバートは1982年の論文でロジスティック曲線を直線に変換するグラフを描く巧みな方法を展開した。しかしハバートもその後の研究者たちも、その技法を石油データをプロットするのには使っていないようだ。

一方、集団生物学者(population biologist)たちはこの方法で実際のデータを扱う方法を長年行ってきていた(7)。横軸にはシンプルに個体数を、縦軸には「一個体

図8・1　右上の小さいグラフは過去2000年間の世界の人口。急速な増加には驚かされるが、小さいグラフに目を引く事象はほとんどない。大きい方のグラフは縦軸に年間人口増加率(%)、横軸に人口数をとってプロットしたもの(「太平天国の乱」は中国における1860年の宗教蜂起であり、5,000万人の犠牲者を出した)。あとのページで述べるが、世界の人口はロジスティック曲線には乗らない。

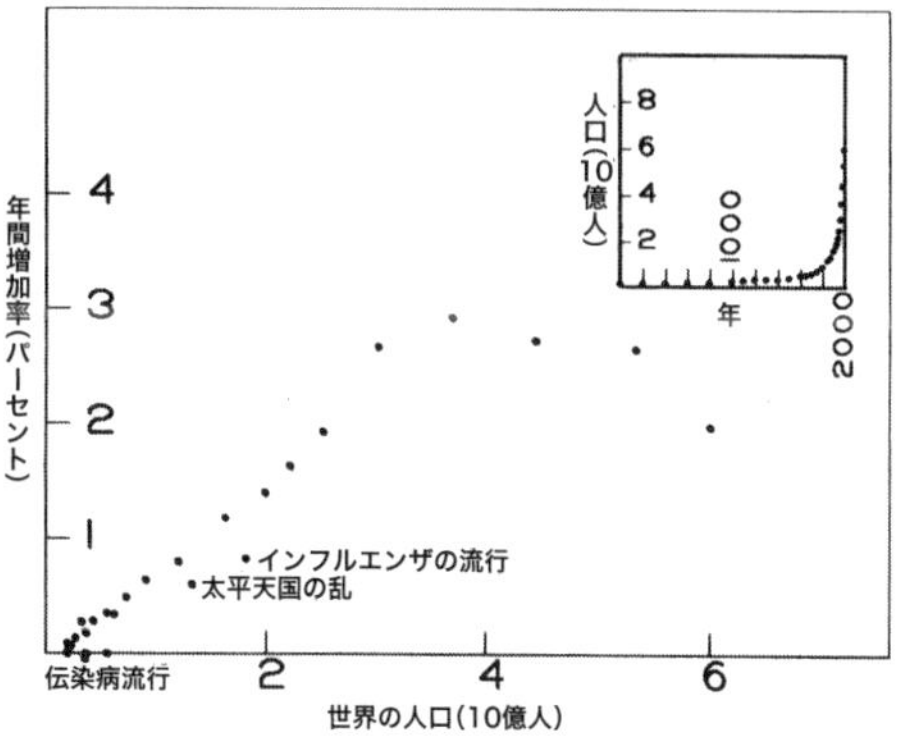

あたりの増加率」をとる(**図8・1**)。

石油の場合は横軸に石油の累積生産量をとり、縦軸には年ごとの新たな石油生産量の、その年までに生産された累積生産量に対する割合(パーセンテージ)をとる。

この増加率と生産量のグラフは発見量をプロットするためにも同じように有効だ。

ハバートの定義によれば「発見量」とは「ある年における累積生産量+既知の埋蔵量」である。

任意の年に新たに見つかった石油は、その年の終わりの累積発見量から前年の終わりの累積発見量を引いた値となる。そのためグラフは横

図8・2　この理想的なグラフは石油の累積生産量を横軸にとってプロットしてある。縦軸の目盛りは年間生産量の、当該の年までの累積生産量に対する割合 (%) だ。このグラフ上にはベル型のロジスティック曲線は直線となって現れる。点は１年ごとであり、最初と最後の部分で密集している。その時期の石油の生産量が少ないからだ。直線が横軸と交わる点は、その地域の油田が最終的に枯渇するときまでに生産されるであろう石油の総量である。縦軸との交点はベル型曲線の幅を定める。中央の「＋」印は、石油が半分の量まで生産された年、つまり年間生産量がピークとなる年だ。右上の小さなグラフは同じ曲線を年ごとの年間生産量という見慣れた形でプロットしたものだ。

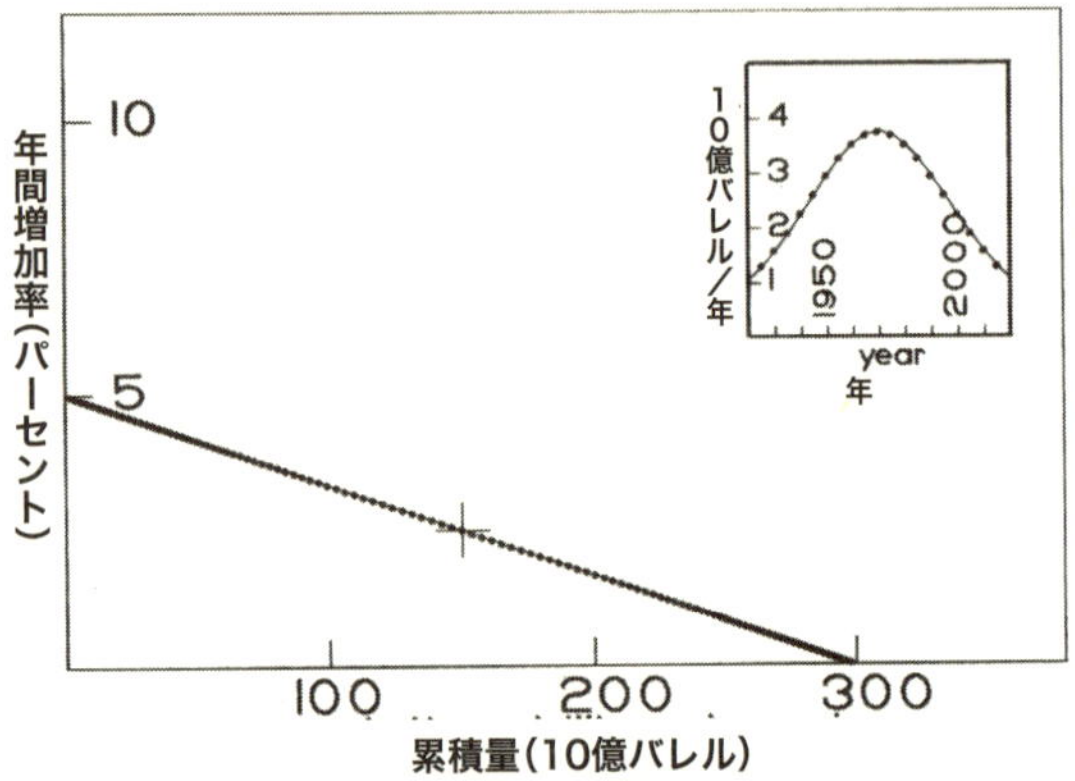

軸が累積発見量、縦軸が新たに見つかった石油の累積量に対する割合（パーセンテージ）となる。

　先の章で述べたように、推定埋蔵量にはかなりの不確実性がある。実際に埋蔵量の縮小が年間生産量を上回った場合には、ハバートの「発見量」は減少することになる。

　利点は生産量に関するデータと、発見量に関するデータをひとつのグラフにプロットできることだ。すべての井戸が最終的に枯渇したとき、累積生産量は累積発見量と等しくならなければならない。

もし発見量の点が生産量の点の両近傍に散らばっているなら、発見量の履歴と生産量の履歴はかたちが同じで、一定の時間で置き換わる位置関係にあることになる。

何より重要なのは、発見量が将来の生産量を予測するための手がかりとなることだ。履歴がグラフ上でほぼ直線となるならば、その履歴はロジスティック曲線でうまく説明できる（**図8・2**）。

実際にはこのベル型曲線がロジスティック曲線ではなく、ガウス曲線だったらどうだろうか？

やはり同じグラフがかなり有効だ。ガウス曲線は両裾の幅が狭い。曲線の両端が中央よりにややすぼまったかたちになっている。

しかし石油の3分の2は曲線の中ほどの位置で生産される。そこではガウス曲線はまずまず直線を作り出す（**図8・3**）。計算の得意な読者は次の2つのどちらかに挑戦されることをお勧めする。

①両軸をリニアにとり、ガウス曲線を直線にする同様の手順を見つける（8）。
②またはそのような手順はないことを証明する。

図8・3　増加率と累積量のグラフ上で、ガウス曲線は履歴の後半においてロジスティック曲線の直線にかなり近くなる。しかし左方では、ガウス曲線はロジスティック曲線の線のはるか上にある。アメリカおよび世界の石油生産の履歴は、少なくとも初期にはガウス曲線に近いという同じ特徴をもっている。ローレンツ曲線の履歴は中央部に盛り上がりがあり、現在までに検討された実際の生産履歴のいずれとも一致しない。

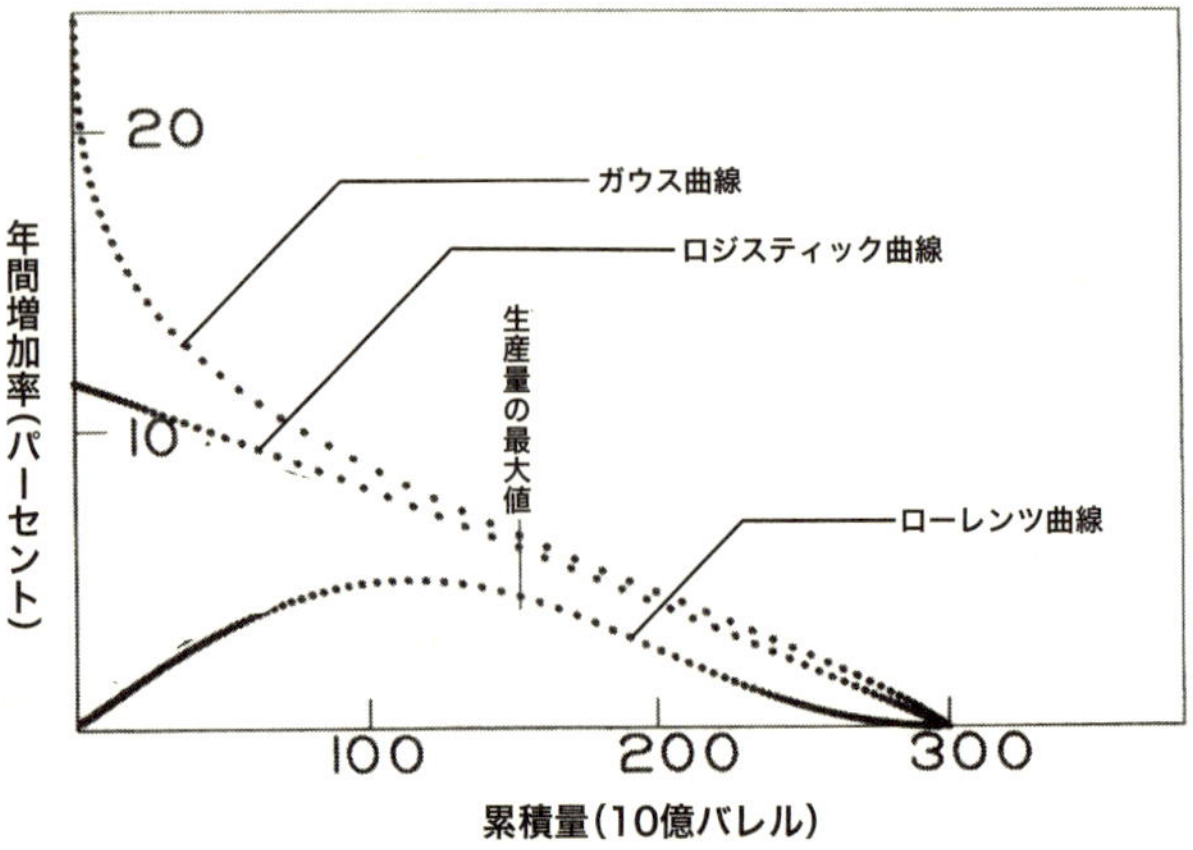

我々はまずアメリカを対象としよう。愛国心からではなく、長い生産の歴史があり推定埋蔵量の修正という点で迅速だからである。

発見を表わす白丸は生産を表わす黒丸の両近傍にきれいに散らばっている。一般的な傾向から外れて上方に白丸がひとつあるが、これは1970年の1年間にアラスカ州のプルドーベイ油田（90億バレル）がそっくりアメリカの推定埋蔵量に加えられたためである（**図8・4**）。

アメリカの履歴について

図8・4　黒丸はアメリカの年ごとの生産の履歴。白丸は「発見量（＝累積生産量＋埋蔵量)」である。1970 年の発見の白丸が高い位置にあるのは、その１年にアラスカ州のプルドーベイ油田（90 億バレル）がアメリカの埋蔵量に加えられたため。最もよく適合する直線は、縦軸の 5.5% から始まり 2,200 億バレルで終わる。ロジスティック曲線のピーク年は 1975 年だが、生産量が最大となったのは、実際には 1970 年だった。アメリカの回収可能な石油総量に関するその他の予測を、大きい方のグラフの下方に示してある。米国地質調査所 (USGS) が最近出した 3,620 億バレルという推測値は、信じられないほど大きく思われる。

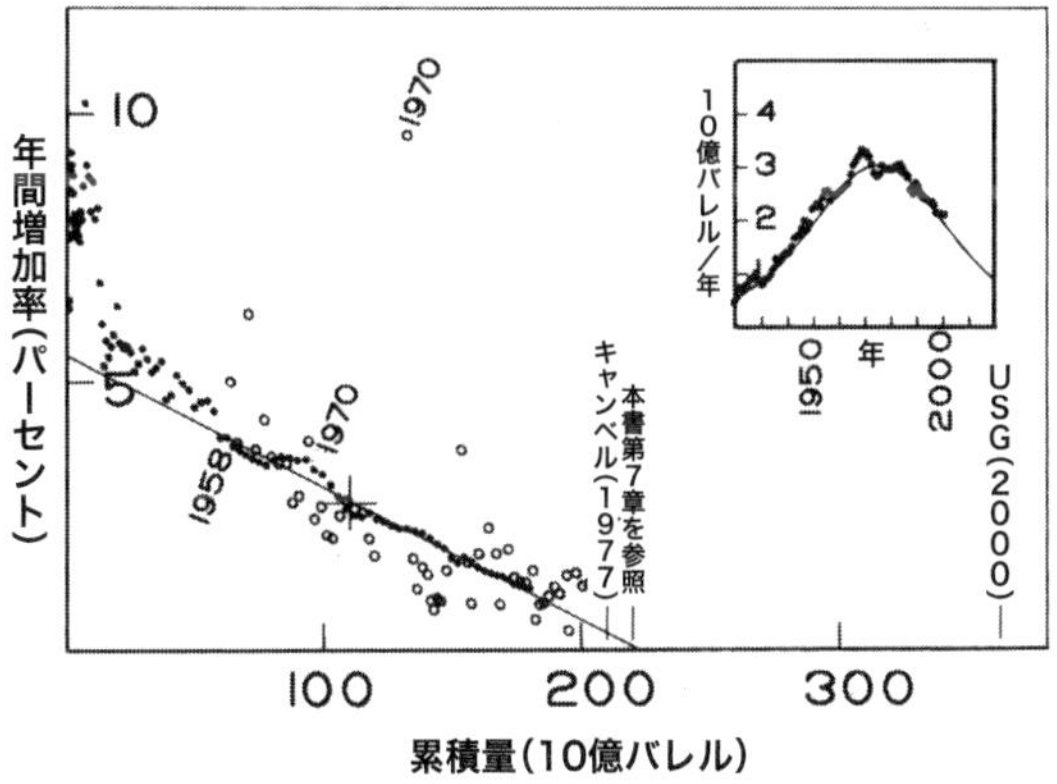

は、まずまずの直線が５・５％から始まって右方の黒丸の間を縫い、２００２年の生産率まで伸びている。この直線をさらに伸ばして横軸と交わった点がおしまいの一点で、これは生産可能な最大量（ultimate production）を示す。ここでは２２００億バレルとなる。

この数値は１９５６年の楽観的な方の予測をハバートにもたらした２０００億バレルからも、１９９７年のキャンベルの推定値である２１００億バレルからもそれほど遠く

図8・5　「急行便」の枯渇の例として黒丸でノルウェーの石油生産量を示す。すべて北海からの産出である。直線は縦軸と16%の点で交わっている。アメリカの場合の5.5%とは対照的である。白丸は発見量を表す。一番左側の4つの白丸は生産開始前の、最初の試掘井の示した埋蔵量を反映している。最も新しい生産量の黒丸は2002年のもので、それによるとノルウェーは生産量の最大値を示す中央の「+」印を過ぎている。小さい方のグラフの黒丸のみを見れば、だれもが年間生産量に関してあと数年は増加を続けることができるのではないかと考えることだろう。

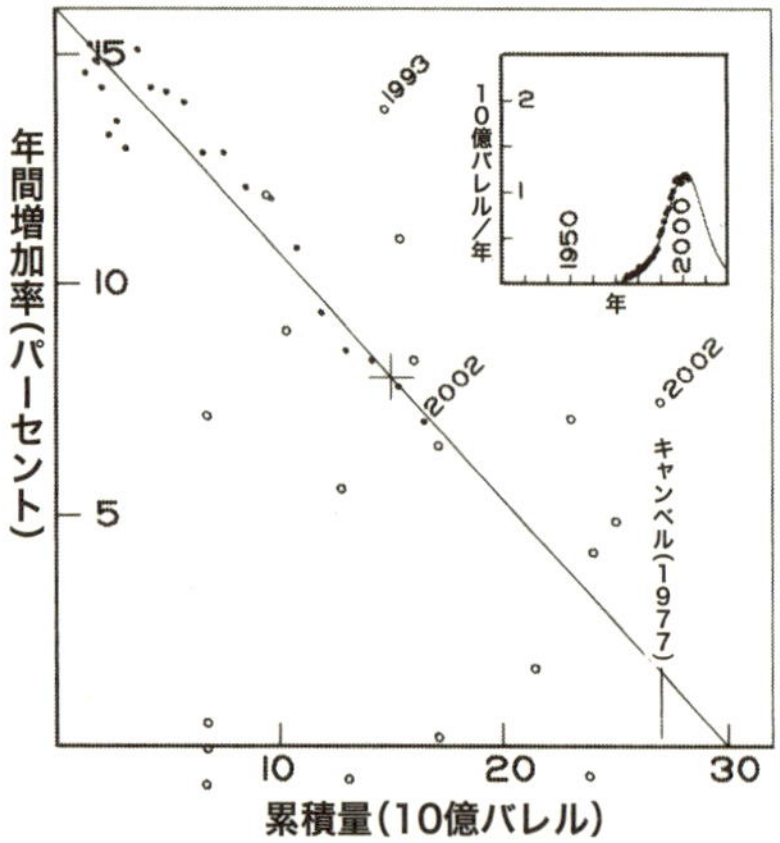

ない(9)。

アメリカの生産量および埋蔵量に最もよく適合した第7章のガウス曲線からは、究極生産量の予想値として2200億バレルが得られた。残念ながら米国地質調査所（USGS）が2000年に発表した推定値3620億バレルは右方に大きく外れている(10)。

USGSの推定値を実現するためには、アメリカの石油でクウェートの埋蔵量に匹敵する量の発見がなければならない。

先の章で述べた北海の鉱床における「急行便」の枯渇は、ノルウェーの生産量、埋蔵量のデータをプロットすることで示すことが可能だ。アメリカの比率が５・５％だったのに対し、ノルウェーのデータは16％の比率から始まる（**図8・5**）。

最も適合する直線を飛び飛びにたどり、最近数年の年ごとの間隔を使うと、ノルウェーはあと1、２年で生産量の最大値に達すると考えられる。発見量のデータ（白丸）は乱れ飛んでいるので、将来の生産量の推定値を捉えるためにはあまり使えない。しかし少なくとも発見量のデータによって、究極的生産量３００億バレルに向かう直線の設定が拒まれることはない。

世界の石油について見れば、生産の履歴は１９８３年にひとつの直線に落ち着くまではあちこちふらついている。生産履歴の左側の部分は直線の上方にある。それは曲線がロジスティック分布よりガウス分布に近いからだ。さらに１９４２年に局所的な谷が、１９７０年に局所的な山がある。しかしそれらに関しては経済史の専門家に説明をお任せしたい。

世界の石油に対する直線は、年間生産量が累積生産量に対する比率５％から始まり、２兆バレルで終わる。ハバートも含め我々の多くは長い間２兆という値を使ってきた。きれいな数字だからだ。確かに発見量の白丸は直線を２兆に伸ばすよう促している。

ここでもUSGSの推定値は信じられないほど大きい。3兆120億バレルという数字は中東全体の石油量に匹敵する量を、さらに発見することを要求する。

世界グラフ上の凶報といえば1979年以降の探査成功率の低さだ（とは言うものの、私はすでに述べたようにOPEC諸国の数か国が発表した、埋蔵量の急激な増加を取り除くことで1985年以降の埋蔵量の数字に修正を加えた。まったく同じやり方ではないがキャンベルもまた似たような修正を1997年に行っている）(11)。最近でも特にアフリカの西海岸沿岸などの成功の物語がないわけではないが、1970年代初期の北海油田発見ほどのものはない。

では世界の石油はいつピークを迎え減少を始めるのか？　これが肝心の問題だ。近年の生産量の点の間隔をもとに考えると、あと点が2つか3つで中点を示す「＋」印に到達しそうである。ひとたび2002年の点まで直線を延ばしてみるなら、ロジスティック曲線がはっきり定義できる。数学的ピークは2004年7月になる。2005年と言ってもよい（**図8・6**）。

しかし私は全財産を賭けてまで「正確な年は2003年でも2006年でもなく、2005年である」と主張しようとは思わない。数学的な分布の頂部は滑らかな曲線

図8・6　世界の石油の生産量（黒丸）と発見量（白丸）は1983年以降、直線の傾向に沿っている。直線は5％から始まり、生産量2兆バレルで終わっている。注意：1980年代にOPECの数か国が発表した埋蔵量の急増は取り除いてある。完了した最新の生産年度（2002年）から見て、あと2～3年で数学的にはピークに達するだろう。

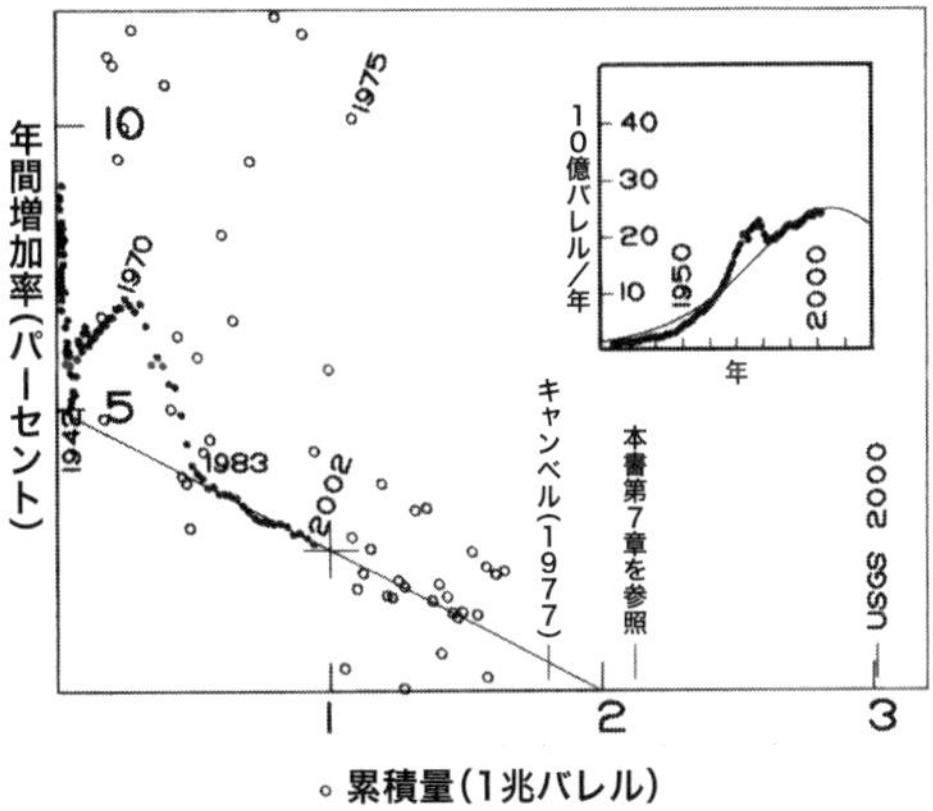

になっていて、年毎の生産量にはかなりのでこぼこがあるからだ。

　アメリカの最も適合した曲線の中心点が1975年で、実際の単一のピーク年が1970年だったことを思い出そう。2000年が世界の生産のピーク年であり、数学的中点が2004年、あるいは2005年に訪れるということもあり得る。

　石油のピークを2009年まで引き延ばすことができる確実な「何か」などない。まずはこの事実を受け入れることだ。

The Future of Fossil Fuels

第9章 化石燃料の将来

昔あるスイスへの旅行者が「アルプスのこんな高山の村で人々はどうやって暮らしを立てているのか」と尋ねた。

「どの村も隣村の洗濯をして稼いでいます」という答えだった。そのような馬鹿げた答えは現在なら「隣村にインターネットでトイレットペーパーを売って暮らしています」となるだろう。

ここから地球村への教訓がひとつ。すべての人間がサービス経済で暮らしを立てるわけにはいかない。だれかが経済ピラミッドの底辺で精を出さなければならない。土台となる活動のリストは短い。つまり農業、牧畜業、林業、漁業、鉱業、そして石油である。

有名美術館に冠されている名前を思い浮かべてみよう。ゲッティ（石油）、グッゲンハイム（銅）、デ・メニル（石油サービス）、グルベンキアン（石油）。経済システムの基礎では巨万の富が蓄積されるものだった。

ピラミッドの頂点にいる現在の「ドット・コム」系億万長者たちは、その底辺まで見渡すことはできないだろう。彼らはだれでも隣村にソフトウェアを売ることで生計を立てていくことができるという幻想を抱いているかもしれない。

石油生産の恒久的な減少がピラミッドの下部から切石をひとつ抜き取ることになる

だろう。第8章は、その減少が今後10年の間に起こるということを強く示唆している。続いて大きな混乱が生まれるだろう。我々はどうすべきなのか？　問いは次の2つのレベルに存在する。

①世界的な石油不足の衝撃を最小限にするために、個人と組織は賢明なる利己心＝enlightened self-interest（訳注　社会全体の利益を視野に入れた上での私的利益）において何ができるだろうか？

②石油依存度を低くするために我々は社会として、どのように世界経済を再編することができるだろうか？

共和党支持者は①の路線を選び、民主党支持者は②の路線を選ぶだろう。しかし境界線はこれほど単純ではない。

私は民主党に登録しているが、それでも世界がうまくいっている間は自分の身を守る権利があると思う。①の「利己心」に「賢明なる＝啓蒙された（enlightened)」が冠されているのはそういうわけだ**（訳注　①の共和党的な私益中心型の路線が②の民主党的な社会**

設計型の路線に歩み寄っているという意味）。こうした観点に立って、本章では化石燃料について、第十章では代替エネルギー源について論じることにしよう。

「化石」は古代の生物の死骸だ。化石燃料は古代の生物体によって蓄積された太陽エネルギーである。ここで大事な教訓をまたひとつ。世界の石油の源泉は数億年以上かかって形成された。対して世界の石油のほとんどは私の生涯の間に発見された。化石燃料の大規模な利用は産業革命とともに始まった。

化石燃料の主要な部分を占めたのは石炭だった。ある意味で化石燃料は一回限りの贈り物だったといえる。これによって我々は自給自足農業から一段上昇したが、結局のところ我々は、ここから再生可能資源に基礎を置く未来へと向かわなければならないのだ。

10年前に一時的に流行したのが「ウォール街で石油を見つける」ことだった。埋蔵量の過小評価されている石油やガスを所有する、株式の公開されている企業が株式トレーダーや合併買収スペシャリストの標的となった。現在では個人でも石油会社やガス会社の株を買うことで、自分の家の石油の消費額を相殺することができる。

しかし「石油の消費」はガソリンや住宅の暖房に限らない。その他の多数の商品やサービスにエネルギー費が含まれている。比較的裕福な個人のみが石油株の所有によって、将来の石油価格の上昇を相殺するという選択肢をもつ。中流階級に属する我々の多くは、資産の大部分が住宅資産と管理された退職基金に縛られている。我々に投資対象を変更する余地はほとんどない。

私の友人たちは、埋蔵量が過小評価されているアメリカの石油を所有する企業名の短いリストを欲しがっている。残念ながらプロのトレーダーがそのようなチャンスをコンピュータで監視している。

いくつかの大きな石油会社が埋蔵量を増やすために、小さな会社を呑みこもうと狙っている。３カ月も前の『石油・ガスジャーナル』誌の中に、専従のトレーダーの見落とした物件があるとは思えない。

大学はエネルギーの大消費者である。恵まれた学校にはかなりの額の寄付がある。寄付の一部を直接的・間接的に埋蔵石油・ガスに投資することは賢明な選択となり得る。しかし私は１９８０年にプリンストン大学にそのことを説明しようとしたが、まったくらちがあかなかったことをここにお伝えしよう。

すでにエネルギー問題を解決している2つの大学がある。テキサス大学オースティン校とテキサス農業工業大学は州有油田の収入の一部を得ている(1)。テキサス大学オースティン校はハーバード大学に次いで寄付が多い。石油価格の上昇がオースティン校の収入を増加させる。

もうひとつの限界は、我々全員がテキサコを買収できるわけではないということである。何年もの間、石油・ガス埋蔵量の大きさ、少数の従業員、低コストによってテキサコはウォール街の寵児だった。現在テキサコは投資対象としては姿を消しつつある。シェヴロン社が買収を進めているのである。

実際にアメリカの全石油会社の株主持ち分全体は、我々全員が来たるべき石油価格の上昇を相殺できるほど大きくはない。持ち分はせいぜいよくて、情報通の相場師が初期に参入する機会という程度のものだ。

メジャー系石油会社の役割は次第に変化してきた。自らの投資資本を持ち込んでいるものの、ますます巨大なサービス会社のようになってきている。

メジャー系石油会社は探査からマーケティングまでのすべてを行う、縦に統合された会社のように見える。しかし実際は生産、輸送、精製、販売はほとんど独立の活動だ。その各ステージ間で石油価格が決まっている。私は、シェル社のガソリンスタンドで売っているガソリンがコノコ社の精製所から来ているかもしれないと知ってがっかりした。

シェル社は、ガソリンがその明細書と一致しているかどうか確認するために明細書を書いて調べる。しかし実際の精製は別の会社が行っているかもしれない。ブドウ園でびん詰めされるフランスワインとは話が違う。

この10年間、メジャー系石油会社は海外の新規開発事業から取り分として石油の10％分しか得ていない(2)。ふつう石油からの収入の大部分は、政府の統制下にある石油会社の参加によって生産国に流れる。販売側の末端ではガソリンスタンドのガソリン価格のかなりの部分はもうひとつの税金である。

率直に言おう。石油はかつて収益の高い事業だった。政府は利益にあずかろうとそこに割り込む算段をした。世界の石油生産が減少している今、メジャー系石油会社以上に打撃を受けている政府もあるのではないだろうか？

何年も前のこと、ニューヨークタイムズ社は新聞の印刷に追いつく速さで製紙用材を育てられるだけの森林地をカナダに購入した。大企業のうち大口の石油利用者、たとえばＦｅｄＥｘやＵＰＳ（ユナイテッドパーセルサービス社）は消費を相殺できるほどの大きさの、石油会社の買収を試みることが可能だ。

以前は大型の生産者および消費者が価格の変動に対抗するためには、先物契約が有効な方法だった。しかし先物契約の期限はふつう1年ないし2年である。石油問題は10年以上の期間にわたる。今日合意した価格でこの先10年間石油を供給することを承諾した会社が、契約の満期を迎えるまでに倒産してなくなる可能性は非常に高い。

１９８０年以来、金融界の再編が進んでいる。１９７０年代後半に起こった石油価格上昇の影響は、物価上昇から賃上げ要求まで、また産業から産業へと数カ月から数年かかって波及した。ニューエコノミーのもとでは、石油価格上昇の衝撃は１０００分の１秒で広がるだろう。

世界経済の複雑なコンピュータモデルは、AT&T社からゼロックス社まで、アルミニウムから亜鉛まで、バーツ**（訳注　タイの通貨単位）**からズウォティ＝zloty**（訳注　ポーランドの通貨単位）**まで、あらゆるものの売買メッセージを一瞬のうちに伝える。

石油・ガス会社は人格が分離している。新しい油田を見つけることは20年の間収入を生み出す投資だが、ウォール街は次の４半期の収益に執着している。

株式市場はほとんどの企業、とりわけ天然資源産業以外の企業に対して時間の地平線を先取りしてきた。CEOは2年単位で株式オプションを行うことになっている。

彼は株価を2年で上昇させるように動機づけられている。そのため研究所を閉鎖し、新製品の設計をする技師を解雇し、４半期の収益を大きく見せてから職を退くというのも手だということになる。

もちろん私の話には誇張がある。しかし経営陣のトップが長期的目標に目を向けなくなるような、強力な個人的インセンティヴがあってはいけないのだ。

時間の地平線についてのもうひとつの苦闘は金利からくる。いかなる産業においても、将来のプロジェクトの当否は予測される将来のキャッシュフローを、現時点でディスカウントした価値で判断される⑶。インフレ率の高い時期、そして金利の高い時期には将来というものはほとんど存在しない。

1980年代の石油危機の際には、金利は20％に達した。20％のディスカウント率では、10年後に得るだろう1ドルは現時点では11セントにしかならない。新しい航空機を設計したり、新たな石油を探査したりといった長期的な努力は、正当化が困難になる。

エクソンモービル社は慈善団体として存在しているのではない。現行システムにおいては、エクソンモービル社には我々に将来の石油を提供する、採算の合わないプロジェクトを引き受ける義理はない。

未来をディスカウントするのは石油産業だけの問題ではない。経済学者とシエラクラブ**（訳注　アメリカの環境保護団体）**は対立する考え方をもっている。

長期と短期の二極分化は専門職員を含めた従業員にも影響を与える。石油会社は景気と不景気の循環に耐えて生き延びなければならない。次に紹介するのは1970年にデンヴァーで流行った冗談である。

問い　「石油探査学者に呼びかけるときの敬称は？」
答え　「ウェイター！」

ふつう物価の安い時期には業界の全企業が同時に困難な状況に陥る。1998年にはアメリカの石油・ガス会社の大手200社のうち133社が純損失を出した。解雇された従業員は他の石油会社に職を見つけることができず、多くの者は石油産業を離れ、二度と戻って来たいとは思っていない。

1980年ごろには反対の極端がやってきた。わが地質学部系の卒業生たちは初任給が教授よりも高かった。非常に優秀な者もいたが、すごくできるとは言いがたい者もいた。景気のよい時期も悪い時期と同様にひずみが生じるものである。

しかし石油生産の減少は個々の石油地質学者にとっては悪い側面ばかりでもない。私がざっと計算したところ、アメリカの石油1バレルに対する地質学者たちの報酬は約2セントだった。1バレル当たり4セントに上がる余地が大いにある。

1997年に私は油井に対する直接投資を調べてみた。私が会社をつくって井戸を買って操業することは可能だろうか？　1998年の間に、インフレ調整後の石油価格は1930年代の大恐慌時代のレベルに近づいた。その時期、激しい旱魃《かんばつ》が大陸中央部を苦しめていた。

当時のうわさ話を紹介しよう。オクラホマシティー警察署長の発表によれば、オクラホマシティーで売春で身を立てようとした女性はわずか13人だった。これはよいニュース。だがそのうち7人が処女だった。これは悪いニュース――油井を買うのにはよい時期のように思われた。

私はぎりぎり採算がとれる井戸のカテゴリーを1個抽出した。しかし私の主な意図は、世界の石油生産がピークを迎えるまでの5年間、井戸を所有することにあった。調査によって特定の郡の特定の深さの範囲に絞り込まれた（どこかは教えない。著作の中にすべてを書かなければならない理由はないではないか！）。私が話を持ちかけた潜在的投資家たちは次の2つの反応を示した。

①石油産業はかなり不振である。

②1997年現在、インターネット株を買うことで何億兆ドルも稼ぐことができる。

ところが2000年、潜在的投資家たちは私に、最近石油価格は2倍に上がり油井は高くて買えなくなるだろうと言った。そういう次第である。

長期的に見れば、石油の究極の使用目的は有用な有機化合物の製造ということになるだろう。「燃やしたの？　こんなにすばらしい有機分子を、ただ燃やしたの？」と孫たちは私に聞くかもしれない。もうしわけない。我々は燃やした。

有機化合物を合成するための原料は、最初は石炭を加工する際の副産物であるタールだった。おおよそ1930年から1950年の間に起こったコールタールから石油への転換は、この産業に「石油化学産業」という名を与えた。現在では世界の石油生産の約7％が石油化学製品の製造にあてられている(4)。

現在のイスラエルという国はあるひとつの意味において合成化学産業の産物であると言える。第一次世界大戦中、溶解性のアセトンの不足がイギリスの火薬製造に厳しい制限を課していた。

イングランドで仕事をしていた若き化学工学技術者ハイム・ワイズマン**（訳注　イスラエル初代大統領）**は、アセトンのうまい合成方法を開発した(5)。

戦後、ワイズマンへの感謝のしるしとして、イギリスは中東地域の一部を切り取って独立国とした。彼らはそこをパレスチナと呼んだ**（訳注　「パレスチナ」は現在のイスラエル領やヨルダン領を含む英国委任統治領の名称。著者がここで言及しているのはその一部のイスラエル国の建国である）**。

自然の原油は比較的安定した分子から構成されている。これは当然だ。地質学的時間のあいだには、すべての不安定な分子は分解してしまうからだ。初期の石油精製所では、こうした安定した分子を分別して製品にして売っていた。自動車が発明される50年以上前から石油は生産され、精製されていた。

もともとそれらの最も市場性の高い製品は、主としてケロシンランプをともすための灯油だった。オクラホマシティー油田は、オクラホマが州になる前に創立した「インディアン・テリトリー照明用石油会社（Indian Territory Illuminating Oil Company）」によって発見された**（訳注　19世紀にはオクラホマ州東部はインディアン諸部族が強制移住させられてできたインディアン・テリトリー＝準州だった）**。

そして『支那ランプの石油（Oil for the Lamps of China）』は1930年代の小説および、それを映画化したものである**（訳注　中国で石油会社の利益追求に尽くしたアメリカ人の物語）**（6）。

自動車の登場が巨大なガソリン市場を生み出した。しかし原油から分離できるガソリンの量は少なく、せいぜい10％から20％というところだった。もともとの分離方法は蒸留だった。沸点の異なる分子を分留するというやり方である。

のちに商業は自然を模倣した。大きな分子をガソリンのように安定した小さな分子にするため「熱分解法（thermal cracking）」が導入された⑺。石油化学産業へのルートが開かれた。なぜなら熱分解によっていくつかの不安定な分子――その分子はさらなる化学反応を招く――ができるからである。

第二次世界大戦前、アメリカとドイツの企業が商品となる石油化学製品を開発した。戦後、石油化学製品は商品の種類と生産量の両面で大きく拡大した。

あらゆる種類のプラスチックおよび合成繊維が我々の毎日の生活に欠かせないものとなった（意外な利用法を紹介しよう。レンズを拭くとき、白色の発泡プラスチックの梱包材――通称「ピーナッツ」――を割ってその割れた面を使うとよい。プラスチックは石油とガスからつくられる。塵が含まれていないのだ）。

ヒューストン船舶運河付近に初期の大石油コンビナートが出現した。巨大な石油精製施設が炭化水素を供給した。岩塩ドームの岩塩からは塩酸、塩素、水酸化ナトリウムがつくられた。硫黄はもともと岩塩ドームの帽岩から採られたが、硫酸の原料となった。臭素は海水からできた。

さまざまな会社がコンビナートの各部を所有し操業していた。迷路のようなパイプラインが構内のプラントからプラントへ中間生成物を運んだ。

我々はふつう、石油の精製過程から肥料がつくられるとは思っていない。しかし窒素化合物は植物の栄養補給に重要で、窒素含有量は肥料の袋にある3つの数字の第一番目だ。窒素化合物をつくるための鉱物資源はごく希少である。大気を源泉にできることはすぐにでも気づく。空気の76％は窒素だからだ。

1908年、フリッツ・ハーバーは大気中の窒素を水素ガスと反応させてアンモニアを合成した。その他の窒素化合物はアンモニアから次々と合成することが可能だった(8)。現在、水素ガスの最も安価な源泉は炭化水素、つまり石油とガスである。ほぼすべての窒素化合物が間接的な石油化学製品なのだ。

エクソンモービル社のようなメジャー系石油会社は縦に統合されている。会社は石油探査を行い、井戸を掘削し、石油を輸送し、精製施設を操業する。彼らのガソリンのホースは、あなたの車の燃料タンクにまでつながっている。

それとは別にメジャー系石油会社は石油化学製品の製造者でもある。利益なり損失なりは、探査から販売までの一連の過程の中で発生する。産油国は、原油が国境を越えていき、精製および石油化学製品による利益をどこか別の場所で発生させていることにすぐ気づいた。

しだいに産油国は石油精製所および石油化学工場を国内にもつようになった。現在サウジアラビアの石油化学工場では国内で生産した石油の約10％が使用される(9)。世界経済が最終的に再生可能エネルギーに転換していく一方で、石油およびガスは石油化学製品、潤滑油、高付加価値製品の原料として生産され続けるだろう。高付加価値製品には、たとえばペトロラタムの商標名をもつ「ワセリン」がある。チーズブローポンズ社の製品だ。

チーズブローは、もともとロックフェラーグループだったスタンダードオイル社が1911年に分裂してできた会社のひとつだった。エクソン、モービル、シェヴロン、アトランティック・リッチフィールド（Arco）、アモコもそのときの分裂でできた。

もし石油の使用がこのまま続くとすれば、供給を増やすために我々は何ができるのだろうか？　まずひとつの方法として、既存の油田からさらに石油を絞り出すことができる。石油はタールサンド（tar sands）やオイルシェール（oil shales）からも生産できる。天然ガスの生産も増えるだろう。

従来の一次回収および二次回収の方法では、標準的には石油の約半分を地中に残してしまう。枯渇した油田は安価に取得できる。数多くの聡明な人々がその半分の石油を回収する方法を案出してきた。

１９８０年、石油の価格が１バレル37ドルに達したとき「三次回収法」あるいは「強制回収法（enhanced recovery）」として知られるプロジェクトが始められた。アメリカでは１９８６年までに５１２のプロジェクトが着手された⑽。三次回収は時代の趨勢であるように思われた。

しかし１９８６年以来、強制回収法によって生産された石油の量はアメリカではおおむね一定で、１日あたり70万バレルだった（アメリカの１日の生産量は６００万バレルである）。進行中のプロジェクト数も５１２（１９８６年）から１９９（１９９８年）に減っている⑾。

現実の、あるいは計画だけの三次回収法のリストを掲げるよりは、１９９８年におけるアメリカでの石油生産に関して最も成功した方法を示すのがよいだろう。

①**水蒸気圧入法（steam injection）**。圧入を生産井とは別の圧入井に行う場合と、生産井に断続的に行う場合（ハフ・アンド・パフ法）を合わせて、１日あたり４２０００バレルを生産する。水蒸気圧入法は強制回収法の中で最も古いやり方だ。これは主にカリフォルニアなど、濃くて粘度の高い石油の回収に使われる。

②二酸化炭素圧入法（carbon dioxide injection）。石油の体積を増し、粘度を低くできる。一日あたり１７９０００バレル。

③炭化水素圧入法（hydrocarbon injection）。１日あたり１０２０００バレル。

④その他の11種の方法を合計すると、１日あたり５８０００バレル。

もちろん、数量の増加がないことは１９９７年の原油価格の下落によって部分的に説明された。もし従来型の石油生産の減少によって大幅な価格上昇がもたらされれば、我々はこれらの方法を引っぱり出してもう一度やってみようという気になる。とはいったものの、地中に残った半分の石油を回収するのは朝飯前というわけにはいかない、ということを１９８０年代の経験が告げている。

従来なかった石油の源泉のうち、タールサンドからの回収は急速に拡大している。タールサンドは基本的に死んだ油田だ。油田が侵食によって地表近くにくると小さな分子が蒸発し、貯留岩にほとんど固体のタールが残る。

タールサンドは世界中に存在するが、アルバータ州には２つの巨大なタールサン

写真9・1　アルバータ州アサバスカのタールサンドでは、タールの充満した砂岩を露天掘りの鉱床から処理工場に運搬するために巨大なトラックが使われる。以前はぎりぎりの収益だった事業を収益の多いものにするためには、規模の経済 (economies of scale) がたいへん重要だ。©Jonathan Blair/CORBIS

ド層がある（**写真9・1**）。アサバスカとコールドレークだ。タール質の石油は砂岩を採掘し、熱湯にさらして石油を分離するというかたちで採収する。実を言えばその石油はそれほどよいものではない。硫黄分が多いのだ。

１９７８年に開設された最初のタールサンド回収プラントは、石油の売上高が運転経費をまかなうという意味では収益が上がったと言える。しかし、そのプラントが資本投資分を埋め合わせるためには永遠の時間が必要だった(12)。

その後回収方法が改良された。１９９９年に関して言うと、アルバータ州の新規タールサンド事業に20億ドルが投じられている。タールサンドには「重質の（heavy）」石油――粘度が高く、ふつうの生産方法では動かない石油――を含む貯留岩にきわめて深い関係がある。

タールサンドが死にゆく油田だとすれば、オイルシェールは生まれる前の油田である。「オイルシェール」には石油《オイル》も頁岩《シェール》も含まれていない。ふつうの石油のソースロックだが、オイルウィンドウに入ったことがないのである。

とりわけ大きなオイルシェール層はユタ州、コロラド州、ワイオミング州の接するあたりに存在する。最初の大陸横断鉄道がワイオミングのグリーンリヴァーの町に達したとき、作業員たちは円く石を積んでキャンプファイアを取り囲んだ。すると石に火がついた。石炭ではない。キャンプファイアの熱が熱分解を引き起こして石油を発生させ、それが燃えていたのだった。

その岩石層――これがソースロックとなる――は、その後グリーンリヴァー層と名づけられた。その層の堆積後に山が隆起して、もともとあった湖盆（lake basin）をいくつかの部分に分断したのである。

ワイオミング州のあたりはグレートリヴァー・ベイスン、ユタ州ではユインタ・ベイスン、コロラド州がピスアンス・ベイスンである（ピサンス（Piceance）は地名で、

写真9・2　グリーンリヴァー層の「オイルシェール」は非海洋性の湖で堆積した石油のソースロックである。湖底の水は酸素を欠いており、有機物質が蓄積された。しかも堆積物の薄い層を掻き混ぜる、湖底に生息する生物もいなかった。

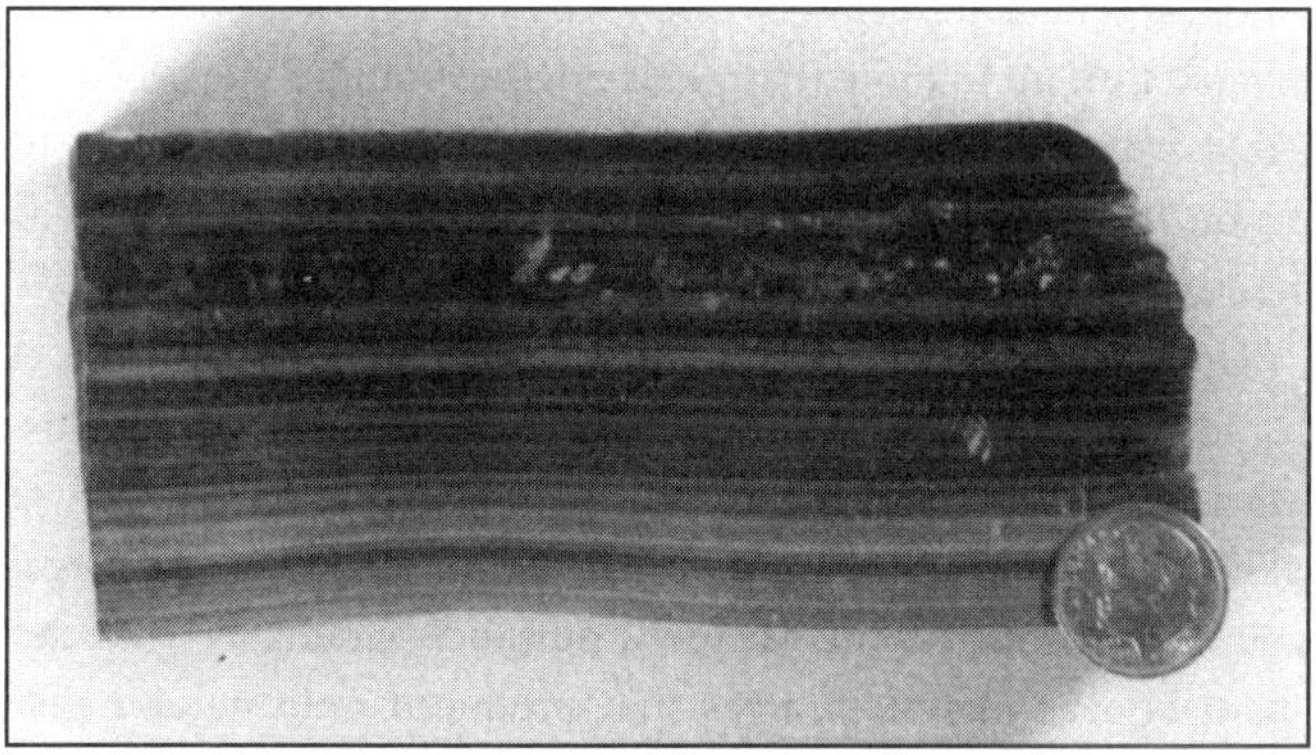

よくあるように初期の地図作成者がフランス語風につづったものだ。「piss-ants＝ろくでなし、しょんべん蟻」と読む）。ユインタ・ベイスンの西部にはオイルウィンドウに入ったことがある、いくつかのソースロックが存在する。中規模の2つの油田がグリーンリヴァー層からの石油を産出している。

グリーンリヴァー層はいくつかの点でふつうとは違うことがわかった。海底に堆積したものではなく、塩水湖に堆積したものなのだ（**図9・2**）。炭酸ナトリウムの世界供給の半分近くがグリーンリヴァー層から採掘されている(13)。

グリーンリヴァー層にしかない鉱物もある。酸素のない湖底には清掃動物

(scavenger)が生息できないために見事な化石が見つかる。そして我々の目的にかなう要素としては、グリーンリヴァーのオイルシェールから取り出せるはずの石油は、従来の世界中の石油にほぼ匹敵するほどの量になるということが挙げられる。

私が学部学生だったころ、原油の価格は1バレルあたり2ドル50セントだった。「もし石油が1バレルあたり5ドルに達したら、オイルシェールが市場に登場して従来の油田を廃業に追い込むだろう」とだれもが予想した。

しかし石油価格が上昇するたびに、想像上のオイルシェール価格は常に現行の価格より1バレルあたりで約3ドル上がるのだった。

私は50年も待ち続けているが、これはどうしたことだろう？ パイロットプラントがいくつか――ほとんどはコロラド州西部にある――稼動中である。岩石を採掘し、粉砕して密閉容器の中で加熱しなければならない。石油を回収したあとの残存物は、膨らんで体積がもともとより増える。岩石を採掘した穴では狭くて残存物が収容できない。

この問題についていくつかの案が立てられたが、1バレルあたり25ドルかかるのではどれも経済的とは言いがたい。なお研究が続いている。

1953年まで、天然ガスの価格は1000立方フィートあたり10セント以下だった。石油1バレルはエネルギー量で見た場合、天然ガス6000立方フィートに相当する。

1953年の石油1バレルの価格は2ドル70セントだった。これは天然ガスなら6000立方フィート、つまり60セントである。もしあなたが消費者ならば天然ガスはお買い得だが、石油を掘削しているのならばガスは厄介者だ。

シビアな現実社会は次第に「天然ガスしか産出しない区域には手を出さないほうがいい」と考えるようになった。これらは通常、過去のいつかの時点でオイルウィンドウより深いところに埋まったことがある区域だ（**図9・3**）。

1981年に天然ガスの価格は2ドルを超えた。

「さあ、古い地図を取り出そう。時勢は変わった！」深すぎるとされる――あるいはされた――場所を掘削するときが来た。石油とは対照的に将来の天然ガスの供給は、さらなる探査とより深い掘削によって拡大が見込まれる(14)。

天然ガスには他の化石燃料より優れた点がいくつかある。天然ガスは化石燃料の中では、最も大気中に排出する炭素の量が少ないのだ。

天然ガスの中には炭素原子1個に対して4個の水素原子がある。対してガソリンやディーゼル燃料は、炭素原子1個あたりの水素原子数が平均2個で、石炭はほぼ純粋

図9・3
石油とガスの生産からガスのみの生産に変わるラインによって、石油・ガス地図上にかつてのオイルウィンドウ底面を特定することが可能な場合がある。この地図はオクラホマ州南東部の一部だ。地図上の黒く塗りつぶした部分が油田、線で囲んだ部分がガス田である。

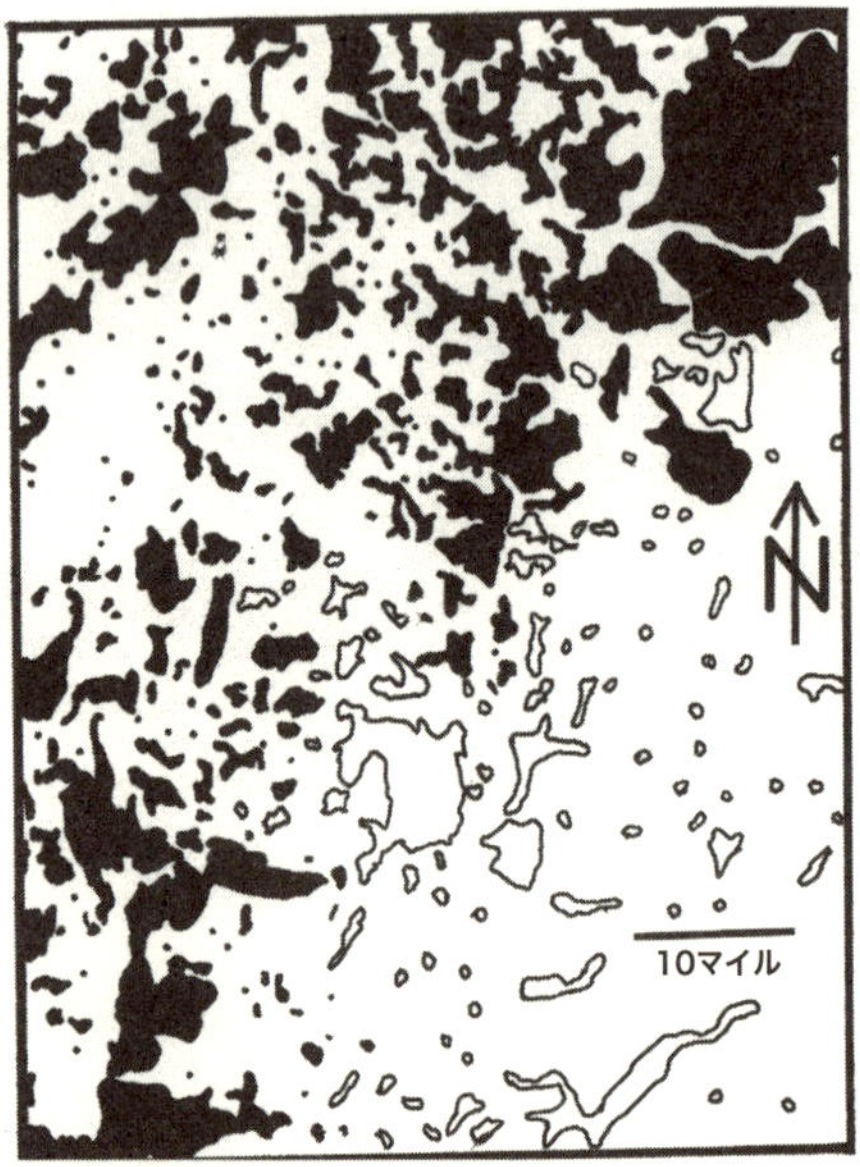

な炭素である場合がある。燃焼によって水素は水となり、水は今のところ有害物質リストには載っていない。

天然ガスからの硫黄の除去は、石油あるいは石炭から硫黄を除去するよりも安価で、より完全だ。住宅の暖房や発電用の燃料として、天然ガスは化石燃料の中で環境に与えるダメージが最も少ない。ゼロとはいかないがダメージは最小限で済む。

ガソリンの大きな利点は携帯性にある。ガソリンタンクは車の中で、空間的にも重量に関してもそれほど大きな部分を占めない。タンク1杯のガソリンで車は300～400マイル走る。

一方、天然ガスに携帯性をもたせるための唯一の方法は、内壁の厚いタンクに高圧で圧縮することだ。高圧にしても車のトランク半分を占領するタンク1杯のガスで、車は150マイルごとに燃料補給しなければならない。しかし通勤用の乗り物、スクールバス、工事用車両は、1日の走行距離が150マイルよりずっと少ないだろう。

驚くべきことは、1ガロンのガソリンに相当する天然ガスの価格が57セントであるという事実である。この数字は最近私の家の地下室に暖炉・ストーブ・温水暖房機用として供給された、天然ガスの小売価格に基づく数字だ。

天然ガス関係の会議で展示物のひとつに圧縮装置があった。かつてスキューバダイビング用のタンクに圧縮空気を満たすために使っていたものを、天然ガスの圧縮用に改良したものだった。我々はその展示物の周りに群がり、だれもが安価な燃料で走り回ることを夢想したのだった。

政府はこれまで「内燃機関の燃料としての天然ガス」への課税方法を見出していない。そのことがいっそう我々の夢想を甘美なものにした。イタリアやニュージーランドには、かれこれ20年前から道端に天然ガスステーションがある。

もちろん私も安全性のことを心配した。トランク半分を占める圧縮天然ガスのタンクを載せた私の車が後ろから追突されたらどうなるか？　ガスのタンクはきわめて強靭なため、車のほうがくしゃくしゃになってアルミホイルのようにタンクに巻きつくだろうという話だった。またガスの炎は燃焼によって上昇する。一方、ガソリンの引き起こす恐ろしい被害は地面に流れ出した燃料に火がついて、その炎が人々を下から炙ることだ。

携帯性の問題を別にすれば自動車の燃料としての天然ガスはすばらしい。ふつうの自動車のエンジンの効率は圧縮比——点火プラグが燃焼を起こす前にどのくらいの量の燃料と空気の混合物（fuel-air-mixture）が圧縮され得るか——に応じて増加する。しかし燃料の炭素原子同士による化学結合の分離が始まると、燃焼が自発的に早く起こることがある（これをノッキング＝pingingと言う）。ある燃料の最大の圧縮比は、ガソリンスタンドのポンプに表示された「オクタン価」が示す。

目盛は標準的な２つの分子に基づいている。目盛の１００がイソオクタン、０がヘプタンだ。レギュラーガソリンはオクタン価が約85、プレミアムガソリンは90、最も品質の高い航空ガソリンは１００である。

一方天然ガスはオクタン価が１３５である。このため最初から天然ガスを燃料として走るように設計された車のエンジンは、高い圧縮率、そして高い効率をもつことが

写真９・１　従来のピックアップトラックを圧縮天然ガスで走らせるために搭載した高圧タンク。標準的な配置はピックアップトラックの荷台の前部に二つのタンクを据えるかたちである。背景に見えるのが追加用のタンク。©Sergio Dorantes/CORBIS

可能だ（**写真９・１**）。
もちろん誰でも数字上の議論よりも心に受けた印象に動かされるものである。１年前、石油技術者の会合が開かれたホテルのロビーには天然ガスで走るものすごい大型ドラッグ・レーサーが置かれていた。
ディーゼルエンジンは空気のみを圧縮し、燃料に噴出して燃焼を開始することでノッキングの問題を回避している。
ハイブリッドディーゼルというものがある。これは天然ガスと空気の混合物を圧縮し、少量のディーゼル燃料に噴出して点火プラグの働きをさせるしかけだ。私はハイブリッド

ディーゼルは実に巧妙なニューアイデアだと思った。だがルドルフ・ディーゼル（訳注　ディーゼル機関の発明者。1858—1913年）が特許をとっていると聞かされた。

1965年の時点で中東に並ぶ石油産出地域の見つかる可能性が2つ残っていた。シベリア西部と南シナ海である。

すでに指摘したとおり、南シナ海についてはまだよくわかっていない。シベリア西部にあるのはほぼ天然ガスで、石油はほとんど存在しないことが判明した。すでに知られている世界全体の天然ガス埋蔵量のうち3分の1がシベリア西部にあり⑮、ロシア人は実際にそのガスの一部をヨーロッパの市場に出している。

しかし資源を十分に活用するためにはロシアの経済的・政治的状況がもっと明らかにされる必要がある。イラクおよびイランの石油の場合のように、現在の開発の中断によって将来の世代のために資源の一部が保存されることになるかもしれない。

石炭は化石燃料の中では最も将来性が低い。燃料としての価値の大部分は炭素、大気に排出する二酸化炭素によって決まる。硫黄および水銀を石炭から除去するのは困難だ。石炭を通常のやり方で燃やすと硫黄や水銀を大気中に放出してしまう。

いずれにしても世界には少なくとも300年分の供給量の石炭がある。石炭の埋蔵量はアメリカと旧ソ連が最大で第三世界には石炭が比較的少ない。私はそれは不公平ではないかと思った。だが二大産業経済圏はそもそも石炭を基礎に構築されたことを考えると納得がいった。

石炭の燃焼に関して中国はとりわけ問題をかかえることになるだろう。中国には広大な石炭鉱床と10億人を超える人口がある。

私はある地質学の会議で、いかにその問題が困難となる可能性があるかを示す発表を聞いたことがある。例えば中国のある地域に局地的な炭層があるのだが、その石炭には大量の砒素が含まれている。石炭は家屋の中で一段高い、覆いのない台の上で燃やされているのだ。地質学の会議で映写されるスライドは興味深い岩石や美しい山々など、ふつうたいへん楽しいものである。しかし砒素を含んだ石炭についての発表は、砒素中毒による人々の手足の病変を写した残酷な写真で飾られていた。

政府は住民に砒素を屋外に出すために使う煙突のついたかまどを購入させる努力をしたが、住民は買わなかった。垂木から吊るした野菜を乾燥させるには覆いのない火のほうがよい、というのが理由のひとつだった。

うまくいく公算はないに等しいが私にはひとつの提案がある。砒素の鉱石化は金《きん》を伴うことが多い。その石炭の中に一定水準の金の痕跡があるならば、私は彼らにかまどを贈り石炭の灰を買い取ろう。彼らは砒素中毒をまぬがれ私は金が手に入る。

我々の政治論議はしばしば見当違いの論題をめぐる討論になる。ときには副次的な問題が、より本質的な問題の代理を務めることがある。たとえば――

●ＡＮＷＲ（北極圏野生生物保護区）の保護。カリブーを愛するからではなく、公有地を元手に石油会社が富を得ることを望まないという理由で、我々は保護を行っているのだ。

●放射性廃棄物の処理計画への反対。これは我々の原子力発電所に対する恐れによるものである。

原油の供給の増大に関する議論は横道にそれて、政府が手を打つべきなのか、それとも経済の見えざる手が我々を、より大きな良質の油田に導いてくれるのかをめぐる討論になる。我々は新たな原油の探査に意味があるのかどうかを最初に問わずに、瑣末な事柄を延々と議論することになりかねない。

私の両親が引退してオクラホマの農場に引っ込んだとき、ブルドーザーで池をつくらせ、そこにバス（bass）を入れた。釣ってよし、食べてよし。

しかし次第に釣れるバスの数が減り、食事に必要な量を用意するにはますます時間がかかるようになった。この場合の対処法は2つある。

①いっそう高価な釣り道具を購入する。なぜなら池の深みにはまだ巨大なバスが隠れているかもしれないからだ。

②食料品店から代わりの魚を買ってくるようにして釣り以外の趣味を始める。

世界の石油供給に限りがあることは石に書いてある、と私は考える。財務省の正面玄関に刻まれているのではない。貯留岩、ソースロック、帽岩に書いてあるのだ。夢のような釣り道具がどれほどあっても、我々の石油に対する食欲が満たされることはないだろう。

第10章 代替エネルギー源

Alternative Energy Sources

エネルギー源は化石燃料以外にもたくさんある。長期レベルのエネルギーの枯渇は当面の問題ではないのだ。困難なのは今後の10年である。

我々は原油への依存を克服しなければならない。本章は2つの再生不可能エネルギー源から始め、そのあとで再生可能資源の議論に移ることにする。

「地熱エネルギー」はまさにその名が示すとおり、地殻内部から回収した熱である。油田の場合と同様に少数の上質の地熱エリア、それより多い中程度のもの、そして今世紀においては経済的でない多数の質の低い熱源が存在する。

1960年より前、3つの上質の地熱地域（geothermal field）が発電を行っていた。ラルダレッロ（イタリア）、ガイザーズ（サンフランシスコ北方）、ワイラケイ（ニュージーランド）である（**写真10・1**）。どれもがもともと地表の温泉によって名の知られていた地域だ。資源開発には通常の油井掘削技術が使われた(1)。

これら3つの地域から得られる水は、沸騰するほど高温で大量の水蒸気が得られた。その水蒸気でタービンを回し電力を発生させる。水蒸気は凝縮して水になり、下向きの流れとなってタービンを回して発電を促進する。ガイザーズ地熱地域はサンフランシスコ市で消費する電力の約半分を生産している。

他にもいくつかの高温の地熱地域があるが、上記の3つほど魅力的なものはない

写真10・1　サンフランシスコの北方約80マイルにある「ガイザーズ」と呼ばれる地熱地域は、サンフランシスコ市の約半分に供給できる量の電力を生産する。©Bob Rowan; Progressive Image/CORBIS

ようだ。とはいえ温度と規模の基準を下げれば多数の地熱地域が視野に入ってくる。ただしこうした小規模の鉱床(deposit)では、たとえ水が沸騰するほど高温であっても、全体の10％の水が水蒸気に変わることで残りの水が沸点を下回ってしまう。

また沸騰には代償を伴う。水に溶解していた鉱物が装置に付着して固まるのだ。昔からの高温の鉱床はその問題に耐えた。ラルダレッロは副産物としてホウ素化合物の販売さえ行った(2)。しかし低水準の鉱床にとってはパイプの清掃のための人件費と遊休時間は耐え難い。

１９８０年代、沸騰による影響の

ない地熱回収のうまい方法が商業的に成り立つようになった。地熱井（geothermal well）からの熱水を使って有機物質の液体を沸騰させ、水自体は沸騰させずに地中にもどすというやり方である。

有機物質の蒸気でタービンを回し電力を発生させる。蒸気は凝縮させて液体にし、循環させて新たに熱水と接触させる。これは「バイナリー地熱プラント」と呼ばれている（**図10・1**）。水と低沸点の液体という2種類《バイナリー》の液体を使用するからだ。

バイナリー地熱プラントの美点は大気への排出がないことと、水を地中にもどすことにある。隣の穴から熱水を取り出しただけなら、砒素や水銀やアンチモンをポンプで地中に戻すことに環境保護庁の許可はいらない。このバイナリーのプロセスは地熱の可能性を、他のやり方では採算が合わなかった領域にまで広げた。

１９８０年代後半以降、私は秋休みに大学の1年生20人ほどを連れて、カリフォルニア州のマンモスレークスへ地質学の研修旅行に行くことにしている。

訪問地のひとつは設計も美しく収益も多いバイナリー地熱プラントである。（孔隙が連結した）溶結凝灰岩を掘った井戸からの熱水がイソブタン（沸点は華氏11度）の沸騰に使われる。「地熱回収のための井戸が制御不能になったらどうなるのですか」と学生の1人がプラントの技師に質問した。「ハリバートンという会社に電話をしま

図10・1
バイナリー地熱プラントは地中からの熱水を使って液体の有機物質を沸騰させる。水は地中に戻され、有機物質の蒸気がタービンを回して電力を発生させる。

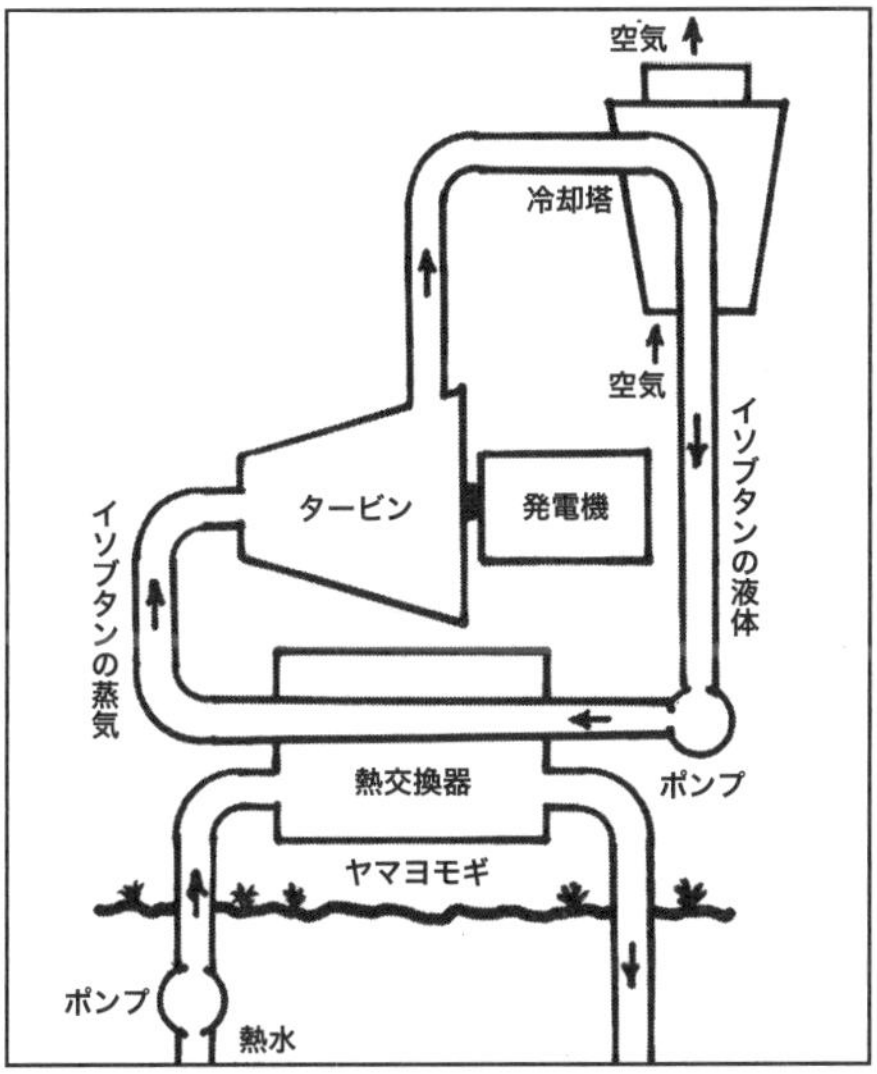

す」と技師は答えた。そのとおり！　オクラホマ州ダンカンに電話だ！

　さらにその技師は、プラントは寿命を終えるまでに輸入石油の300万バレル分を肩代わりして生産すると述べた。彼が去ったあとで私は学生たちに、我が国の石油輸入量は1日あたり600万バレルであると言わなければならなかった。このプラントはアメリカのエネルギー問題を半日間分だけ解決するのだ。

　地熱エネルギーを得るための掘削作業においては、石油産業のために開発された設備と技術をそのまま利用する。石油会社が地熱資源を現行の事業の延長ととらえたのも無理はない。メジャー系石油会社のうち少なくとも1社が、エネルギー不足時代に向けての事業拡大の一方法として国内の地熱エリアの借地契約を確保している、という噂がある。

あらゆる場所で地殻の温度は深さと共に上昇する。オイルウィンドウという枠組みはこの知識に基づいて設定されたものである。ある意味で、あらゆる場所に地熱エネルギーが存在すると言えるのだ。

米国エネルギー省は高温の乾いた岩石からエネルギーを取り出す、ある実験に資金援助を行った(3)。ロスアラモス西方の大きな火山地帯の周縁部に垂直の坑井を2本掘削し、油田の水圧破砕装置を使ってそれらをつなぐ割れ目を発生させた。一方の坑井にポンプで水を注入すると岩石によって温められ、熱水がもう一方の坑井から出てくる。

私がツアーでこの施設を視察したとき、だれかが「上がってくる熱水はポンプの消費エネルギー以上のエネルギーをもっているのですか」と尋ねた。ツアーのガイドはどちらのエネルギーが大きいのか知らなかったが、1平方インチあたりのポンプの圧力のポンド数、1分あたりの流入率のガロン数、そして温度を告げた。

ある地球物理学者——彼の業績に私は大いに敬意を表している——が後ろを向いて

ぶつぶつ言い出した。その問題を暗算で解こうとしているのだった。勝負だ！　彼より先に答えが出せるだろうか？　当時私はある別の目的のために同じような計算をしたばかりだったのだ。我々はほとんど同時に答えを出した（私のほうが1秒早かったと思いたい）。熱水はポンプを動かすだけのエネルギーを生み出していなかった。

地熱エネルギーを得るための掘削には思わぬ番狂わせがある。連邦政府とカリフォルニア州は共同で、マンモスレークス・ロングヴァレー火山地帯の真ん中における地熱テストに資金援助を行った。

火山の近くはほんの400年の古さだった。掘削装置が1基持ち込まれ、学生を連れて見学に訪れるたびに私はその掘削装置を「中の上」くらいの大きさと説明した。実はその特別な掘削装置は掘削深度でアメリカの国内記録を保持していた。オクラホマ州のアナダルコ・ベイスンを30000フィート以上掘ったからだ。

マンモスレークスの地熱井は12000フィートの深さに達していたが、掘削作業者がいたところは火山岩でさえなかった。彼らは隣接するシエラネヴァダ山脈に典型的な低温の乾いた岩石を掘っていたのだ。1年前に掘削装置は解体され、くず鉄として売られた。

現在では核エネルギーはほとんどフープスカート（**訳注　張り骨で釣り鐘型に膨らませたス**

カート）と同じくらい流行らない。スリーマイル島とチェルノブイリでの出来事が、原子力発電所に対してすでに広まっていた不安感をほとんど普遍的な恐怖に変えた。

核を論ずるには別の面も見ていかなければならない。核エネルギーは大気に二酸化炭素を排出しない。またウランの供給は100年分見込める。しかしそれは苦渋に満ちた議論になるだろう。電気料金がとんでもなく高額になったら核恐怖症は癒えるのだろうか？　どこの広報担当もヒロシマとナガサキを吹き飛ばすことで原子力を宣伝しようとは思わなかっただろう。事はまるで違ったように進んでいたかもしれない。

1972年にフランス人は、ガボンのオクロ鉱山から採掘したウランが核分裂性のウラン235のほとんどを欠いていることを発見した。調査の結果、彼らは自然の核分裂反応が起こっていたことを確認した（4）。

要するに10億年前、自然界には水減速の濃縮ウラン原子炉が6基存在していたのだ（数えてみよ、6基である）。すべて自然の材料である。「濃縮ウラン」が存在したのは10億年前に少量のウラン235が崩壊したからだ。

オクロの自然の原子炉が1972年ではなく1935年に発見されていたとしたら、これは自然からのすてきな贈り物といえる。プロメテウスが火を見つけて以来の大発見だ。原子力時代の幕開けは爆音ではなく哀願から始まったかもしれなかった。

先の章で私は、自動車を支配するのは内燃機関であること、そして石油産業を支配するのはロータリー式掘削装置であることを述べた。同じく原子力発電所市場を支配しているのは濃縮ウラン水減速原子炉である。実のところ標準的な商業用動力炉はアメリカ海軍の原子力潜水艦に使われる原子炉を基に造られたものだ。しかし原子炉の設計として基本的にまったく異なるものが1ダースほどある(5)。

私は以前、原子炉の設計に関するユージーン・ウィグナーの講演を聴いたことがある。第二次世界大戦中、ウィグナーはハンフォードで原子炉を設計していた。その後彼は群論を物理学に導入してノーベル賞を受賞した。それはともかく新規の動力用原子炉をいくつか建設しているころ、カナダ人が数基の原子炉を建設して稼動させた。原子炉は天然のウランおよび減速材――中性子を減速させるもの――として「重水」(heavy water = deuterium)を使うものだった。

カナダ型重水炉はＣＡＮＤＵというたいそう賢い名前で通っていた（**訳注　CANDUの由来はCANadian Deuterium Uranium**）。ＣＡＮＤＵ炉は信頼性に関して高い評価を得た。もし現在、原子力発電産業のつくり変えに一から取り組むとすれば、我々は標準的なアメリカの設計を選択しないかもしれない。

原子炉は使用済みウランについて2つの選択肢をもつ。使用済み燃料の諸元素を放射性廃棄物として完全に処理するやり方がひとつ。もうひとつは燃え残ったウランとプルトニウムを回収するために使用済みウランを「再処理」するやり方だ。

プルトニウムは厄介モノである。きわめて毒性が高いことに加えて核爆弾のコアに利用することができるからだ。テッド・テーラーはアメリカにおける核兵器設計の第一人者だが、彼はロスアラモスを去って核拡散反対運動を始めた。それは彼が「盗んだプルトニウムから効果的な核爆弾をつくることなど簡単だ」と知っていたからだ。

核兵器を設計するのに大勢のキレモノ科学者たちが必要か、それともだれでもガレージでつくれるのかについての議論は依然として続いている。ただテッド・テーラーが自分のガレージで核兵器をつくれることは間違いない。

このように恐ろしい側面があるにもかかわらず、商業用動力炉からの使用済み燃料は再処理され、プルトニウムは補助的な原子炉燃料として再利用されている。

1980年、再処理をめぐる板ばさみの状況がオーストラリアに発生した。当時オーストラリア北部に巨大なウラン鉱床が発見されたばかりだった。そのジャビリンカ鉱床ひとつにアメリカの1940年以降の採掘量を超える量のウランがあった(6)。

オーストラリア人は原子力発電所の世界的増加を助長することを望まなかった。しかし再処理と商業用プルトニウムの出荷という亡霊が現れ、彼らは考え方を変えた。

もしオーストラリアのウランが十分安価であれば、使用済み燃料の再処理をしようとする者はいなくなるだろう。

我々の社会に適切な投資を行う用意があれば、安全性の問題および放射性廃棄物の問題に十分対処できるであろうことはかなり確実である。それはフープスカートの復活となるかもしれないし、感情面での問題は残る。

しかし心理的な後押しとなりそうなものがひとつある。アメリカは兵器級（weapons-grade）のウランおよびプルトニウム――そこにはロシアから購入したものも含まれている――の余剰分を原子炉燃料に転用している。

核兵器の廃止が原子力発電所の受容の誘因となるだろうか？「彼らは剣を鋤の刃に、槍を刈り込み鎌に打ち延ばすだろう。彼らは弾頭を燃やし、便座を温めるだろう」。いや、語るのは『伝道の書』に任せよう。大事なのは考えのほうだ **（訳注『伝道の書』＝コヘレトの言葉』は厭世的な言葉で知られる。著者は荘重な文句は書けないと言いたいのだろう）**。

電力の貯蔵は困難である。需要の少ないときに電力を使ってポンプで高所の貯水池に水を汲み上げ、必要なときに水を再び流すことによって電力を発生させる施設がいくつかある。こうした揚水貯蔵（pumped storage）に適した場所はきわめて少ないので電力のほとんどは必要なときにつくられる。一般に原子力発電所はベース負荷

(base load)――常時存在する最小限の電力需要――分を担っている。中間レベルでは水力発電所と化石燃料の蒸気発生による発電所が通常の増大に応じている。

エアコンがフル稼動する暑い夏の午後といった、たまに訪れるピークの時間にふさわしい電力源は資本コストが低く、高い燃料費に耐えられるものでなければならない。ジェット機のエンジンのように石油や天然ガスで動くガスタービンが、こうしたピーク負荷(peak-load)の標準的な発電装置となっている。

太陽エネルギー、風力といった再生可能な電力源のいくつかは固有の運転スケジュールをもっている。電力の貯蔵が困難である点が深刻な問題だ。

水力発電には多くの魅力がある。再生可能で必要なときにいつでも稼動でき、大気汚染もない。20世紀前半は水力電力のもてはやされた時代だった。安価な電力と引き換えに自然のままの川やサケの通り道、グレンキャニオンの峡谷《グレン》が犠牲となった。

もちろん水力発電の可能性が最も多く存在するのは山岳地帯だ。国土のほとんどが天山山脈にあるキルギスタンの主力輸出品は水力電力である。国内で生産された水力電力がはるかヒマラヤ山脈の谷に供給されているのだ。アルミニウム鉱石は地球の半周ほども運ばれて、ブリティッシュコロンビア州キティマットの安価な水力電力に到達する(7)。

現在はダムのさらなる建設よりも取り壊しにいっそうの熱意が傾けられている。降水量の多い山岳地帯であれば新たな水力発電施設の建設も可能かもしれないが、今ある水力発電の可能性を全部合わせても電力需要のわずかな足しになるだけだ。

太陽エネルギーおよび風力については私が「エネルギーと材料のパラドックス」と呼んでいるものが問題となる。もし材料が安価であれば大規模なエネルギー収集施設を建造することができるだろう。もしエネルギーが安価であれば大量の原材料を生産することができるだろう。

材料とエネルギーの両方が安価でない場合には困ったことになる。現在、太陽エネルギーと風力は特定の地域で開発中だ。どちらもエネルギー問題への即効性のある大規模な解決策とはなっていない。

太陽光1平方フィートあたりの電力は風1平方フィートあたりの電力と基本的に同じである。はじめ私はこれは単なる偶然だと思った。しかし太陽エネルギーは風速を、風の平均エネルギー密度が太陽の平均エネルギー密度に等しくなるまで増すことができる。風と太陽光は同じ場所、同じ時間にいっしょに生じるわけではない。たとえばしばしば風は山あいの場所で強い。

シエラネヴァダ山脈の南端には巨大な風車が並んでいる。それらはオランダの風車

写真10・2　風車で電気を発生させるための工学的設計は口で言うほど容易なことではない。工学的問題が解決してようやく、単一の設計の反復によって大規模な風車の列が建設できる。©Bob Rowan; Progressive Image/CORBIS

のようでも、いにしえのデイジーホイール（**訳注　旧式プリンターの円形の印字部品**）のようでもない。ほっそりとしていて三枚羽根のプロペラが高いスタンドの上についたかたちである（**写真10・2**）。

太陽エネルギーおよび風力はエネルギー密度が低いために大規模なエネルギー収集施設を必要とする。ふつうの規模の原子力発電所および化石燃料による発電所では1000メガワットを発電する。標準的な効率が10%として、1000メガワットを生産するためには、太陽エネルギーおよび風力の収集施設は5平方マイルを占有しなければならない。

ネヴァダ州には5平方マイルの土地を手に入れることのできる低地が何箇所かある。あとは5平方マイルに太陽エネルギーの収集装置を敷き詰めるための資本コストの問題だ。

1980年代のエネルギー危機の際には、太陽エネルギーを電力に変換するさまざまな方法が考案された。その中で主な2つの方法を紹介しよう。

①太陽熱を集めて発電に使う。 たとえば太陽熱で液体を沸騰させて蒸気でタービンを回す。高い効率を得るためには太陽熱で熱せられた熱源と廃熱を溜める空気、あるいは水との温度の差が大きくなければならない。

②直接の発電。 典型的には半導体太陽電池（semiconductor solar cell）を使う。1980年、太陽電池の効率は約6％だった。現在の電池は約13％の効率を有する。

太陽エネルギーおよび風力の収集装置の材料は不足していない。珪素（太陽電池に使用する）とアルミニウム（風車に使用する）は地殻に含まれる元素の中で2番目と3番目に多い。しかし珪素およびアルミニウムを鉱石から生産するためには、大量のエネルギーが必要だ。これが前に述べた「エネルギーと材料のジレンマ」である。

1980年の石油危機の際には新奇のエネルギー計画が次々と出された。まるで庭の芝生のタンポポのようだった。たとえば次のようなものがある。

①地球の軌道上の太陽電池からマイクロ波で太陽エネルギーを送る。
②海面近くの温かい海水と、深海の冷たい海水の温度差を利用する。

いずれの計画も無視されはしないだろうが、考案者はアイデアの即時的かつ完全な実行を求めるものだ。だが「羊と山羊とを区別する」ためには真の裁きが必要である**（訳注『マタイによる福音書』の言葉。羊はよいものを、山羊は悪いものを意味する）**。「見込みはないよ」と言うのはあまりに簡単だ。少数者の委員会に決定を任せてはいられない。

我々に必要なのは多くの人が参加する競争だ。競争を通じて各アイデアの綿密な実行案を提言してもらうのである。そして計画に深刻な穴がないかを探し出すための競争が続くのだ。

第11章　新たな展望

A New Outlook

２０００年の大統領選挙で民主党と共和党は、連邦予算の新たな余剰分の使いみちについて議論した。国債を返済するか、社会保障制度を整備するか、医療保険制度を改善するか、減税を行うか。

選択肢はもうひとつある。リボンをかけて余剰金をまるごとサウジアラビア王室に贈るのだ。そうすれば次の２つのどちらかを信じ込むことで、我々は気楽に過ごせるだろう。

①世界の石油生産の恒久的な減少は訪れないかもしれない。
②減少が起こったとしても問題とならない。

だが１９８０年の危機を覚えている人に聞いてみるといい。危機は実際に訪れたし、問題となったのだ。１９８０年は、配分が問題だった。石油はあった。あったが角のガソリンスタンドまで来ていないのだった。しかし２００８年には石油そのものがないだろう。その変化が恒久的であることを受け入れるのも、石油不足そのものと同じくらいショックなことかもしれない。

我々はインターネット時代の幕開けを見ているのではないのか？　コンピュータは

第二の産業革命ではないのか？

コンピュータはほとんどエネルギーを食わない。10セントばかりの電力で私のデスクトップコンピュータは1兆の掛け算をする。100万×100万の計算が10セント硬貨1枚である。光ファイバー通信に要する電力はたいへん少ないので、私は地球の裏側まで電子メールでメッセージを送れる。しかも私のインターネットサービスプロバイダはひと月の料金が一定だ。

生産性においてコンピュータが我々に莫大な利益をもたらす時代に、石油などを心配するのは笑止千万の時代錯誤ではないだろうか？

伝説によれば、ある若くて聡明な経済学者が講演の中で「我々は農業や鉱業のことを心配するべきではない、それらは我が国の国民総生産の3％を占めるにすぎないのだから」と言った。すると部屋の一番後ろにいた1人の年配者がぼそっと言った「あの頭でっかちは我々に何を食べればいいと言っているのだろう？」。

我々が1967年、1973年、そして1980年の経験を指針とするなら、そこからどのような教訓が得られるだろうか？

第一に、ひとつの銘柄の万能薬《スネークオイル》だけを売り歩く行商人に注意することである。新製品、つまりエネルギー問題を解決するための新しいものがあると主張するおびただしい数の声が聞こえてくるだろう。彼らは必ずしもペテン師とは言えない。幾人かはまず自分で自分を信じさせ、その上で我々をだましている。自分自身が最初のカモなのである。

我々はそれぞれの新機軸を最もふさわしい場面で最大限に活用しなければならない。地熱エネルギーが最も効果的である場合には地熱エネルギーを使うべきだ。アメリカ全体のエネルギーの必要性に対して地熱を解決策にしようとしてはいけない。

第二に、ありとあらゆる万能薬《スネークオイル》を売り歩く行商人に注意することである。彼のメッセージはこうだ。「見込みのあるものはきわめてたくさんあります。そのうちのいくつかが我々の救援に間に合うはずです」。

ふつう、新機軸の長いリスト――ガス・ハイドレート（gas hydrate）、塩基性塩反射地震探査（subsalt seismic reflections）、炭層メタン、深海掘削（deep-water drilling）を含む――を見れば、我々が生きている間に最後の審判は訪れないのではないかという気にもなってくる。我々は何とか切り抜けられるかもしれない。しかし残念ながら、そのリストにあるそれぞれはすでに20年前に知られていたのだ。我々が切り抜けられるとしても、それは痛みを伴うものとなるだろう。

１９８０年のときより我々がうまく対処できるとしたら、どのような方法によってだろうか。いくつかの可能性が考えられる。いつの間にか危機が忍び寄っていたというのではなく、危機の到来を見据えてリードタイムの長いプロジェクトをいくつか、あらかじめ始めておくことが可能である。「備えあれば憂いなし」だ。

これまでの石油不足では1ガロンあたりのマイル数という、自動車の燃費性能の改善にやたらとこだわるきらいがあった。残念ながら燃費の改善のいくつかは、精製所における高いエネルギー消費という犠牲の上に成り立っていた(1)。システムの「改善」を言うとき、我々は精製所や自動車メーカーを含めたシステム全体を見る必要がある（**写真11・1**）。

誤解を招く「効率」がもうひとつある。私が自宅のエネルギー源を石油から天然ガスに切り替えたとき、余分のお金を払って効率のよい暖炉にした。

暖炉はガスの燃焼によって熱を取り出すだけでなく、燃焼から得られた水蒸気を凝縮させて家屋の暖房のための補助的な熱を供給するのだった。排気管に手を突っ込んでもやけどしない。効率は94％と記載されていた。信じられない高さだ。94％なら改善の余地もないほどだ。

しかし問題は次の点にある。ガスと空気の炎（gas-air flame）からじかに吹き降ろされる空気である。この空気は温度が1000度以上あり、エネルギーとして上等だ。

しかし我が家の「効率のよい」暖炉は質の高さを無視し、すべてを薄めて高温の空気をダクトに送ってしまうのだ。

選択肢として「熱電併給（cogeneration）」がある。これは高温のガスを使って発電し、低温エネルギーを家屋の暖房に使う。最小の熱電併給ユニットは団地ひとつ分の規模で機能する。

エネルギーの利用に取り組むには、肉屋が牛のわき腹肉に取り組むような心構えでやらなければならない。肉屋は少しでも肉らしい部分はすべてハンバーガーにすることができる。効率のよいことこの上ない。肉屋は（そして経済学者も）何枚かの高価なステーキ肉と1、2枚のロース肉を切り取り、残った部分を挽いてハンバーガーにすることを知っている。電力がステーキで暖房がハンバーガーだといえる。

熱効率の分析は「熱力学（thermodynamics）」という、主に19世紀に発展した科学である。学生たちは「サーモ（thermo）」と呼んでいるが、これは基礎的な分野だ(2)。アインシュタインの考えでは我々のすべての物理法則の中で、古典熱力学はけっして覆されない部分を成す。

20年ほど前にニューヨークタイムズ紙が見積もったところによれば、熱力学に関して知識があって、活用できる人は世界中で10万人に満たない。あなたがその10万人の

写真 11・1　ガソリンやディーゼル燃料の仕様を変えることで自動車の燃費を向上させるのは、簡単なことのように思われるかもしれない。だがその変更によって、精製装置の内部で使われるエネルギーが増えてしまうのではお話にならない。©Bettmann/CORBIS

うちの1人であるならこう言ってもよい。我が家の暖炉の94%というのは「第一法則」の効率である。熱伝併給は「第二法則」の効率を最大限にしようとしているのだ。

リサイクルの最も単純な理由は鉱業の負荷を減らすことである。銅は単純明快だ。リサイクルされる銅は採鉱の必要のない銅である。金属のアルミニウムの価格は1トンあたり200ドルだが、その内訳はアルミニウム鉱石が3ドルで電力が197ドルである。アルミニウムのリサイクルの動機はエネルギーの節約だ。

我々がリサイクルするガラスびんのほとんどは再び溶かして新たなガラスびんになる。ガラスを再び溶かすのは「エネルギー集約的」である。私が若いころ牛乳びんやコカコーラのロゴ入りのびんは洗浄して詰め替えて使った。我々は再び溶かすのではなく、再使用するやり方を復活させるのがよいのではないだろうか?

一度ならず私は、我々が核恐怖症を克服する必要があると述べた。ハバートの1956年の論文(ここに彼の有名な予言があった)のタイトルは「核エネルギーと化石燃料」だった(3)。我々には優れた工学技術と優れた技師とが本当に必要である。原子力発電所の技師には航空機のパイロットと同レベルの訓練、および報酬を与えるべきである。

自覚が大切である。もちろん経済的な圧力ならみなの注意を引くだろう。私の自覚が高まったのは自転車のフレームについた発電機がきっかけだった。発電機には白熱電球がつないであった。

50ワットの電球のスイッチを入れて自転車をこぐと、その間電灯がともる。電球を100ワットのものに換えると、電灯をともしておくにはかなり真面目にこぎ続けなければならない。私は200ワットの電球をともせなかった。これがエネルギー節約の現実的なものさしとなった。

2000年5月、米国石油地質家協会会長は将来について楽観的見通しを発表し、結びに次の一節を置いた。

「私は地球科学者の未来について8歳、3歳、2歳の孫たちに何を話そうか？　彼らにはこんなふうに話そう。もしおまえたちが絶えず進歩するテクノロジーと『遊ぶ』ことに自分の頭を使える刺激的な職に就きたいと思うなら、そして自分の暮らす社会に大きな貢献をすることに満足を覚えるのなら、専門的職業としては地質学者をおいて他にはないだろう。だからジャスティン、ジェーコブ、モリーよ、一生懸命勉強すれば地球科学の仕事が待っている。それはおまえたちひとりひとりにとって、すばらしい人生を約束するだろう」(4)。

私は2歳の孫娘に言いたい。

熱力学に関して実用的な知識を身につけなさい。エマよ、おまえが退職年齢を迎えるころまでには世界の石油（楽しく掘ることのできるタイプの石油）の生産は、今の5分の1にまで減っているだろう。

再生可能エネルギーを使いなさい。「キーキーいう声以外は全部売る」といった構えの、シカゴの精肉業者が豚を見てきたような気持ちでトウモロコシの茎を見なさい。おまえの「生物エネルギー製薬工場」で石油をベースにした潤滑油が必要になったら、ジャスティンとジェーコブとモリーに尋ねてみなさい。「イラクの層位トラップの最後のいくつかから、石油を掻き集めてみる気はありますか」と。

愛をこめて
祖父より

第 1 1 章

1. Gary, J. H., and G. E. Handwerk (1994), ***Petroleum Refining***, New York: Marcel Dekker. とくに iii ページの序文を参照。

2. Pitzer, K. S., and L. Brewer (1961), ***Thermodynamics***, New York: McGraw-Hill. これは G. N. ルイスとマール・ランダルの古典的著作の改訂版である。熱力学はけっしてやさしい学問ではないが、この本は分かりやすい。

3. Hubbert, M. K. (1956), "Nuclear Energy and the Fossil Fuels," American Petroleum Institute Drilling and Production Practice, Proceedings of Spring Meeting, San Antonio, 1956, pp. 7-25. また次を参照のこと。***Shell Development Company Publication*** 95, June 1956.

4. Thomasson, M. R. (2000), "Petroleum Geology, Is There a Future?" ***American Association of Petroleum Geologists Explorer***, May:3-10.

13. Garrett, D. E. (1992), ***Natural Soda Ash***, New York: Van Nostrand Reinhold.

14. Deffeyes, K. S. (1982), "Geological Estimates of Methane Availability," ***Methane, Fuel for the Future***, ed. P. McGeer and E. Durbin, New York: Plenum Press, pp. 19-29.

15. "Worldwide Look at Reserves and Production" (2000), ***Oil and Gas Journal***, December 18, 122-23.

第 1 0 章

1. Armstead, H. T. H. (1978), ***Geothermal Energy***, New York: John Wiley, p. 71.

2. ラルダレッロでは地熱資源の開発が始まるかなり前からホウ素が採収されていた。Dickson, M. H., and M. Fanelli (1995), ***Geothermal Energy***, New York: John Wiley, p. 173.

3. Smith, M. C., and G. M. Ponder (1981), "Hot Dry Rock Geothermal Energy Development Program," ***Los Alamos National Laboratory, Report*** LA-9287-HDR.

4. International Atomic Energy Agency (1975), ***Le Phenomene d'Oklo***, Vienna: Agence Internationale de L'energie Atomique.

5. Nero, A. V. (1979), ***Nuclear Reactors***, Berkeley: University of California Press, pp. 77-132.

6. Deffeyes, K. S., and I. D. MacGregor (1980), "World Uranium Resources," ***Scientific American*** 242:66-76.

7. Lester, M. D. (1984), "Energy's Influence on the Bauxite Industry," ***Bauxite***, ed. L. Jacob, New York: American Institute of Mining, Metallurgical, and Petroleum Engineers, pp. 862-69.

第 9 章

1. Berry, M. C. (1980), ***The University of Texas***, Austin: University of Texas Press, p. 11. テキサス州西部の200万エーカーの油田から得られる石油の収入は、3分の2がテキサス大学オースティン校、3分の1がテキサス農業工業大学のものとなる。

2. (1999), "Azerbaijan Signs Three E&P Deals," ***Oil and Gas Journal***, May 3.

3. Chorn, L. G., and M. Croft (2000), "Resolving Reservoir Uncertainty to Create Value," ***Journal of Petroleum Technology***, August:52-59.

4. West, J. (1996), "Optimism Prevails in World Petrochemical Industry," ***International Petroleum Encyclopedia***, Tulsa: PennWell, pp. 5-24.

5. Reinharz, J. (1993), ***Chaim Weizmann***, Oxford: Oxford University Press, p. 40.

6. Glasscock. C. B. (1938), ***Then Came Oil***, New York: Grosset & Dunlap. 『支那ランプの石油』はアリス・ティスデール・ホバート (Alice Tisdale Hobart) の本の表題。

7. Royal Dutch/Shell staff (1983), ***The Petroleum Handboo***k, Amsterdam: Elsevier, p. 279.

8. Pauling, L. C. (1964), ***College Chemistry***, 3d ed., San Francisco: W. H. Freeman, p. 406.

9. Tippee, B. (1999), "Saudi Arabia,"***International Petroleum Encyclopedia***, Tulsa: PennWell, pp. 93-94.

10. Tippee, B. (1999), "Active U.S. EOR Projects," ***International Petroleum Encyclopedia***, Tulsa: PennWell.

11. Moritis, G. (2000), "EOR Weathers Low Oil Prices," ***Oil and Gas Journal***, March 20, 39-61.

12. McCaslin, J. C., ed. (1987), ***International Petroleum Encyclopedia***, Tulsa: PennWell, p. 63.

5. Hubbert, M. K. (1956), "Nuclear Energy and the Fossil Fuels," American Petroleum Institute Drilling and Production Practice, Proceedings of Spring Meeting, San Antonio, 1956, pp. 7-25.

6. 拘束なしの指数関数的な増加（複利の増加）は：

$$dN/dt = rN$$

ロジスティック曲線による個体数増加は：

$$\frac{dN/dt}{N} = \frac{r(K - N)}{K}$$

この (K - N)/K は環境収容力の空きである。

石油生産量は：

$$\frac{dQ/dt}{Q} = \frac{A(Q_0 - Q)}{Q_0}$$

この $(Q_0 - Q)/Q_0$ は未発見分にあたる。

7. Smith, F. E. (1963), "Population Dynamics in Daphnia magna and a New Model for Population Growth," ***Ecology*** 44:651-63. これは増加率と個体数のグラフを用いた最初のものと思われる。

8. 「確率方眼紙」を用いるとガウス曲線は直線になるが、累積生産量を最終的な究極的生産量の比として表わさなければならない。

9. Campbell, C. J. (1997), ***The Coming Oil Crisis***, Multi-Science Publishing Company and Petroconsultants, p. 205.

10. U.S. Geological Survey World Energy Assessment Team (2000), "U.S. Geological Survey World Petroleum Assessment 2000," USGS Digital Data Series DDS-60. これは４枚組の CD である。

11. Campbell, ***Coming Oil Crisis***, p. 73.

ロジスティック曲線の方程式は

$$Q = \frac{Q_0}{1+ \exp[a(t_0 - t)]}$$ …………①（ハバートの方程式 28）

これを時間に関して微分すると

$$dQ/dt = Q_0 \frac{a \exp[a(t_0 - t)]}{\{1 + \exp[a(t_0 - t)]\}^2}$$ ……………………②

最初の式（①）を書き換えて２乗すると

$$\frac{Q^2}{Q_0^2} = \frac{1}{\{1 + \exp[a(t_0 - t)]\}^2}$$ ………………………③

また、最初の式（①）を別のやり方で書き換えると

$$Q_0/Q -1 = \exp[a(t_0 - t)]$$ …………………………④

最後の２つの式（③と④）を時間に関する導関数（②）に代入すると

$$dQ/dt = aQ_0[(Q_0/Q) - 1][Q/Q_0]^2$$

これを整理すると

$$dQ/dt = a[Q - Q^2/Q_0]$$ …………⑤（ハバートの方程式 24）

となる。両辺を Q で割ると

$$\frac{dQ/dt}{Q} = a - (a/Q_0)Q$$ …………⑥（ハバートの方程式 27）

となる。

最後の式（⑥）の右辺は、Q に関する一次式である。これがグラフの基礎となっているのである。

9. Claerbout, J. F. (1985). ***Imaging the Earth's Interior***, Palo Alto, Calif.: Blackwell, p. 123.

10. Hubbert, M. K. (1967), "Degree of Advancement of Petroleum Exploration in the United States," ***American Association of Petroleum Geologists Bulletin*** 51:2207-27. その説を信じた人がきわめて少数だったため、ハバートはさらに試掘１フィートあたりから得られる石油量を調べた。

11. Obermiller, J. (1999), "Historic World Oil Production," ***Basic Petroleum Data Book***, Washington, D.C.: American Petroleum Institute, vol. 19, sec, 4, table 10.

12. Campbell, C. J. (1997), ***The Coming Oil Crisis***, Multi-Science Publishing Company and Petroconsultants.

13. Brown, D. (2000), "Bulls and Bears Duel over Supply," ***American Association of Petroleum Geologists Explorer***, May:12-15.

14. Hubbert, M. K. (1981) "The World's Evolving Energy System," ***American Journal of Physics*** 49:1007-29.

第 8 章

1. Kingsland, S. E. (1985), ***Modeling Nature***, Chicago: University of Chicago Press. 個体群生態学 (population ecology) の学説史。

2. Brown, J. (1995), ***Charles Darwin Voyaging***, Princeton: Princeton University Press, p. 385.

3. Verhulst, P. F. (1838), "Notice sur la loi que la population suit dans son acroissement," ***Corr. Math. et Phys.*** 10:113.

4. Hubbert, M. K. (1982), "Techniques ot Prediction as Applled to the Production of Oil and Gas," ***Oil and Gas Supply Modeling***, ed. S. I. Gass, ***National Bureau of Standards Special Publication*** 631, pp. 16-141. ここでその方程式の導関数を導いてみよう。我が編集者も目を通しそうもない巻末であるが。

13. Brown, A. C. (1999), ***Oil, God, and Gold***, Boston: Houghton Mifflin.

14. Pekot, L. J., and G. A. Gersib (1987), "Ekofisk," ***Geology of the Norwegian Oil and Gas Fields***, ed. A. M. Spencer, London: Graham & Trotman, pp. 73-87.

15. 生産量に関するデータは ***Oil and Gas Journal*** 誌の各年の最終号に掲載されている。

第 7 章

1. Hubbert, M. K. (1956), "Nuclear Energy and the Fossil Fuels," American Petroleum Institute Drilling and Production Practice, Proceedings of Spring Meeting, San Antonio, 1956, pp. 7-25.

2. Hager, T. (1995), ***Force of Nature: The Life of Linus Pauling***, New York: Simon & Schuster.

3. Doan, D. B. (1994), "Memorial to M. King Hubbert," ***Geological Society of America Bulletin*** 24:39-46.

4. U.S. Geological Survey World Energy Assessment Team (2000), "U.S. Geological Survey World Petroleum Assessment 2000," USGS Digital Data Series DDS-60. これは４枚組の CD である。

5. Carmalt, S., and B. St. John (1986), "Giant Oil and Gas Fields," ***American Association of Petroleum Geologists Memoir*** 40, pp. 11-52.

6. Tippee, B. (1998), "U.S. Fields with Ultimate Oil Recovery Exceeding 100 Million Barrels," ***International Petroleum Encyclopedia***, Tulsa: PennWell, pp. 321-22.

7. ハバートは "Nuclear Energy and the Fossil Fuels" の中で、アメリカの究極的な石油生産量に関する経験的推測値の算出をウォレス・プラットとルイス・ウィークスに拠るものとしている。

8. Hubbert, M. K. (1962), "Energy Resources," ***National Academy of Sciences-National Research Council, Publication*** 1000-D.

2. 年毎の探査および生産については、国際石油スカウト協会が結果をまとめ、テキサス州オースティンのメーソン・マップサービス社 (Mason Map Service) が発表している。我々は陽気に「石油スカウト」と呼んでいるが、他の業界なら産業スパイに数えることだろう。

3. Bloomfield, P., et al. (1979), "Volume and Area of Oilfields and Their Impact on Order of Discovery." プリンストン大学統計学部による契約番号 EI-78-S-01-6540 に基づくエネルギー省への報告書。これはいわゆる「灰色文献 (gray literature)」[訳注　通常の出版ルートに乗らないので見つけにくい専門文献] のひとつである。統計学部はのちに閉鎖された。

4. Zipf, G. K. (1949), ***Human Behavior and the Principle of Least Effort***, Cambridge, Mass.: Addison-Wesley.

5. Carmalt, S., and B. St. John (1986), "Giant Oil and Gas Fields," ***American Association of Petroleum Geologists Memoir*** 40, pp. 11-52.

6. Knebel, G. M., and E. G. Rodriguez (1956), "Habitat of Some Oil," ***American Association of Petroleum Geologists Bulletin*** 40:547-61.

7. Tukey, J. W. (1977), ***Exploratory Data Analysis***, Reading, Mass.: Addison-Wesley, p. 590. より現代的な専門隠語を用いれば、「ジップの法則」はハウスドルフ次元 1 のフラクタルである。

8. Udden, J. A. (1914), "Mechanical Composition of Clastic Sediments," ***Geological Society of America Bulletin*** 25:655-744.

9. Bell, E. T. (1937), ***Men of Mathematics***, New York: Simon & Schuster, pp. 218-69.

10. Deffeyes, K. S., and I. D. MacGregor (1980), "World Uranium Resources," ***Scientific American*** 242:66-76.

11. Van Bellen, R. C. (1956), "The Stratigraphy of the 'Main Limestone' of the Kirkuk, Bai Hassan, and Qarah Chauq Dagh Structures in North Iraq," ***Journal of the Institute of Petroleum*** 42:233-63.

12. 例えば次のもの。 Yergin, Daniel (1991), ***The Prize***, New York: Simon & Schuster.

Petroleum Technology, March:24.

21. Swenson, D. V., and L. M. Taylor (1982), "Analysis of Gas Fracture Experiments Including Dynamic Crack Formation," *Report* SAND82-0633. これは National Technical Information Service, Springfield, Va. から入手可能。
22. U.S. Patent 6,173,776（2001 年 1 月 16 日発効）。

23. Dake, L. P. (1978), *Fundamentals of Reservoir Engineering*, Amsterdam: Elsevier, p. 80.

24. ワイオミング州ソルトクリーク油田のセカンド・ウォール・クリーク砂岩におけるガスのリサイクルをめぐって 1961 年に言われていたもの。

25. Peaceman, D. W. (1977), *Fundamentals of Numerical Reservoir Simulation*, Amsterdam: Elsevier, p. 46.

26. Donaldson, E. C. (1985 and 1989), *Enhanced Oil Recovery*, Amsterdam: Elsevier, in 2 vols.

27. Lewis, J. P., et al. (2000), "Improving PDC Performance, Prudhoe Bay, Alaska," *Journal of Petroleum Technology*, December:34-35.

28. Van Venrooy, J., et al. (2000), "Underbalanced Drilling with Coiled Tubing in Oman," *Journal of Petroleum Technology*, February:30-31.

29. Taylor, R. W., and R. Russell (1998), "Multilateral Technologies Increase Operational Efficiencies in Middle East," *Oil and Gas Journal*, March 16:76-80.

30. Rasmus, J., et al. (2000), "Logging-While-Drilling Azimuthal Measurements Optimize Horizontal Laterals," *Journal of Petroleum Technology*, September:56-60.

第 6 章

1. Menard, H. W., and G. Sharman (1975), "Scientific Use of Random Drilling Models," *Science* 190:337-43.

9. Jowett, E. C. et al (1993), "Predicting the Depths of Gypsum Dehydration in Evaporitic Sedimentary Basins," ***American Association of Petroleum Geologists Bulletin*** 77:402-13.

10. Buxtorf, A. (1916), "Prognosen und Befund Bein Hauensteinbasis- und Grenchenbergtunnel und die Bedeutune der letztern fuirdie Geologie des Juragebirges," ***Verh. Naturforsch. Ges. Basel*** 27:185-254.

11. Eslinger, E., and D. Pevear (1988), "Clay Minerals for Petroleum Geologists and Engineers," ***Short Course Notes*** No. 22, Society for Economic Paleontologists and Mineralogists, Tulsa. （ページは章単位で振られている。）

12. Law, B. E. et al., eds. (1988), "Abnormal Pressures m Hydrocarbon Environments," ***American Association ot Petroleum Geologists Memoir***70, 264 pp.

13. Suppe, J., and J. H. Wittke (1977), "Abnormal Pore-Fluid Pressures in Relation to Stratigraphy and Structure in the Active Fold-and-Thrust Belt of Northwestern Taiwan," ***Petroleum Geology of Taiwan*** 14:11-24.

14. Brown, K. M. (1994), "Fluids in Deforming Sediments," ***The Geological Deformation of Sediments***, ed. A. Maltman, London: Chapman & Hall, pp. 205-37.

15. 粘土が脱水および過剰圧化を始める温度は、オイルウィンドウの底部のものに近い。

16. Higham, C. (1993), ***Howard Hughes***, New York: Putnam's Sons, pp. 17-30. ハワード・ヒューズに関して私が知りたいこと以上の話が載っていた。

17. Pitzer, K. S., and L. Brewer (1961), ***Thermodynamics***, New York: McGraw-Hill, p. 100.

18. Steinhart, C. E. (1972), ***Blowout, a Case Study of the Santa Barbara Oil Spill***, North Scituate, Mass.: Duxbury.

19. ハリバートン社の社史は次にある。www.halliburton.com/whoweare/about_background.asp

20. Britt, L. K. (2000), "Fracturing and Stimulation Overview," ***Journal of***

第 5 章

1. Brantly, J. E. (1971), ***History of Oil Well Drilling***, Houston: Gulf Publishing.

2. Eby, J. B., and M. T. Halbouty (1937), "Spindletop Oil Field, Jefferson County, Texas," ***American Association of Petroleum Geologists Bulletin*** 21:475-90. スピンドルトップ博物館はウェブサイトをもっている (http://hal.lamar.edu/~psce/gladys.html)。

3. Cannon, G. E., and R. C. Craze (1938), "Excessive Pressures and Pressure Variations with Depth in the Gulf Coast Region of Texas and Louisiana," ***Transactions of the American Institute of Mining and Metallurgical Engineers*** 127:31-38.

4. Hottman, C. E. (1965), "Estimation of Formation Pressures from Log-Derived Shale Properties," ***Journal of Petroleum Technology*** 17:717-22.

5. Hubbert, M. K., and W. W. Rubey (1959), "Mechanics of Fluid-Filled Porous Solids and Its Application to Overthrust Faulting," ***Geological Society of America Bulletin*** 70:115-66; 167-205.

6. Verbeek, E. R. (1977), "Surface Faults in the Gulf Coast Plain between Victoria and Beaumont, Texas," ***Tectonophysics*** 52:373-75.

7. Osborne, M. J., and R. E. Swarbrick (1997), "Mechanisms for Generating Overpressure in Sedimentary Basins," ***American Association of Petroleum Geologists Bulletin*** 81:1023-41.

8. Deffeyes, K. S. (2001), "Overpressures from Mineral Dehydration," ***European Union of Geosciences*** XI, Strasbourg, p. 247. 主要な方程式は次の通り：

$$\sigma = \frac{-\Delta H \log(T/T_0)}{V_w}$$

σ ＝有効圧力
V_w ＝水のモル容積
ΔH ＝モルあたりエンタルピー変化
T ＝絶対温度
T_0 ＝１気圧における脱水温度

14. Zoeppritz, K. (1919), "Ü ber Erdbebenwellen VIIb," ***Gö ttinger Nachrichten***, pp. 66-84.

15. ペティ・ジオフィジカル社のためにCDP重合を開発したハリー・メインの生涯については、the Society of Exploration Geophysics: www.seg.org/museum/の管理する "virtual museum" で見ることができる。

16. Forrest, M. (2000), "Bright Investments Paid Off," ***AAPG Explorer***, July: 18-21.

17. Caughlin, W. G., et al. (1976), "The Detection and Development of Silurian Reefs in Northern Michigan," ***Geophysics*** 41:646-58.

18. "Improved Satellite Transmission Speeds Challenge Conventional Wisdom on Processing Marine Seismic Data" (2000), ***First Break***, May: 193-96. 数年前、地震探査の請負会社ウェスタン・ジオフィジカル社は、ヒューストン、ロンドンに次ぐ第三の規模のコンピュータが同社所有の船に搭載されていると発表した。現在それは人工衛星を通じて陸上のコンピュータセンターにデータを送信している。

19. コロラド鉱業学校 (Colorado School of Mines) の波動伝播センター (the Center for Wave Propagation) では、反射地震探査ソフトウェアをパラレルコンピュータクラスタ用につくりかえている（www.cwp.mines.edu)。

20. Claerbout, J. F. (1976), ***Fundamentals of Geophysical Data Processing***, Palo Alto, Calif.: Blackwell, p. 12.

21. Claerbout, J. F. (1985), ***Imaging the Earth's Interior***, Palo Alto. Calif.: Blackwell, p. 385.

22. Suppe, J. (1985), ***Principles of Structural Geology***, Englewood Cliffs N.J.: Prentice-Hall, p. 57.

23. Suppe, J., and D. A. Medwedeff (1990), "Geometry and Kinematics of Fault Propagation Folding," ***Eclogae Geol. Helv***. 83:409-54.

$$\frac{R_r}{R_w} = \frac{1}{\Phi^2}$$

「アーチーの第二法則」は、孔隙を満たす水の一部が石油あるいはガスで置き換えられたときの岩石の電気抵抗 R_t の、孔隙がすべて水で満たされているときの同じ岩石の電気抵抗「R_r」に対する割合が、水で満たされた孔隙空間の割合 S_w の逆数となることを示している。

$$\frac{R_t}{R_r} = \frac{1}{S_w{}^2}$$

7. 「アーチーの第一法則」と「アーチーの第二法則」はひとつの式にまとめることができる。まず２つの式の R_r を消去し S_w について解く。次に石油あるいはガスで満たされた孔隙空間の割合を S_o としたとき $S_o = 1 - S_w$ が成り立つことを考えると、次の式が得られる。

$$S_o = 1 - \frac{1}{\Phi}\sqrt{\frac{R_w}{R_t}}$$

8. 現在のシュルンベルジェ社の業務内容については www.slb.com で知ることができる。

9. Dobrin, M. B., and C. H. Savit (1988), ***Introduction to Geophysical Prospecting***, 4th ed., New York: McGraw-Hill, p. 573.

10. Sweet, G. E. (1978), ***The History of Geophysical Prospecting***, Los Angeles: Science Press, p. 81.

11. Petty, O. S. (1976), ***Seismic Reflections***, Houston: Geosource, p. 21.

12. テキサス・インストゥルメンツ社の歴史については www.ti.com/corp/docs/company/history で知ることができる。同社は 1930 年から 1988 年まで反射地震探査法による調査を行っていた。集積回路はジャック・キルビーが 1958 年に開発した。

13. Geyer, R. L. (1989), ***Vibroseis***, Tulsa: Society of Exploration Geophysicists Geophysics Reprint Series No. 11. レーダーのパルスコンプレッションは、かなり前にロバート・ディックによって開発された（U.S. Patent 2,624,876(1953)）。

24. Deffeyes, K. S., et al. (1964), "Dolomitization: Observations on the Island of Bonaire," ***Science*** 143:678-79.

25. Sneider, R. M. et al. (1997), "Comparison of Seal Capacity Determinations," pp. 1-12, ***American Association of Petroleum Geologists Memoir*** 67.

26. Wasserburg, G. J., and E. Mazor (1965), "Spontaneous Fission Xenon in Natural Gases," pp. 386-98, ***American Association of Petroleum Geologists Memoir*** 4.

27. Chaturvedi, L., et al. (1996), "Issues In Predicting the Long-Term Integrity of the WIPP Site," ***Eos, Transactions, American Geophysical Union*** 77:F19-F20.

第 4 章

1. Adelman, M. A., and M. C. Lynch (1997), "Fixed View of Resource Limits Creates Undue Pessimism," ***Oil and Gas Journal***, April 17.

2. ニューヨーク州の検層ライブラリーには硬貨投入式のコピー機が備えてある。その他のほとんどの地域では検層の複写を営利会社に依頼している。

3. Allaud, L. A., and M. H. Martin (1977), ***Schlumberger, the History of a Technique***, New York: John Wiley.

4. Serra, O. (1985), ***Sedimentary Environments from Wireline Logs***, Houston: Schlumberger, pp. 103 and 134.

5. Beaton, K. (1957), ***Enterprise in Oil: A History of Shell in the United States***, New York: Appleton Century Crofts, p. 646.

6. 「アーチーの第一法則」は、孔隙が塩水で満たされた堆積岩の電気抵抗 R_r(単位:ohms/meter) の、水の電気抵抗 R_w に対する割合が、孔隙率（Φ）の２乗の逆数になることを示している。孔隙率は比で表わす。孔隙率 10%の場合、Φ = 0.1 とする。

Association of Petroleum Geologists Explorer 5:42-43.

12. Murray, D. K., and L. C. Bortz (1967), "Eagle Springs Oil Field," *American Association of Petroleum Geologists Bulletin* 51:2133-45.

13. Henry, C. D., et al. (1997), "Brief Duration ot Hydrothermal Activity at Round Mountain, Nevada," *Economic Geology* 92:807-26.

14. Hubbert, M. K. (1963), "The Physical Basis of Darcy's Law," *Journal of Petroleum Technology* 15:849.

15. Davies, D. K. (1966) ,"Sedimentary Structures and Subfacies of a Mississippi River Point Bar," *Journal of Geology* 74:234-39.

16. McKee, E. D. (1979), "A Study of Global Sand Seas," U.S. Geological Survey Professional Paper 1052.

17. McKerrow, W. S., and F. B. Atkins (1989), *Isle of Arran*, 2d ed., Geologists' Association, p. 61.

18. Blatt, H., et al. (1980), *Origin of Sedimentary Rocks*, 2d ed., Englewood Cliffs, N.J.: Prentice-Hall, pp. 176-82.

19. Hsu, K. J. (1977), "Studies of Ventura Field, California," pts. 1 and 2, *American Association of Petroleum Geologists Bulletin* 61:137-91.

20. Arabian American Oil Company Staff (1959), "Ghawar Oil Field, Saudi Arabia," *American Association of Petroleum Geologists Bulletin* 43:434-54.

21. Krumbein, W. C., and L. L. Sloss (1963), *Stratigraphy and Sedimentation*, 2d ed., San Francisco: W. H. Freeman, p. 176.

22. Van Tuyl, F. M. (1916), "The Origin of Dolomite," *Iowa Geological Survey Bulletin* 25:241-422. Van Tuyl, F. M. (1916), "New Points on the Origin of Dolomite," *American Journal of Science* 42:249-60.

23. Saller, A. H., and N. Henderson (1998), "Distribution of Porosity and Permeability in Platform Dolomites: Insight from the Permian of West Texas," *American Association of Petroleum Geologists Bulletin* 82:1528-50.

第 3 章

1. Owen, E. W. (1975), "The Trek of the Oil Finders," ***American Association of Petroleum Geologists Memoir*** 6.

2. Hubbert, M. K. (1953), "Entrapment of Petroleum under Hydrodynamic Conditions," ***American Association of Petroleum Geologists Bulletin*** 37:1954-2026.

3. Minor, H. E., and M. A. Hanna (1941), "East Texas Oil Field," ***Stratigraphic Type Oil Fields***, ed. A. I. Levorsen, Tulsa: American Association of Petroleum Geologists, pp. 600-640.

4. Hutton, J. (1899), ***Theory of the Earth***, vol. 3. 次に再録されている。***Scholars' Facsimiles and Reprints***, Delmar, N.Y., p. 235.

5. Smith, D. A. (1980), "Sealing and Nonsealing Faults in Louisiana Gulf Coast Salt Basin," ***American Association of Petroleum Geologists Bulletin*** 64:145-72.

6. American Commission on Stratigraphic Nomenclature (1961), "Code of Stratigraphic Nomenclature," ***American Association of Petroleum Geologists Bulletin*** 45:645-60.

7. ***New York Times***, February 24, 1988, sec. A, p. 1, col. 6.

8. Dunham, R. J. (1970), "Stratigraphic Reefs versus Ecologic Reefs," ***American Association of Petroleum Geologists Bulletin*** 54:1931-32.

9. Andrichuk, J. M. (1958), "Stratigraphic and Facies Analysis of Upper Devonian Reefs in Leduc, Stettler and Redwater Areas," ***American Association of Petroleum Geologists Bulletin*** 42:1-93. ルドゥークのリーフは石灰岩が苦灰岩になることによってもともとの組織のほとんどが不明瞭になっているため、元来のリーフの生態環境を評価することは不可能である。

10. Bass, N. W. (1934), "Origin of the Bartlesville Shoestring Sands of Greenwood and Butler County, Kansas," ***American Association of Petroleum Geologists Bulletin*** 18:1313-45.

11. Shirley, K. (1984), "Point Bars Stir Los Animas Activity," ***American***

17. Whelan, J. K., and C. Thompson-Rizer (1993), "Chemical Methods for Assessing Kerogen and Protokerogen Types and Maturity," ***Organic Geochemistry***, ed. M. H. Engel and S. A. Mako, New York: Plenum Press, pp. 289-353.

18. McPhee, ***Annals of the Former World***. 石油の起源に関する議論は 178 ページ以降にある。

19. Rejebian, V. A. (1987), "Conodont Color and Textural Alteration," ***Bulletin of the Geological Society of America*** 99:471-79.

20. Love, J. D., et al. (1961), "Relation of Latest Cretaceous and Tertiary Deposition and Deformation to Oil and Gas Occurrences in Wyoming," ***American Association of Petroleum Geologists Bulletin*** 45:415.

21. Morgan, W. J. (1980), "Hotspot Tracks in North America," ***Eos, Transactions, American Geophysical Union*** 61:380.

22. Epstein, A. G. et al. (1977), "Conodont Color Alteration," U.S. Geological Survey Professional Paper 995.

23. Dana, J. D. (1997), ***Dana's New Mineralogy***, rev. 8th ed., New York: John Wiley & Sons.（フォージャサイトの所在については 1660 ページにある）

24. Mair, B. J. (1964), "Hydrocarbons Isolated from Petroleum," ***Oil and Gas Journal*** September 14: 130-34.

25. Deffeyes, K. S. (1982), "Geological Estimates of Methane Availability," ***Methane, Fuel for the Future***, ed. P. McGeer and E. Durbin, New York: Plenum Press, pp. 19-29.

26. Pines, ***Chemistry of Catalytic Hydrocarbon Conversions***.

Areas, Saudi Arabia," ***American Association of Petroleum Geologists Bulletin*** 66:1-9.

5. Davis, H. R., et al. (1989), "Depositional Mechanisms and Organic Matter in Mowry Shale," ***American Association of Petroleum Geologists Bulletin*** 73:1103-16.

6. Pines, H. (1981), ***The Chemistry of Catalytic Hydrocarbon Conversions***, New York: Academic Press.

7. Kandel, E. R., et al. (2000), ***Principles of Neural Science***, 4th ed., New York: McGraw-Hill, p. 82.

8. Anders, D. E. and W. E. Robinson (1973), "Geochemical Aspects of the Saturated Hydrocarbon Constituents of Green River Oil Shale," ***U.S. Bureau of Mines, Report of Investigations*** 7737.

9. McPhee, J. A. (1998), ***Annals of the Former World***, New York: Farrar, Straus, and Giroux, pp. 174-78.

10. World Oil Staff (2001), "Drilling and Producing Depth Records," ***World Oil***, February:71-73.

11. White, G. T. (1968), ***Scientists in Conflict***, San Marino, Calif.: Huntington Library.

12. Brennan, P. (1990), "Greater Burgan Field," American Association of Petroleum Geologists, Tulsa, Treatise on Petroleum Geology, vol. A-106, pp. 103-28.

13. 引用箇所は "The Woodpile" を結ぶ一文。

14. Judson, S., et al. (1976), ***Physical Geology***, Englewood Cliffs, N.J.: Prentice-Hall. 「シル」のある海盆の図は 435 ページに載っている。

15. Demaison, G. J., and G. T. Moore (1980), "Anoxic Environments and Oil Source Bed Genesis," ***Organic Geochemistry*** 2:9-31.

16. White, D. (1915), "Geology: Some Relations in Origin between Coal and Petroleum," ***Journal of Washington Academy of Sciences*** 5:189-212.

8. コリン・キャンベルとサム・カーマルトはペトロコンサルタント社に勤務している（あるいは、同社と共同で仕事をしている）。1998年、ペトロコンサルタント社はＩＨＳエナジーグループ (IHS Energy Group, www.ihsenergy.com.) に吸収された。

9. ハバートの研究を拒否的に批評したものとして、次の論文は最良の部類に属する。Adelman, M. A. and M. C. Lynch (1997), "Fixed View of Resource Limits Creates Undue Pessimism," ***Oil and Gas Journal***, April 7:56-60. その他の批評については次を見よ。***Oil and Gas Journal***, February 23, 1998:77; November 2, 1998:94.

10. 次章で述べるように米国地質調査所のデヴィッド・ホワイトは石油起源の解釈における先駆者だった。ホワイトは1929年に次の論文を発表した。"Description of Fossil Plants Found in Some 'Mother Rocks' of Petroleum from Northern Alaska," ***American Association of Petroleum Geologists Bulletin*** 13:841-48.

11. McPhee, John (1998), ***Annals of the Former World, New York***: Farrar, Straus, and Giroux. この本は既刊書４冊を改訂してまとめたものである。

12. McCaslin. J. C. (1984), "Well Completions Boost Impact in New York Area," ***Oil and Gas Journal***, March 5:121-22.

第 2 章

1. Kornfeld, J. A. (1962), "Tidelands Drilling Begins in Washington-Oregon Area," ***World Oil*** 155, no. 4:89-90.

2. Philippi, G. T. (1957), "Identification of Oil Source Beds by Chemical Means," ***Report of the 20th Session of the International Geological Congress***, Mexico City, Section 3, pp. 25-38. その改訂版として次のものがある。Philippi, G. T.(1965), "On the Depth, Time, and Mechanism of Petroleum Generation," ***Geochimica et Cosmochimica Acta*** 29:1021-49.

3. Krauss, K. G., et al. (1997), "Hydrous Pyrolysis of New Albany and Phosphoria Shales," ***Organic Geochemistry*** 27:477-96.

4. Ayres, M. G., et al. (1982), "Hydrocarbon Habitat in Main Producing

原注
Notes

第 1 章

1. Hubbert, M. K. (1956), "Nuclear Energy and the Fossil Fuels," American Petroleum Institute Drilling and Production Practice, Proceedings of Spring Meeting, San Antonio, 1956, pp. 7-25. また次を見よ。*Shell Development Company Publication* 95, June 1956.

2. Hatfield, C. B. (1997), "Oil Back on the Global Agenda," *Nature* 387:121; Kerr, R. A. (1998), "The Next Oil Crisis Looms Large ── And Perhaps Close," *Science* 281:1128-31; Campbell, C. A., and J. H. Laherrere (1998), "The End of Cheap Oil," *Scientific American*, March:78-83.

3. Akins J. E. (1973), "The Oil Crisis: This Time the Wolf Is Here," *Foreign Affairs*, April 1973.

4. Campbell, C. J. (1997), The Coming Oil Crisis, Multi-Science Publishing Company and Petroconsultants. 彼の世界に関するシナリオは 201 ページにある。

5. Hubbert, M. K. (1981), "The World's Evolving Energy System," *American Journal of Physics* 49: 1007-29.

6. Yergin, Daniel (1991), *The Prize, New York*: Simon & Schuster. OPEC の設立については 522 ページ以降に記述がある。

7. 本書では、埋蔵量と生産量に関するデータは *Oil and Gas Journal* 誌の各年の最終号に掲載されたものを使っている。OPEC の埋蔵量の上昇に関するキャンベルの評価は *Coming Oil Crisis* の 73 ページにある。

レ

ロ

ワ

メ

モ

ユ

ヨ

ラ

リ

ホ

マ

ミ

ム

ヒ

フ

ヘ

チ

地下地質調査(subsurface geology) **136, 147**
窒素 **295**
地熱エネルギー(geothermal energy) **314, 317～319, 332**

テ

ディック **152, 237～238, 352**
ディフェイス(Kenneth Deffeyes) **11, 33, 129, 221**
ディフェイスの法則 **129, 221**
デヴィッド・ホワイト(David White) **60, 358**
テキサコ社(Texaco Inc.) **93～96, 286**
テキサス・インストゥルメンツ社(Texas Instruments) **151, 352**
テキサス州鉄道委員会(Texas Railroad Commission) **20**
デゴリヤー(Everett Lee DeGolyer) **99**
テッド・テーラー(Ted Taylor) **322**
電気抵抗 **141～142, 144, 352～353**
天然ガス **9, 14, 27, 34, 43, 45, 49～50, 60, 73, 127, 129, 142, 154, 156, 165, 177～179, 182～183, 189, 191～193, 196～197, 214, 229, 234, 296, 302～308, 324, 333**

ト

トマス・マルサス **268～269**
ドリルステムテスト(drill stem test) **185**
ドレーク井(Drake well) **50**
ドロミュー(Deodat de Dolomieu) **113**

ナ

ナフサ **74**

石油危機　20, 30, 60, 289, 328
石灰岩　100, 105, 110～113, 117, 120, 122, 355
石膏　124～128, 131, 172～176
洗剤攻法（detergent flood）194
セントラル・ベイスン・プラットフォーム（Central Basin Platform）114～118
戦略的石油備蓄（strategic petroleum reserve）22

ソ

層位学的試掘（stratigraphic test）79
層位トラップ（stratigraphic trap）97, 99～101, 338
ソースロック（source rock）40～42, 48～50, 52～53, 56, 58～59, 64, 68～69, 71, 78～80, 89, 126, 128～131, 221, 300～301, 311
疎水性　45～46

タ

ダーウィン（Charles Darwin）24, 180, 268
タールサンド（tar sand）296, 298～300
タールピッツ（tar pit）51
対数正規曲線　220, 223～224
ダイヤモンド・コンパクト・ビット（diamond compact bit）198～199
太陽エネルギー　284, 324～328
台湾　177, 226
タバスコ　86, 93, 247
ダルシー（Henri Darcy）103～104, 117, 240
炭酸塩岩　105, 113
炭酸ガス攻法（carbon dioxide flood）195～196
断層作用　161, 172

シ

ス

セ

ケ

傾斜不整合（angular unconformity） 89, 91, 97～98
ケーブルツール（cable tools） 165～166

コ

孔隙率（porosity） 102, 117～118, 120～122, 124, 131, 157, 353
硬石膏（anhydrite） 124～128, 131, 173～176
固定砂洲（point bar） 100, 106, 141～142
誤差関数（error function） 259
コステン（John Costain） 159
コノコ社（Conoco） 151, 236, 286
コノドント（conodont） 62～64, 68
根源岩 41
混濁流（turbidity current） 108～109, 141

サ

サークルリッジ（Circle Ridge） 83～84
サーフェスケーシング（surface casing） 181～183
サウジアラビア 10, 20, 111～112, 228～229, 243, 247, 251, 296, 330
サウジアラムコ（Saudi Aramco） 264
砂丘 29, 106, 108
サルミエント（Jorge Sarmiento） 54～56, 58～59
三次回収 194, 297
サンタバーバラ（Santa Barbara） 182
サンディア研究所（Sandia Laboratories） 188
W・ジェイソン・モーガン（W. Jason Morgan） 11, 66

〜295, 303〜306, 330, 335
ガボン--オクロ鉱山(Oklo Mine) 320
空井戸(dry holes) 24, 34, 36, 51, 80, 125, 128〜129, 131, 136, 143, 147, 164, 207〜208, 210, 221, 233
ガワール油田(Ghawar) 112, 215〜217, 228
岩塩ドーム 93〜94, 97〜98, 148〜149, 294
灌漑 15
カンザス(油田) 74, 100〜101, 139, 207〜211, 213, 237

キ

気液クロマトグラフ(gas-liquid chromatograph) 37
奇偶優位性 46〜48
キャンベル(Colin J. Campbell) 18, 262, 265, 275, 358, 359
強制回収法(enhanced recovery) 194, 297
キルギスタン 324
キルクーク(油田) 227
ギンズバーグ(Robert Ginzburg) 110
金利 289

ク

クーリー(James Cooley) 158
グールド(Stephen Jay Gould) 32
苦灰岩(dolomite) 100, 105, 112〜115, 117, 118〜122, 355
掘削泥水(drilling mud) 166
靴ひも状砂トラップ(shoestring sandstone) 100〜101, 157
グリーンリヴァー層(Green River Formation) 300〜301
クレルボー(Jon Claerbout) 158

エ

オ

カ

索引
Index

C

CANDU炉(CANDU reactors) **321**
CDP(common depth point) **154, 158, 162**

F

F・ジェリー・ルシア(F. Jerry Lucia) **115, 117～ 119, 228**

G

ＧＬＣ(気液クロマトグラフ) **37～40, 46～47**

ア

アーチー(Gus Archie) **143～145, 155, 184, 352～353**
アーチーの公式 **144, 184**
アジェンデ隕石(Allende meteorite) **48**
アニタ・ハリス(Anita Harris) **62～63**
アラブ首長国連邦 **228**
アラムコ社(Aramco) **112, 228, 229**
アルカン (alkane) **43, 73**
アレニウス(Arrhenius) **68～70, 72, 172**

イ

イーストテキサス(East Texas) **89～90, 206, 212, 216～217, 249**

■著者紹介

ケネス・S・ディフェイス（Kenneth S. Deffeyes）

プリンストン大学名誉教授。石油技師のパイオニアである父を持ち、油田地帯で育つ。M・キング・ハバート博士とヒューストンのシェル石油研究所で出会い、大きな影響を受ける。その後プリンストン大学に所属し、石油産業のコンサルタントとしても活躍。また石油訴訟の際には専門家として証人に立つなど、一貫して石油産業にかかわり続ける。一般的にはジョン・マクフィーの地質学書『アナルズ・オブ・ザ・フォーマー・ワールド』シリーズ再版時の編纂者として知られる。

■訳者紹介

秋山淑子（あきやま・よしこ）

1962年神奈川県生まれ。1987年東京大学文学部卒業。編集者・翻訳家。主に英和辞典などの辞書編集に携わる。

他に翻訳スタッフの一員として、『20世紀思想家辞典』（誠信書房）、医療倫理に関する論文集、科学図鑑、外資系企業の社員研修マニュアル、外資系自己啓発セミナーマニュアルの翻訳に携わる。

2007年 8月 5日 初版第1刷発行

ウィザードブックシリーズ⑫

石油《せきゆ》が消《き》える日《ひ》
――歴史的転換を迎えるエネルギー市場

著　者　ケネス・S・ディフェイス
訳　者　秋山淑子
発行者　後藤康徳
発行所　パンローリング株式会社
〒160-0023　東京都新宿区西新宿 7-9-18-6F
TEL 03-5386-7391　FAX 03-5386-7393
http://www.panrolling.com/
E-mail　info@panrolling.com
編　集　パンローリング編集部
装　丁　パンローリング装丁室
組　版　パンローリング制作室
印刷・製本　株式会社シナノ

ISBN978-4-7759-7088-1

トレード基礎理論の決定版!!

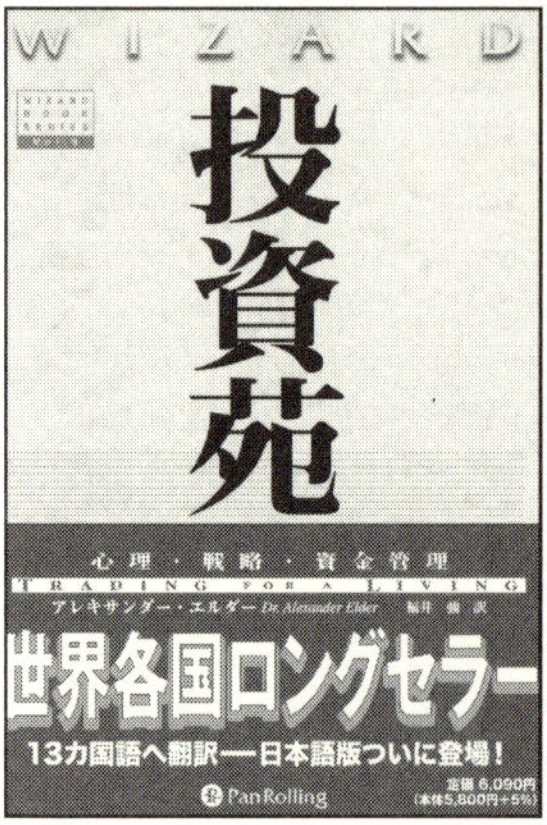

ウィザードブックシリーズ9

投資苑

著者：アレキサンダー・エルダー

定価 本体 5,800円＋税　ISBN:9784939103285

【トレーダーの心技体とは？】

それは３つのM「Mind=心理」「Method=手法」「Money=資金管理」であると、著者のエルダー医学博士は説く。そして「ちょうど三脚のように、どのMも欠かすことはできない」と強調する。本書は、その３つのMをバランス良く、やさしく解説したトレード基本書の決定版だ。世界13カ国で翻訳され、各国で超ロングセラーを記録し続けるトレーダーを志望する者は必読の書である。

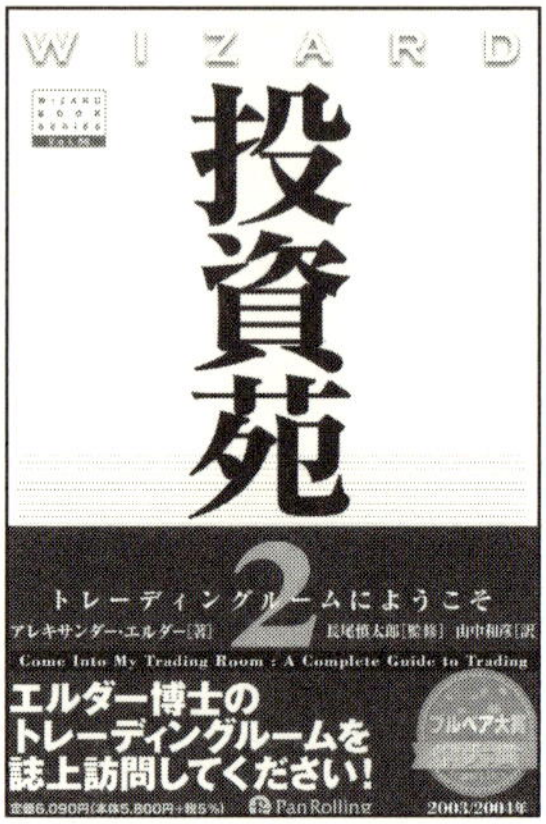

ウィザードブックシリーズ56

投資苑２

著者：アレキサンダー・エルダー

定価 本体 5,800円＋税　ISBN:9784775970171

【心技体をさらに極めるための応用書】

「優れたトレーダーになるために必要な時間と費用は？」「トレードすべき市場とその儲けは？」「トレードのルールと方法、資金の分割法は？」――『投資苑』の読者にさらに知識を広げてもらおうと、エルダー博士が自身のトレーディングルームを開放。自らの手法を惜しげもなく公開している。世界に絶賛された「３段式売買システム」の威力を堪能してほしい。

ウィザードブックシリーズ 50

投資苑がわかる203問

著者:アレキサンダー・エルダー　定価 本体2,800円＋税　ISBN:9784775970119

分かった「つもり」の知識では知恵に昇華しない。テクニカルトレーダーとしての成功に欠かせない３つのM(心理・手法・資金管理)の能力をこの問題集で鍛えよう。何回もトライし、正解率を向上させることで、トレーダーとしての成長を自覚できるはずだ。

投資苑２Q&A

著者:アレキサンダー・エルダー　定価 本体2,800円＋税　ISBN:9784775970188

『投資苑２』は数日で読める。しかし、同書で紹介した手法や技法のツボを習得するには、実際の売買で何回も試す必要があるだろう。そこで、この問題集が役に立つ。あらかじめ洞察を深めておけば、いたずらに資金を浪費することを避けられるからだ。

アレキサンダー・エルダー博士の投資レクチャー

ウィザードブックシリーズ120

投資苑３

著者：アレキサンダー・エルダー

定価 本体 7,800円＋税　ISBN:9784775970867

【どこで仕掛け、どこで手仕舞う】

「成功しているトレーダーはどんな考えで仕掛け、なぜそこで手仕舞ったのか！」——16人のトレーダーたちの売買譜。住んでいる国も、取引する銘柄も、その手法もさまざまな16人のトレーダーが実際に行った、勝ちトレードと負けトレードの仕掛けから手仕舞いまでを実際に再現。その成否をエルダーが詳細に解説する。ベストセラー『投資苑』シリーズ、待望の第３弾！

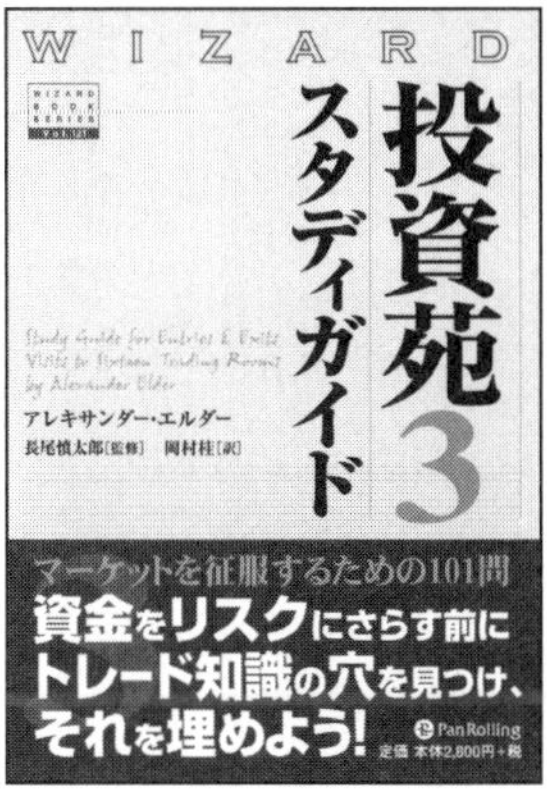

ウィザードブックシリーズ121

投資苑３ スタディガイド

著者：アレキサンダー・エルダー

定価 本体 2,800円＋税　ISBN:9784775970874

【マーケットを理解するための101問】

トレードで成功するために必須の条件をマスターするための『投資苑３』副読本。トレードの準備、心理、マーケット、トレード戦略、マネージメントと記録管理，とレーダーの教えといった７つの分野を、25のケーススタディを含む101問の問題でカバーする。資金をリスクにさらす前に本書に取り組み、『投資苑３』と併せて読むことでチャンスを最大限に活かすことができる。

DVD トレード成功への3つのM～心理・手法・資金管理～

講演：アレキサンダー・エルダー　定価 本体4,800円＋税　ISBN：9784775961322

世界中で500万部超の大ベストセラーとなった『投資苑』の著者であり、実践家であるアレキサンダー・エルダー博士の来日講演の模様をあますところ無く収録。本公演に加え当日参加者の貴重な生の質問に答えた質疑応答の模様も収録。インタビュアー：林康史（はやしやすし）氏

DVD 投資苑～アレキサンダー・エルダー博士の超テクニカル分析～

講演：アレキサンダー・エルダー　定価 本体50,000円＋税　ISBN：9784775961346

超ロングセラー『投資苑』の著者、エルダー博士のDVD登場！感情に流されないトレーディングの実践と、チャート、コンピューターを使ったテクニカル指標による優良トレードの探し方を解説、様々な分析手法の組み合わせによる強力なトレーディング・システム構築法を伝授する。

マーケットの魔術師シリーズ

ウィザードブックシリーズ19
マーケットの魔術師
著者：ジャック・D・シュワッガー

定価 本体 2,800 円＋税　ISBN:9784939103407

【いつ読んでも発見がある】
トレーダー・投資家は、そのとき、その成長過程で、さまざまな悩みや問題意識を抱えているもの。本書はその答えの糸口を「常に」提示してくれる「トレーダーのバイブル」だ。「本書を読まずして、投資をすることなかれ」とは世界的トレーダーたちが口をそろえて言う「投資業界の常識」だ！

ウィザードブックシリーズ13
新マーケットの魔術師
著者：ジャック・D・シュワッガー

定価 本体 2,800 円＋税　ISBN:9784939103346

【世にこれほどすごいヤツらがいるのか!!】
株式、先物、為替、オプション、それぞれの市場で勝ち続けている魔術師たちが、成功の秘訣を語る。またトレード・投資の本質である「心理」をはじめ、勝者の条件について鋭い分析がなされている。関心のあるトレーダー・投資家から読み始めてかまわない。自分のスタイルづくりに役立ててほしい。

ウィザードブックシリーズ 14
マーケットの魔術師
株式編《増補版》
著者：ジャック・D・シュワッガー
定価 本体 2,800 円＋税　ISBN:9784775970232

投資家待望のシリーズ第三弾、フォローアップインタビューを加えて新登場!!　90年代の米株の上げ相場でとてつもないリターンをたたき出した新世代の「魔術師＝ウィザード」たち。彼らは、その後の下落局面でも、その称号にふさわしい成果を残しているのだろうか？

◎アート・コリンズ著 マーケットの魔術師シリーズ

ウィザードブックシリーズ 90
マーケットの魔術師
システムトレーダー編
著者：アート・コリンズ
定価 本体 2,800 円＋税　ISBN:9784939103353

システムトレードで市場に勝っている職人たちが明かす機械的売買のすべて。相場分析から発見した優位性を最大限に発揮するため、どのようなシステムを構築しているのだろうか？　14人の傑出したトレーダーたちから、システムトレードに対する正しい姿勢を学ぼう！

ウィザードブックシリーズ 111
マーケットの魔術師 大損失編
著者：アート・コリンズ
定価 本体 2,800 円＋税　ISBN:9784775970775

スーパートレーダーたちはいかにして危機を脱したか？　局地的な損失はトレーダーならだれでも経験する不可避なもの。また人間のすることである以上、ミスはつきものだ。35人のスーパートレーダーたちは、窮地に立ったときどのように取り組み、対処したのだろうか？